教育部高等学校电子信息类专业教学指导委员会规划教材
高等学校电子信息类专业系列教材

Digital Signal Processing: Principle and Practice, Third Edition

数字信号处理
原理与实践
（第3版）

方勇　编著
Fang Yong

清华大学出版社
北京

内 容 简 介

本书全面系统地介绍数字信号处理的基本理论、基本方法，包括数字信号的表示，序列的傅里叶变换与分析，快速傅里叶变换，数字滤波器的设计与实现等，同时大量引入应用实例，将傅里叶变换和数字滤波技术运用于数字系统的信号特性分析与设计等专业工程问题中，将理论与应用相融合，帮助学生建立理论与实践之间的关系，强化学生的工程应用能力培养。本书同时将 MATLAB 引入教学过程中，结合实验以加强学生对基本知识的理解，培养学生应用理论解决实际问题的能力。

本书共分为 5 章。第 1 章介绍数字信号与系统、数字信号处理的基本知识，以及结合 MATLAB 的信号系统分析方法；第 2 章讨论数字信号处理基本工具——傅里叶变换与分析；第 3 章介绍数字滤波器的基本理论和设计方法；第 4 章简要介绍了现代数字信号处理有效工具——小波变换及分析；第 5 章简述数字信号处理(DSP)硬件实现的特点和方法。教师在教学过程中可有选择地安排课堂教学、实践教学及课后阅读内容。

本书适宜作为高等院校信息、通信、电子类专业本科生"数字信号处理"课程的教材，也可作为从事数字信号处理相关工作的工程技术人员的参考书。

本书封面贴有清华大学出版社防伪标签，无标签者不得销售。
版权所有，侵权必究。举报: 010-62782989, beiqinquan@tup.tsinghua.edu.cn。

图书在版编目(CIP)数据

数字信号处理: 原理与实践/方勇编著. —3 版. —北京: 清华大学出版社, 2021.8(2022.8重印)
高等学校电子信息类专业系列教材
ISBN 978-7-302-58243-4

Ⅰ. ①数… Ⅱ. ①方… Ⅲ. ①数字信号处理-高等学校-教材 Ⅳ. ①TN911.72

中国版本图书馆 CIP 数据核字(2021)第 093780 号

责任编辑: 曾 珊
封面设计: 李召霞
责任校对: 李建庄
责任印制: 曹婉颖

出版发行: 清华大学出版社
网　　址: http://www.tup.com.cn, http://www.wqbook.com
地　　址: 北京清华大学学研大厦 A 座　　邮　编: 100084
社 总 机: 010-83470000　　邮　购: 010-62786544
投稿与读者服务: 010-62776969, c-service@tup.tsinghua.edu.cn
质量反馈: 010-62772015, zhiliang@tup.tsinghua.edu.cn
课件下载: http://www.tup.com.cn, 010-83470236

印 装 者: 北京富博印刷有限公司
经　　销: 全国新华书店
开　　本: 185mm×260mm　　印　张: 17　　字　数: 412 千字
版　　次: 2006 年 4 月第 1 版　　2021 年 8 月第 3 版　　印　次: 2022 年 8 月第 2 次印刷
印　　数: 1501~2300
定　　价: 59.00 元

产品编号: 092679-01

高等学校电子信息类专业系列教材

顾问委员会

谈振辉	北京交通大学（教指委高级顾问）	郁道银	天津大学（教指委高级顾问）
廖延彪	清华大学　　（特约高级顾问）	胡广书	清华大学（特约高级顾问）
华成英	清华大学　　（国家级教学名师）	于洪珍	中国矿业大学（国家级教学名师）
彭启琮	电子科技大学（国家级教学名师）	孙肖子	西安电子科技大学（国家级教学名师）
邹逢兴	国防科技大学（国家级教学名师）	严国萍	华中科技大学（国家级教学名师）

编审委员会

主　任	吕志伟	哈尔滨工业大学		
副主任	刘　旭	浙江大学	王志军	北京大学
	隆克平	北京科技大学	葛宝臻	天津大学
	秦石乔	国防科技大学	何伟明	哈尔滨工业大学
	刘向东	浙江大学		
委　员	王志华	清华大学	宋　梅	北京邮电大学
	韩　焱	中北大学	张雪英	太原理工大学
	殷福亮	大连理工大学	赵晓晖	吉林大学
	张朝柱	哈尔滨工程大学	刘兴钊	上海交通大学
	洪　伟	东南大学	陈鹤鸣	南京邮电大学
	杨明武	合肥工业大学	袁东风	山东大学
	王忠勇	郑州大学	程文青	华中科技大学
	曾　云	湖南大学	李思敏	桂林电子科技大学
	陈前斌	重庆邮电大学	张怀武	电子科技大学
	谢　泉	贵州大学	卞树檀	火箭军工程大学
	吴　瑛	战略支援部队信息工程大学	刘纯亮	西安交通大学
	金伟其	北京理工大学	毕卫红	燕山大学
	胡秀珍	内蒙古工业大学	付跃刚	长春理工大学
	贾宏志	上海理工大学	顾济华	苏州大学
	李振华	南京理工大学	韩正甫	中国科学技术大学
	李　晖	福建师范大学	何兴道	南昌航空大学
	何平安	武汉大学	张新亮	华中科技大学
	郭永彩	重庆大学	曹益平	四川大学
	刘缠牢	西安工业大学	李儒新	中国科学院上海光学精密机械研究所
	赵尚弘	空军工程大学	董友梅	京东方科技集团股份有限公司
	蒋晓瑜	陆军装甲兵学院	蔡　毅	中国兵器科学研究院
	仲顺安	北京理工大学	冯其波	北京交通大学
	黄翊东	清华大学	张有光	北京航空航天大学
	李勇朝	西安电子科技大学	江　毅	北京理工大学
	章毓晋	清华大学	张伟刚	南开大学
	刘铁根	天津大学	宋　峰	南开大学
	王艳芬	中国矿业大学	靳　伟	香港理工大学
	苑立波	哈尔滨工程大学		
丛书责任编辑	盛东亮	清华大学出版社		

第3版前言
FOREWORD

　　为适应以提升学生创新能力为目标的课程教学模式,通过"价值引领、能力培养、知识传授"的有机融合,使学生在掌握数字信号处理等相关学科基础知识及工具的同时,培养学生解决实际工程问题的能力,我们对原书第2版进行了改版。在相关章节增加了丰富的工程应用实例,为学生提供工程应用参考。

　　参加改版工作的还有盛志超、葛宇、肖予乾等。

　　书中错误和不当之处敬请读者不吝指正。

方　勇

2021 年 5 月

第2版前言
FOREWORD

　　本书出版已经4年,得到了广大读者的充分肯定。根据本书的教学理念和实际教学效果,在广泛听取教师、学生的意见后,我们对原书进行改版:

　　(1) 增加应用实例,基本做到理论与应用的交融,更有利于学生对概念的理解,同时培养了学生的应用能力。

　　(2) 增加了MATLAB的编程实例,充分调动学生的学习能力,以加深对知识的理解。

　　(3) 对习题部分进行了修订,减少了理论习题。

　　(4) 考虑到学生已经学习过"信号与系统"课程,第1章中关于离散信号与系统的基本知识不再介绍,而是用MATLAB通过实验的方式来巩固。

　　(5) 数字系统的网络结构调到第3章,与数字滤波器的设计结合介绍。

　　参加改版工作的有赵维杰、何超、周光荣和刘庆山。本书第2版得到了清华大学出版社的大力支持,同时本书也得到了上海大学教材出版基金的资助,在此表示衷心感谢!

　　书中错误和不当之处敬请读者不吝指正。

方　勇
2010年2月

第1版前言
FOREWORD

　　用数字化手段来处理信息的数字信号处理技术已经渗透到几乎所有的工程领域，如电子、通信、信息、生物医学工程、雷达、控制以及金融、证券等。近40年来数字信号处理理论与技术飞速发展，已经形成为一门具有广泛应用前景的学科，从事电子、通信、信息以及相关领域的工作人员都有必要学习和掌握数字信号处理理论和方法。本书以现代信号处理技术的应用为背景，突出数字信号分析与处理系统的基本原理和应用方法，全面系统地介绍了数字信号处理的基础概念、时域离散信号与系统的理论与分析方法、傅里叶变换与分析、数字滤波器的设计与实现、数字信号处理软硬件的实现，同时也引入了现代信号处理重要的工具——小波变换与分析，为读者掌握数字信号处理的理论及应用打下坚实的基础。

　　本书将基础理论与实际应用紧密结合，通过大量的应用实例，让读者在学习基础理论的同时，掌握数字信号处理技术的应用。本书不强调严密的数学理论，在算法设计方面并未给出详细的数学证明，有需要的学生可参阅其他书籍。本书用了较大的篇幅介绍了一些基础原理在实际问题中的应用方法，教师可讲解其中的一部分，其余大多数应用例子可供学生自行阅读，以加深学生对基本概念的理解，提高学习兴趣，扩大知识面。

　　本书改变了传统的单一的理论教学模式，将近几年国际流行的科学计算MATLAB软件引入到数字信号处理的教学中。随着MATLAB软件功能的日益增强，为数字信号处理提供了图形可视化计算手段，形象生动地揭示了算法设计及实现流程。通过MATLAB进行计算机仿真，能有效地提高数字信号处理课程的教学效果。本书配有大量的实验源程序。通过理论教学与实验相结合，使读者快速、直观地掌握数字信号处理的基础理论及分析方法，从而全面提高解决实际问题的能力。

　　本书前三章为本课程基本内容，后两章为扩展内容。由于MATLAB软件的仿真实验在数字信号处理教学中越来越重要，建议除课堂教学外，应再安排一定时数的实验课程。每章配有大量的习题，其中部分为理论概念的计算与证明题。部分习题需要通过MATLAB上机验证，只有通过大量的练习，才能掌握这门课程的基本方法。

　　应该指出，本书提供了大量实际应用的例子，但书中所提供的解决方案并非是最优的。随着数字信号处理技术的发展，新技术、新算法不断涌现，我们的目的只是给读者一个应用所学的基本理论来解决实际问题的框架，大量的实际应用问题还有待于在专门领域中的进一步探讨。因此我们建议读者能结合所学内容广泛阅读相关文献。

　　本书由方勇主编。参加编校工作的还有曹文佳、张瑾、刘燕华、刘盛鹏，他们整理了大量资料，提出了有益的建议，并对书稿进行了校对，吴美武编写了MATLAB仿真实验，并对程序进行了调试。

因作者水平有限，书中错误和不当之处在所难免。敬请读者不吝指正。

本书得到上海大学教材建设基金资助。

方 勇

2006 年 2 月

学习建议
PROPOSAL

本课程的授课对象为信息、通信、电子工程类专业的本科生，课程类别属于信号与信息处理类。参考学时为 78 学时，包括课程基础理论与应用教学环节 40 学时、课程扩展 8 学时和工程实践 30 学时，其中可根据情况安排部分课时在课外完成。

课程基础理论教学主要包括课堂讲授和演示教学。理论教学以课堂讲授为主，并通过学生自学加以理解和掌握。演示教学针对课程内容中涉及的各种概念和方法的 MATLAB 实现效果进行演示、分析和探讨，并要求学生根据教师的课堂演示和讨论结果在课后进行扩展和应用，再在课内讨论讲评。

课程扩展部分主要涉及小波分析和数字信号处理器相关内容的学习，可根据情况选学或课外自学。工程实践部分主要结合课程教学内容，可安排课程项目的方式，在课内或课外完成，课程项目为数字系统的设计与处理方面的内容，需通过 MATLAB 或 Python 等设计满足项目需求的 GUI 等可视化界面和运算仿真程序，学生在仿真过程中可以了解和掌握该软件的常用模块功能和设计方法，从而培养学生借助阅读数字信号处理领域的文献，对复杂工程问题进行分析、求解并获得结论的能力。以实际信号的采集和结果输出通过软件演示方式进行验收，考查学生的实际分析、设计和解决问题的能力，运用数字信号处理基本原理，分析多种工程方案的优劣及其影响因素，获得有效结论的能力。考查过程包括对项目的功能实现、性能指标、工程规范、理论水平的考核，尤其注重过程考核。

本课程的建议教学安排见下表。

第 1 单元	基础教学内容 4 学时	第 1 章　数字信号处理概述 • 数字信号； • 数字信号处理与实现方法； • 数字信号处理特点与应用和发展； • 我国数字信号处理技术的使命； • 讲授数字信号处理仿真工具 MATLAB 及应用实例
	课程项目 3 学时	规划、引导课程项目
第 2 单元	基础教学内容 4 学时	第 2 章　信号的傅里叶变换与分析 • 离散时间序列傅里叶变换（DTFT）（定义和性质）
	课程项目 3 学时	课程项目理解、查阅资料

第 3 单元	基础教学内容 4 学时	• 周期序列的离散傅里叶级数； • 周期序列的傅里叶变换表示式
	课程项目 3 学时	课程项目方案制定
第 4 单元	基础教学内容 4 学时	时域离散信号的傅里叶变换与模拟信号傅里叶变换的关系； • 离散信号的傅里叶变换的应用； • 有限长序列离散傅里叶变换（DFT）； • DFT 的定义
	课程项目 3 学时	课程项目实施方案研讨
第 5 单元	基础教学内容 4 学时	有限长序列离散傅里叶变换（DFT）； • DFT 与 Z 变换的关系； • DFT 的隐含周期性； • DFT 的性质； 频率采样定理
	课程项目 3 学时	课程项目的实施和研讨
第 6 单元	基础教学内容 4 学时	快速傅里叶变换（FFT）： • 基本思想； • 时域抽取法基 2FFT 基本原理； • 频域抽取法基 2FFT 基本原理 IDFT 的高效算法
	课程项目 3 学时	课程项目的实施和研讨
第 7 单元	基础教学内容 4 学时	DFT 的应用： • 计算线性卷积； • 信号的谱分析； 实际应用举例
	课程项目 3 学时	课程项目研讨，课程项目撰写指导
第 8 单元	基础教学内容 4 学时	第 3 章 数字滤波器设计 数字滤波器基本概念： • IIR 系统的基本网络结构； • FIR 系统的基本网络结构； • 频率选择性滤波器； • 滤波器的技术指标； • 数字滤波器的设计方法
	课程项目 3 学时	课程项目的完善、研讨、课程项目报告撰写指导

第 9 单元	基础教学内容 4 学时	IIR 型滤波器的设计： • 模拟低通滤波器； • 巴特沃斯低通滤波器的设计； • 模拟滤波器的频率转换——模拟高通、带通及带阻滤波器的设计； • 模拟与数字滤波器的转换方法
	课程项目 3 学时	课程项目完成
第 10 单元	基础教学内容 4 学时	FIR 型滤波器的设计： • 线性相位 FIR 滤波器及其特点； • 利用窗函数法设计 FIR 滤波器； • 利用频率采样法设计 FIR 滤波器
	课程项目 3 学时	课程项目验收
第 11 单元	扩展教学内容 4 学时	第 4 章　信号的小波变换与分析 小波变换（WT）： • 小波的基本概念； • 小波分析； • 小波分析与傅里叶分析的区别。 连续小波变换： • 连续小波变换的定义； • 连续小波变换的定性质； • 几种常用信号的连续小波变换； • 连续小波变换的应用举例。 多分辨率分析与离散小波变换： • 离散小波变换与多分辨率分析的基本概念； • 快速离散小波变换的塔形算法。 离散小波变换的应用： • 数据压缩； • 信号消噪
第 12 单元	扩展教学内容 4 学时	第 5 章　数字信号处理器 数字信号处理的特点： • 功能特点； • 结构特点； • 典型的数字信号处理器； • DSP 选型。 DSP 系统开发： • DSP 应用系统组成； • DSP 应用系统的开发流程； • 数字信号处理器简介

目 录
CONTENTS

第 1 章　数字信号处理基本概念 ·· 1

   1.1　概述 ·· 1

      1.1.1　数字信号 ·· 1

      1.1.2　数字信号处理及实现方法 ··· 8

      1.1.3　数字信号处理的特点 ·· 9

      1.1.4　数字信号处理的应用 ·· 11

   1.2　数字信号处理仿真工具 MATLAB 简介 ································· 18

      1.2.1　MATLAB 与数字信号处理 ······································ 18

      1.2.2　序列运算、Z 变换及系统响应的仿真算法 ······················ 19

      1.2.3　MATLAB 应用举例 ·· 28

   1.3　本章小结 ·· 34

   习题 ··· 34

第 2 章　信号的傅里叶变换与分析 ·· 37

   2.1　离散时间序列的傅里叶变换 ·· 37

      2.1.1　DTFT 的定义 ··· 37

      2.1.2　DTFT 的性质 ··· 41

   2.2　周期序列的离散傅里叶级数及傅里叶变换表示式 ···················· 51

      2.2.1　离散傅里叶级数 ·· 51

      2.2.2　傅里叶变换表示式 ··· 53

      2.2.3　离散信号的傅里叶变换与模拟信号的傅里叶变换的关系 ···· 56

      2.2.4　离散信号的傅里叶变换应用 ····································· 59

   2.3　有限长序列的离散傅里叶变换 ·· 63

      2.3.1　DFT 的定义 ··· 63

      2.3.2　DFT 与 Z 变换、DTFT 的关系 ································· 66

      2.3.3　DFT 的隐含周期性 ·· 68

      2.3.4　DFT 的性质 ··· 69

   2.4　频域采样定理 ··· 85

   2.5　快速傅里叶变换 ·· 88

         2.5.1 FFT 的基本思想 ·· 88
         2.5.2 时域抽取法基 2FFT 的基本原理 ······································· 89
         2.5.3 频域抽取法基 2FFT 的基本原理 ······································· 93
         2.5.4 IDFT 的高效算法 ·· 96
         2.5.5 大点数 FFT 算法的快速并行实现 ····································· 98
  2.6 DFT 的应用 ·· 99
         2.6.1 计算线性卷积 ··· 99
         2.6.2 信号的谱分析 ·· 103
         2.6.3 实际应用举例 ·· 113
  2.7 本章小结 ··· 117
  习题 ·· 118

第 3 章 数字滤波器设计 ·· 124
  3.1 数字滤波系统的基本网络结构 ·· 124
         3.1.1 数字滤波系统的基本概念 ·· 124
         3.1.2 IIR 滤波系统的基本网络结构 ·· 125
         3.1.3 FIR 滤波系统的基本网络结构 ······································· 128
         3.1.4 线性相位 FIR 滤波器零点分布特点 ······························· 131
         3.1.5 数字滤波系统的 MATLAB 实现 ···································· 133
  3.2 数字滤波器的基本概念 ·· 135
         3.2.1 频率选择性滤波器 ·· 139
         3.2.2 滤波器的技术指标 ·· 140
         3.2.3 数字滤波器的设计方法 ·· 140
  3.3 IIR 型滤波器的设计 ·· 141
         3.3.1 模拟低通滤波器 ·· 142
         3.3.2 巴特沃斯低通滤波器的设计 ·· 142
         3.3.3 模拟滤波器的频率转换——模拟高通、带通
                及带阻滤波器的设计 ·· 149
         3.3.4 模拟与数字滤波器的转换方法 ······································ 154
  3.4 FIR 型滤波器的设计 ··· 172
         3.4.1 线性相位 FIR 滤波器及其特点 ······································ 172
         3.4.2 利用窗函数法设计 FIR 滤波器 ······································ 174
         3.4.3 利用频率采样法设计 FIR 滤波器 ·································· 189
         3.4.4 FIR 滤波器的最优等波纹设计法 ··································· 199
  3.5 有限字长效应 ·· 202
         3.5.1 数的表示方法对量化的影响 ·· 202
         3.5.2 A/D 转换的量化效应 ·· 204
         3.5.3 数字滤波器的有限字长效应 ·· 205
         3.5.4 FFT 运算中的有限字长效应 ·· 212

3.6 本章小结 ……………………………………………………………………… 213
习题 …………………………………………………………………………………… 214

第 4 章 信号的小波变换与分析 …………………………………………………… 218

4.1 小波变换 ………………………………………………………………………… 218
    4.1.1 小波的基本概念 …………………………………………………………… 218
    4.1.2 小波分析 …………………………………………………………………… 221
    4.1.3 小波分析与傅里叶分析的区别 …………………………………………… 221
4.2 连续小波变换 …………………………………………………………………… 224
    4.2.1 连续小波变换的定义 ……………………………………………………… 224
    4.2.2 连续小波变换的性质 ……………………………………………………… 226
    4.2.3 几种常用信号的连续小波变换 …………………………………………… 226
    4.2.4 连续小波变换的应用举例 ………………………………………………… 227
4.3 离散小波变换与多分辨率分析 ………………………………………………… 229
    4.3.1 离散小波变换与多分辨率分析的基本概念 ……………………………… 229
    4.3.2 快速离散小波变换的塔形算法 …………………………………………… 230
4.4 离散小波变换的应用 …………………………………………………………… 233
    4.4.1 数据压缩 …………………………………………………………………… 233
    4.4.2 信号消噪 …………………………………………………………………… 237
4.5 本章小结 ………………………………………………………………………… 240

第 5 章 数字信号处理器 …………………………………………………………… 241

5.1 引言 ……………………………………………………………………………… 241
5.2 数字信号处理器的特点 ………………………………………………………… 242
    5.2.1 功能特点 …………………………………………………………………… 242
    5.2.2 结构特点 …………………………………………………………………… 242
    5.2.3 典型的数字信号处理器 …………………………………………………… 244
5.3 DSP 选型 ………………………………………………………………………… 246
5.4 DSP 系统开发 …………………………………………………………………… 246
    5.4.1 DSP 应用系统组成 ………………………………………………………… 247
    5.4.2 DSP 应用系统的开发流程 ………………………………………………… 247
5.5 部分数字信号处理器简介 ……………………………………………………… 248
5.6 本章小结 ………………………………………………………………………… 250

参考文献 …………………………………………………………………………………… 251

第 1 章 数字信号处理基本概念

CHAPTER 1

主要内容
- 数字信号与数字信号处理的基本概念；
- 数字信号处理仿真工具 MATLAB 简介；
- 序列分析与系统响应的仿真算法；
- 应用实例分析。

1.1 概述

数字电视、数字通信、数字医疗以及数字城市、数字地球，人类已经进入了数字时代，数字信号处理已渗透到几乎所有科学技术领域，并进入人们的日常工作和生活之中。数字信号处理是一项基于 20 世纪中叶连续时间信号处理发展起来的工程和科学技术。以微积分、差分方程、线性代数等数学知识为基础，用离散序列的方式表征信号。随着集成电路、数字电路、计算机等数字技术的飞速发展，数字信号处理方法和技术得到了广泛的关注与应用。本节对数字信号以及数字信号处理进行介绍。

1.1.1 数字信号

信号有不同的表现形式，如电、磁、热、光、声等，为了对信号进行分析处理，大多数信号都是转换为电信号来进行处理的，如声音信号通过麦克风将声信号转变为电信号，数码照相机将物体的光信号产生电荷包，转变为二维栅上的电信号。这里所指的信号一般为电信号。

一个信号在任意时刻都有值，且可取连续值范围内的任意值，即它的时间变量是连续的，则称该信号为连续时间信号，俗称模拟信号，如正弦信号 $x_a(t) = \sin(\Omega_0 t)$ 声音信号及图像信号等，如图 1.1.1 所示。然而，模拟信号在任意时刻取值，不适合计算机处理。

一个信号的时间变量是离散的，即它只在有限的时间点上取值，就称该信号为离散时间信号或序列，例如，$x(n) = \{0.25, 1.3, 0.5, -0.5, -1, -0.48, \cdots\}$，其中 $\underline{0.25}$ 表示处在零位置的信号取值为 0.25，$x(n)$ 如图 1.1.2 所示。人口统计数据、金融股票的交易等、每日的气象数据等等都是典型的离散时间序列。离散时间序列非常适合于计算机处理，是数字信号处理研究的主要对象。但在电子信息领域，需要处理的电信号通常是模拟信号，要对模拟信号进行数字处理，就必须要对信号进行转换，通过采样、量化后得到离散时间序列，这一过程可以由模数转换器（A/D）来完成。

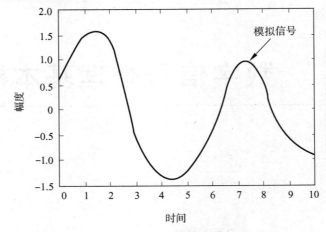

图 1.1.1 模拟信号实例

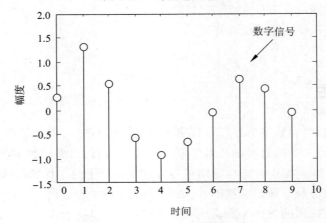

图 1.1.2 离散时间信号实例

如何对模拟信号采样,使得采样后的信号还保持原有的信息,能够还原出原信号是人们所关心的。数字信号处理的重要定理——采样定理给出了答案。

对模拟信号 $x_a(t)$ 进行等间隔采样,其物理意义是将模拟信号 $x_a(t)$ 送入一个电子开关,如图 1.1.3(a)所示。该开关的作用等效为一个周期为 T 的矩形脉冲串 $P_T(t)$,每隔 T 秒闭合一次,采样信号 $\hat{x}_a(t)$ 就是 $x_a(t)$ 与 $P_T(t)$ 相乘的结果。采样过程如图 1.1.3(b)。如果电子开关合上时间 $\tau \to 0$,则形成理想采样,此时脉冲串变成单位冲激串 $P_\delta(t)$,其在每个采样点上强度为 1。理想采样是将 $x_a(t)$ 乘以 T 为周期的冲激函数 $P_\delta(t)$,采样过程如图 1.1.3(c)所示,用公式表示为

$$\hat{x}_a(t) = x_a(t) P_\delta(t) = \sum_{n=-\infty}^{\infty} x_a(t) \delta(t-nT) \tag{1.1.1}$$

式中 $\delta(t)$ 是单位冲激信号,只有当 $t=nT$ 时,才可能有非零值,因此采样信号 $\hat{x}_a(t)$ 可表达为

$$\hat{x}_a(t) = \sum_{n=-\infty}^{\infty} x_a(nT) \delta(t-nT) \tag{1.1.2}$$

其中 T 为采样周期,其倒数 $1/T = f_s$ 称为采样频率。采样信号 $\hat{x}_a(t)$ 在每个采样点 $t=nT$ 上,信号的强度准确地等于对模拟信号的采样值 $x_a(nT)$。下面研究能否由采样信号不失

真地恢复出原模拟信号,以及此时采样频率 f_s 与模拟信号最高频率 f_c 之间的关系。

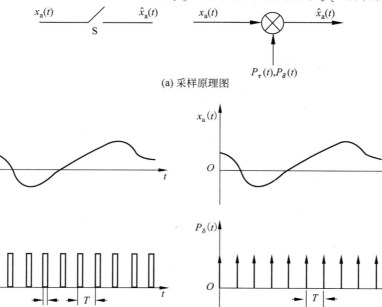

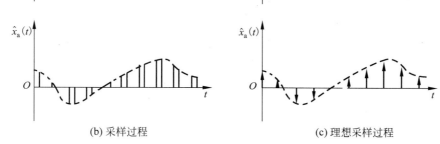

(b) 采样过程　　　　　　　　　(c) 理想采样过程

图 1.1.3　对模拟信号进行采样

信号 $x_a(t)$、$\hat{x}_a(t)$、$P_\delta(t)$ 的频谱可表达为

$$X_a(\mathrm{j}\Omega) = \int_{-\infty}^{\infty} x_a(t) \mathrm{e}^{-\mathrm{j}\Omega t} \mathrm{d}t \tag{1.1.3}$$

$$\hat{X}_a(\mathrm{j}\Omega) = \int_{-\infty}^{\infty} \hat{x}_a(t) \mathrm{e}^{-\mathrm{j}\Omega t} \mathrm{d}t \tag{1.1.4}$$

$$P_\delta(\mathrm{j}\Omega) = \sum_{k=-\infty}^{\infty} 2\pi a_k \delta(\Omega - k\Omega_s) \tag{1.1.5}$$

式中,$\Omega_s = 2\pi/T$,称为采样角频率,单位是弧度/秒(rad/s)。

$$a_k = \frac{1}{T}\int_{-T/2}^{T/2} \delta(t) \mathrm{e}^{-\mathrm{j}k\Omega_s t} \mathrm{d}t = \frac{1}{T} \tag{1.1.6}$$

因此

$$P_\delta(\mathrm{j}\Omega) = \frac{2\pi}{T}\sum_{k=-\infty}^{\infty}\delta(\Omega - k\Omega_s) = \Omega_s \delta_{\Omega_s}(\Omega) \tag{1.1.7}$$

$$\hat{X}_a(\mathrm{j}\Omega) = \frac{1}{2\pi} X_a(\mathrm{j}\Omega) * \Omega_s \delta_{\Omega_s}(\Omega)$$

$$= \frac{1}{T} X_a(j\Omega) * \delta_{\Omega_s}(\Omega)$$

$$= \frac{1}{T} \sum_{k=-\infty}^{\infty} X_a(j\Omega) * \delta(\Omega - k\Omega_s) \tag{1.1.8}$$

式(1.1.8)表明,采样信号的频谱是由一系列形状相同的原信号的频谱进行周期延拓而成。幅度为 $1/T$ 加权,而相邻两个组成部分的中心频率间相隔一个采样频率 Ω_s,即延拓周期为采样频率 Ω_s。若 $x_a(t)$ 是带限信号,其最高截止频率为 Ω_c,如图 1.1.4(a)所示。如果满足 $\Omega_s \geqslant 2\Omega_c$,即满足 $f_s \geqslant 2f_c$,基带谱与其周期延拓形成的频谱不发生重叠,如图 1.1.4(b)所示,可用低通滤波器完整地取出与原信号完全相同的频谱,否则将出现频谱混叠现象,如图 1.1.4(c)所示。因此,要不失真的恢复出原信号,必须满足如下采样定理。

如果连续信号 $x_a(t)$ 的频带有限,最高截止频率为 Ω_c;采样角频率满足 $\Omega_s \geqslant 2\Omega_c$,或频率满足 $f_s \geqslant 2f_c$,那么由采样信号可以不失真地恢复出原连续信号。这就是奈奎斯特采样定理。

为了将模拟信号转变为数字信号,模数转换器(A/D)还需要对采样信号 $\hat{x}_a(t)$ 进行量化和编码。由采样信号 $\hat{x}_a(t)$ 可得到一串采样点上的样本数据 $x_a(nT)$,这一串样本数据可视为离散时间信号或序列,用 $x(n)$ 表示,即

$$x(n) \hat{=} x_a(t)|_{t=nT} \tag{1.1.9}$$

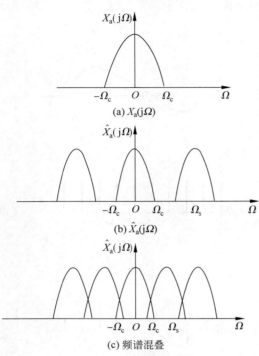

图 1.1.4 采样信号的频谱

图 1.1.5 表示了由模拟信号采样转换的离散时间序列 $x(n)$。

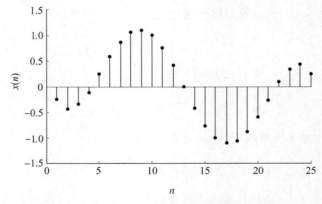

图 1.1.5 模拟信号采样转换的时域离散信号序列

例如模拟信号 $x_a(t) = \sin(2\pi ft + \pi/8)$,其中 $f = 50\text{Hz}$,选采样频率 $f_s = 200\text{Hz}$,将 $t = nT$ 代入 $x_a(t)$ 中,得到离散时间序列:

$$x(n) = \sin\left(2\pi f nT + \frac{\pi}{8}\right), \quad T = \frac{1}{f_s}$$

$$= \sin\left(2\pi \frac{50}{200}n + \frac{\pi}{8}\right)$$

$$= \sin\left(\frac{1}{2}\pi n + \frac{\pi}{8}\right)$$

当 $n = \cdots, 0, 1, 2, 3, \cdots$ 时，得到序列 $x(n)$ 如下

$$x(n) = \{\cdots, 0.382683, 0.923879, -0.382683, -0.923879, \cdots\} \quad (1.1.10)$$

通过 A/D 转换，将模拟信号转换为离散时间信号。准确地说，离散时间信号还不是数字信号，要使计算机能够对信号直接进行处理，还将离散时间序列进行量化和编码。以式(1.1.10)为例，按照 6 位二进制码进行量化编码(包含一位符号位)，则得到数字信号 $\hat{x}(n)$ 如下

$$\hat{x}(n) = \{\cdots, 0.01100, 0.11101, 1.01100, 1.11101, \cdots\}$$

用十进制数表示的 $\hat{x}(n)$ 为

$$\hat{x}(n) = \{\cdots, 0.37500, 0.90625, -0.37500, -0.90625, \cdots\}$$

显然量化编码后的 $\hat{x}(n)$ 与原 $x(n)$ 不同。这样产生的误差称为量化误差，可以通过增加量化比特数来降低这种量化误差，使用 N 比特，计算机可表示 2^N 个可能的值。比特数越多，数字信号与模拟信号就越接近，但计算的复杂度亦随之提高。

图 1.1.6 演示了 3 位模拟信号的采样、量化以及量化误差之间的关系。

一般地说，用离散时间序列 $x(n)$ 表示数字信号更好，因为 $x(n)$ 直观地反映了信号的增减变化，而编码后的数字信号则不能。因此，在对数字信号分析时大多采用离散时间序列 $x(n)$ 进行分析。在不混淆的情况下，我们也将离散时间序列称为数字信号。

对于数字序列，一个重要的概念就是数字频率。如果 $x(n)$ 是由一个周期为 $T_a = \frac{2\pi}{\Omega_a}$ 的模拟正弦信号 $x_a(t) = \sin(\Omega_a t)$ 采样而来的，其模拟角频率为 Ω_a 弧度/秒(rad/s)，设采样时间为 T，则

$$x(n) \triangleq x_a(t)\big|_{t=nT} = \sin(\Omega_a nT) \quad (1.1.11)$$

令 $\omega_0 = \Omega_a T$，则称 $\omega_0 = \Omega_a T$ 为序列 $x(n)$ 的数字频率，单位为弧度(rad)。设 f_s 为采样频率，$T = \frac{1}{f_s}$，则

$$\omega_0 = \Omega_a T = \frac{\Omega_a}{f_s} = \frac{2\pi f_a}{f_s} \quad (1.1.12)$$

说明数字频率是模拟角频率对采样频率的归一化。

[**例 1.1.1**] 设 $x_a(t) = \cos(2\pi \times 1000t)$，采样间隔为 $T = 0.25\text{ms}$，求解该信号的模拟频率，采样频率，采样信号及其数字频率。

解 模拟频率 $f_a = 1000\text{Hz}$，采样频率 $f_s = \frac{1}{T} = 4000\text{Hz}$；

采样信号 $x(n) = x_a(t)\big|_{t=nT} = x_a(nT) = \cos(2\pi \times 1000nT) = \cos(\omega_0 n)$；

数字频率 $\omega_0 = 2\pi \cdot 1000 \cdot T = 0.5\pi\text{rad}$。

[**例 1.1.2**] 连续信号 $h(t)$ 的频谱 $|H(j\Omega)|$ 如图 1.1.7 所示，现用两种频率采样，(1) $f_s = 3\text{kHz}$；(2) $f_s = 5\text{kHz}$。要求分别画出采样信号的频谱图 $|\hat{H}(j\Omega)|$，并指出所得采

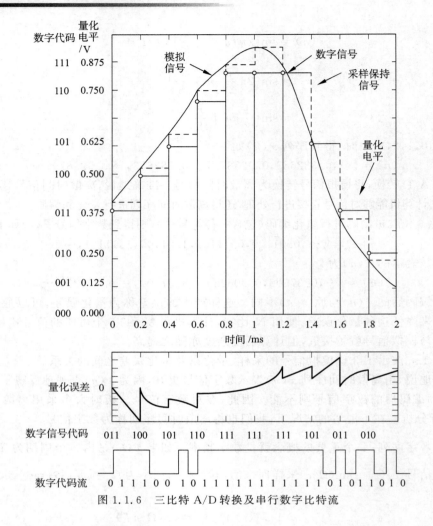

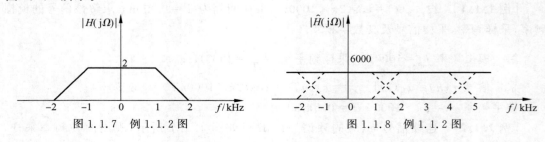

图 1.1.6 三比特 A/D 转换及串行数字比特流

样序列的数字频谱 ω 与频率 f 之间的关系。

解 （1）由已知

$$\Omega_c = 2\pi \times 2000 (\text{rad/s}) \qquad f_c = 2000\,\text{Hz}$$

$$\Omega_s = 2\pi \times 3000 (\text{rad/s}) \qquad f_s = 3000\,\text{Hz}$$

当 $f_s = 3\,\text{kHz}$ 时，f_s 小于 $2f_c$，此时不满足采样定理，所以采样后的频谱有混叠，如图 1.1.8 所示。

图 1.1.7　例 1.1.2 图　　　　　图 1.1.8　例 1.1.2 图

其数字频谱为

$$\omega = 2\pi f \cdot T_s = 2\pi f \cdot \frac{1}{f_s} = \frac{2}{3}\pi f$$

(2) 当 $f_s = 5\text{kHz}$ 时，$f_s > 2f_c$，此时满足采样定理，频谱不会混叠，如图 1.1.9 所示。

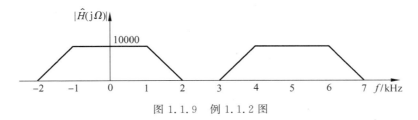

图 1.1.9 例 1.1.2 图

其数字频谱为

$$\omega = 2\pi f \cdot T_s = 2\pi f \cdot \frac{1}{f_s} = \frac{2}{5}\pi f$$

离散序列可以进行各种运算，如加、乘、翻转、卷积等，请查阅有关的"信号与系统"书籍。这里需要强调的是序列的周期性问题。

如果对所有的 n，存在最小正整数 N，满足等式

$$x(n) = x(n+N), \quad -\infty < n < \infty \tag{1.1.13}$$

则称序列为周期性序列，周期为 N。例如，序列 $x(n) = \sin(\omega_0 n) = \sin(n\pi/4)$，$\omega_0 = \pi/4$，周期为 $N = 2\pi/\omega_0 = 8$。

对于一般正弦序列

$$x(n) = A\sin(\omega_0 n + \psi)$$

则

$$x(n+N) = A\sin[\omega_0(n+N) + \psi] = A\sin(\omega_0 n + \omega_0 N + \psi)$$

如果 $x(n) = x(n+N)$，则要求 $\omega_0 N = 2\pi k$，k 为任意整数，所以序列的周期 $N = 2\pi k/\omega_0$ 应为正整数。

现具体讨论三种序列的周期情况：

(1) 当 $2\pi/\omega_0$ 为正整数时，令 $k = 1$ 或 $k = -1$，则序列的周期为 $|2\pi/\omega_0|$。

(2) 当 $2\pi/\omega_0$ 为有理数时，形式可表示为 p/q，其中 p 和 q 是互为素数的整数，且 $p > 0$。此时，取 $k = q$，则序列的周期为 p。

(3) 当 $2\pi/\omega_0$ 为无理数时，任何 k 都不能使 N 为正整数，此时序列为非周期序列。例如，正弦序列 $x(n) = \sin(n/4)$，此时，$2\pi/\omega_0 = 8\pi$，为无理数，该序列为非周期序列。

除了适合描述语音、电压等的一维数字信号外，还有二维的数字信号，可用来描述数字图像。二维数字信号就是数字矩阵(或数字栅)(matrix)，矩阵的每一个数对应数字图像的一个像素(pixel)，它记录了像素位置上图像的颜色。在黑白图像 x 中，$x[m,n]$ 记录了第 m 行 n 列像素的灰度级(gray scale level)。对于 8 比特的黑白图像，有 $2^8 = 256$ 个灰度级，所以每个灰度级可在 0(黑)到 255(白)中取值。灰度图案产生了图形的形状，如图 1.1.10 所示。具有 16 行 16 列像素的图像，当每个像素为 8 比特时，该图像便可描述为 $16 \times 16 \times 8$ 比特(或 $16 \times 16 \times 256$)。图 1.1.11 中的矩阵列出了每个像

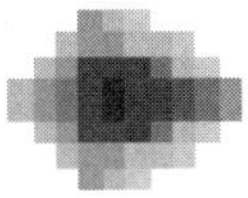

图 1.1.10 $16 \times 16 \times 256$ 数字灰度图

素的灰度级,其中较小的数对应于图像的暗心。对于彩色图像,每个像素用三个数描述,分别表示红、绿、蓝成分。

```
222 207 193 181 171 163 158 158 159 164 171 181 194 204 225 246
207 190 177 161 150 140 133 137 144 150 169 177 186 200 225 244
195 176 166 155 144 133 120 115 103 100 135 147 159 168 199 200
188 176 166 153 140 132 110 101 115 120 135 140 145 156 168 188
177 164 153 142 140 130 101 099 066 077 083 096 120 136 148 155
168 155 149 132 122 110 088 076 057 059 071 073 086 099 120 133
155 140 130 111 101 099 078 064 023 025 026 055 074 084 092 101
130 120 110 100 098 076 066 053 024 010 023 025 036 047 066 088
130 120 110 100 098 076 066 053 024 010 026 025 036 047 066 088
155 140 130 111 101 099 078 064 023 025 026 055 074 084 092 101
168 155 149 132 122 110 088 076 057 059 071 073 086 099 120 133
177 164 153 142 140 130 101 099 066 077 083 096 120 136 148 155
188 176 166 153 140 132 110 101 115 120 135 140 145 156 168 188
195 176 166 155 144 133 120 115 103 100 135 147 159 168 199 200
207 190 177 161 150 140 133 137 144 150 169 177 186 200 225 244
222 207 193 181 171 163 158 158 159 164 171 181 194 204 225 246
```

图 1.1.11　图 1.1.10 数字图像灰度值

1.1.2　数字信号处理及实现方法

信号处理的目的就是对观测到的信号进行分析、变换、综合、估计和识别等,使之容易为人们所使用,如语音识别、语音合成、图像压缩、地震波分析及高清晰电视等。数字信号处理(Digital Signal Processing,DSP)就是对数字信号用数值计算的方法来实现信号处理的,这里"处理"的实质是"运算"。

模拟信号处理也可用数字信号处理系统来完成,但处理系统需要增加模数(A/D)转换器和数模(D/A)转换器,图 1.1.12 反映了模拟信号的数字信号处理过程。

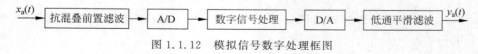

图 1.1.12　模拟信号数字处理框图

在 A/D 采用之前,需要使用一个抗混叠前置滤波器,其作用是滤除高频成分,避免采样引起频谱混叠,以满足采样定理的要求。在数字处理完成之后,还需要将数字信号转换为模拟信号,以还原原信号。例如,数字信号不能驱动扬声器,需要将其转换为模拟信号才能再现声音。D/A 转换的第一步是将数字代码转换为与其成比例的阶梯信号,这个阶梯信号的电平保持一个采用周期,称为零阶保持。接下来就是使用一个低通平滑滤波器对阶梯信号进行平滑处理,还原为模拟信号。

研究数字信号处理基本原理和实现方法是本课程的目的。通常数字信号处理算法可通过两种方法来实现,即软件实现和硬件实现,它们各自有着不同的应用环境。

所谓软件实现主要是指在通用的计算机上调用一些通用的软件包或者是自己编程来实现某些数字信号处理算法。这种方式的处理速度较慢,一般不能做到实时处理。因此这种方式多用于教学、科学研究和一些非实时处理场合,如产品开发前期的某种算法的研究及理论仿真,金融、证券交易数据分析与预测等。目前,有关信号处理的最强大的软件工具是 MATLAB 相关软件包。1.1.3 节将对 MATLAB 做简单介绍。MATLAB 给使用者提供了一个强大的数值计算环境和科学数据可视化软件平台,绝大多数数字信号处理算法都可以很方便地在该环境下得到理论验证与仿真。

而数字信号处理的另一种实现方法则是基于特定的硬件,其应用非常灵活,当算法复杂度较低和处理器件处理速度较高时能实现实时处理。大多数的硬件实现是采用通用或者是专用DSP芯片以及某些单片机实现的,通过构成满足数字信号处理任务要求的目标硬件系统来完成。在这些工作速度要求不太高的场合,DSP芯片有着非常突出的优点,如内部带有乘法器、累加器,采用流水线工作方式及并行结构,高总线,速度快,内部配有适合信号处理的指令等。

占市场最大份额的通用DSP芯片代表性产品是美国德州仪器(TI)公司的TMS320系列,主要包括应用于数字控制、运动控制的C2000系列,面向低功耗、手持设备、无线终端应用的C5000系列,面向高性能、多功能、复杂应用领域的C6000系列。TMS320C648的时钟频率可达600MHz,运算能力可达4800MIPS。

随着移动通信多媒体业务、软件无线电和军用雷达系统的迅猛发展,出现了许多高带宽的信号处理应用领域,而现场可编程门阵列(FPGA)技术可以通过一个芯片上的多级MAC单元来提供更多的带宽,基于多速率信号处理系统和滤波器组的高带宽系统在某些优秀的硬件实现算法(如CORDIC)的推动下可能会更多地被FPGA所主宰。现在的可编程片上系统(SOPC)信号处理系统往往还集成有许多优秀的IP核,给从事信号处理研究的工作者带来了极大的方便。

1.1.3 数字信号处理的特点

模拟信号处理最主要的缺点是难以处理比较复杂信号,与之相比,数字信号处理有许多明显的优越性。

1. 优点

1) 灵活性

当模拟系统的功能与性能发生变化时,必须重新进行系统设计,至少需要改变系统中的某些器件或参数,然后再重新进行装配和调试。对于数字信号处理系统而言,则可灵活地通过修改系统中的软件来调整系统参数,从而实现不同的信号处理任务。近年来得到迅猛发展和应用的虚拟仪器技术,也是在以高性能DSP处理器技术为核心的硬件平台上,用不同的软件来实现,用传统的仪器(如示波器、频谱仪等)来完成分析测试任务。

2) 高精度、高稳定性和高性能指标

数字系统只有"0"和"1"两个信号,受温度和周围噪声的影响比模拟系统要小得多。数字系统的计算精度可以随运算位数的增加而得到显著的改善,并且还可以通过特殊的数字信号处理算法来获得高性能指标,如模拟频谱仪低频一般只能做到10Hz的频率分辨率,而借助于Zoom FFT分析的数字频谱分析仪则可达到$10^{-4} \sim 10^{-3}$Hz,数字频率合成器较强的离散波纹抑制性能也大大超过模拟频率合成器。

3) 可重复再生性好

数字系统本身就具有较好的可重复性,这一点在数字中继通信中具有模拟系统所不可比拟的优势,迅速发展的各种数字纠错编解码技术,能够在极为复杂的噪声环境中,甚至在信号完全被噪声所淹没的情况下,正确地识别和恢复原有的信号。

4) 强大的非线性信号处理能力

借助于神经网络、盲信号处理和各种各样的自适应算法,数字信号处理目前已经具有极为强大的非线性信号处理能力,同时,这也是目前数字信号处理技术发展的主流方向之一。

5) 便于大规模集成

DSP 处理器体积小、功能强、功耗小、性能价格比高,从而得到迅速的发展和广泛的应用。

6) 可存储、运算和多维处理

对数字信号可以存储、运算,系统可获得高性能指标,且能进行多维处理。这一优点使数字信号处理不再仅仅限于对模拟系统的逼近,它可以完成许多模拟系统完不成的任务。例如,电视系统中的画中画、多画面、各种视频特技,包括画面压缩、画面放大、画面坐标旋转、演员特技制作、特殊的配音制作、数字滤波器严格的线性相位特性,甚至非因果系统可通过延时实现等。利用庞大的存储单元,存储数帧图像信号,可实现多维信号的处理。

2. 不足

尽管如此,数字信号处理也不可避免地存在着不足之处,主要是其处理速度还不够高,不能处理很高频率的信号,一般只能限于几十兆赫兹以下的信号;其次是算法复杂、运算量大的数字信号处理系统的硬件设计和结构还比较复杂,价格比较昂贵。

尽管数字信号处理有诸多优势,但从根本上来说,模拟信号处理还不能完全被数字信号处理系统代替,主要有以下两个方面的原因。

(1) 模拟信号处理从根本上来说是实时的。尽管以 DSP、FPGA 为代表的数字信号处理系统的系统处理速度在很快地提高,但总会在很多情况下不能达到实时的要求。数字处理系统依赖于处理器的速度。

(2) 超高频信号处理需要模拟系统来完成。受到采样定理及处理器性能的限制,数字处理系统不能处理超高频信号。

3. 研究领域

国际上一般将 1965 年快速傅里叶变换(FFT)的问世作为数字信号处理这一学科的开始,再接下来的 50 多年时间里,随着微电子学科的发展和数字器件速度的飞速提高以及人们对生活、实践、科学研究的需要,大量的新算法理论和技术层出不穷。这一学科目前主要的研究领域包括:

(1) 信号的采集(A/D 技术、采样定理、多速率信号处理、Σ-Δ 理论、非等间隔采样、压缩感知信息采样理论等);

(2) 离散信号与系统的分析(时域和频域及空域分析、各种变换、信号特征的描述、系统的频率性能等);

(3) 信号处理中的快速算法及其实现(FFT、快速卷积与相关运算、DCT、DWT、数论变换、CORDIC 算法等）；

（4）信号的估计（各种估计理论、相关函数与功率谱估计）；

（5）滤波器技术（各种滤波器的设计与实现、滤波器组设计及其应用等）；

（6）信号的建模（最常用的包括 AR、MA、ARMA、PROM 等模型）；

（7）信号处理中的特殊算法（如信号的抽取、插值、奇异值分解 SVD、反卷积、字典学习、基于幅度谱和相位谱的信号重构技术等）；

（8）通信信号处理（信号的设计、信道检测与估计、信道均衡、OFDM、MIMO、数字复用与分集技术、智能天线、数字波束形成 DBF 等）；

（9）非线性信号处理（盲信号处理、神经网络、混沌动力系统、RLS、LMS 算法等）；

（10）时间序列分析（统计、分析和预测等）；

（11）信号处理技术的实现和应用。

1.1.4 数字信号处理的应用

信号的数字化处理包括两个步骤，一个是信号在时间上的离散化，即采样；另一个是幅度上的离散化，即分层。数字化之后的信号，将全部变为 0、1 序列，这就使得信息的采集、存储、传输、复制、加工异常方便。所以信号的数字化处理推动了各应用领域的发展，并成为这些领域的最重要的技术支撑。反过来，各种工程应用对数字信号处理的新要求又促使信号处理理论与技术的发展，包括分层的压扩技术、采样和抽取技术、数字滤波理论、FFT、数字图像处理、模式识别、专家系统、宽带通信网络、多媒体技术等。

数字信号处理（DSP）的理论与技术已日趋成熟，DSP 的应用领域几乎涵盖了国民经济和国防建设的所有领域，包括雷达、航天、声呐、通信、海洋高技术、微电子、计算机、大数据、人工智能、消费电子等，如图像边缘检测、数字信号及图像滤波、地震波分析、文字识别、语音识别、磁共振成像（MRI）扫描、音乐合成、条形码阅读器、声呐处理、卫星图像分析、数字测绘、蜂窝电话、数字摄像机、麻醉剂及爆炸物检测、语音合成、耳蜗移植、抗锁制动、高清晰度电视、数字音频、加密、马达控制、远程医疗监护、智能设备、家庭保安、高速调制解调器等。不同的应用由它们的软件来确定，即由特定硬件平台上运行的一系列程序指令来确定。换句话说，同样的 DSP 硬件可以适用于多种不同的应用。其中最常用的包括对一维信号（语音或音乐）的处理以及对二维信号（图像）的处理。

利用数字语音信号中的信息可以识别连续语音中的大量词汇。通常，语音识别方法基于语音的频谱分析。尽管这种分析很费时，但快速 DSP 硬件可以实现实时识别。语音单词的辨认技术已经应用于查号系统，通过寻找连续语音中的号码和单词，然后整理出所请求的基本信息。用于无线电控制的自动语音识别系统可以使喷气式飞机驾驶舱内实现无手动的无线电操作。类似的技术也可以使驾车时实现无手动手机电话操作。为语音合成器研制的人声模型已经应用于基于 DSP 的助听器中，这种助听器可以对一个人的具体听力缺陷予以精确的补偿。

DSP 在音乐和其他声音处理方面也有很大的贡献。对旧的音乐录音带可以进行清洗，去除背景中的噪声。同样，真实的录音与数学模型相结合可以对许多乐器进行高质量的合成。一些特殊的 DSP 合成技术，为电影的重新创作开辟了广阔的空间。DSP 也可以用于基于动物声音的研究。

为了读者便于直观地感受 DSP 的魅力,以下列举 DSP 技术在音频去噪中的应用实例。

利用 MATLAB 实现下面的案例。采用窗函数法实现一个 FIR 数字滤波器,对所给出的含有噪声的声音信号进行数字滤波处理实现降噪,为后续的时域频域分析提供更为纯净的音频信号。选取一段火车鸣笛音频文件格式为 *.wav,其波形曲线和频谱曲线如图 1.1.13 和图 1.1.14 所示,其频率主要集中在 0～2500Hz 范围内,下面将分别说明引入高斯白噪声和特定噪声频率下的去噪方法和去噪效果。

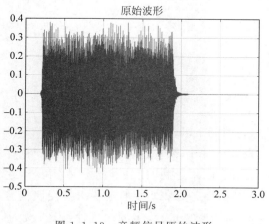

图 1.1.13 音频信号原始波形

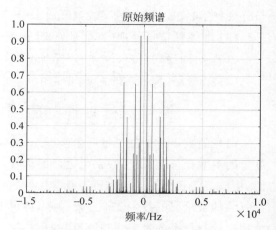

图 1.1.14 音频信号原始频谱

白噪声是指在较宽的频率范围内,各等带宽的频带所含的噪声功率谱密度相等的噪声。理想的白噪声具有无限带宽,因而其能量是无限大,但这在现实世界是不可能存在的。实际中我们经常把有限带宽的平整信号视为白噪声,在数学分析上更加方便。引入白噪声到上述音频文件中,得到加噪后的波形图与频谱图,如图 1.1.15 和图 1.1.16 所示。可以看到,在所有频段上都出现了噪声的干扰。再重新播放音频,可听到沙沙的杂音,与平时所听电台节目偶尔出现的杂音十分类似。

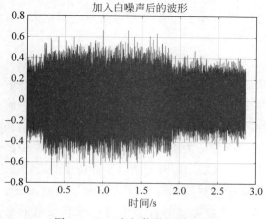

图 1.1.15 音频信号原始波形

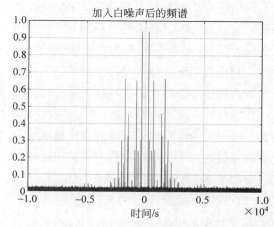

图 1.1.16 音频信号原始频谱

从原始信号的频谱图可知,初始音频的频率主要集中在 0～2500 Hz,选用低通滤波器的话,阻带开始频率设为 2500 Hz,用矩形窗进行滤波,得到滤波器的幅频响应如图 1.1.17 所示,当频率高于 2500 Hz 时,出现明显的阻带。图 1.1.18 和图 1.1.19 为滤波后的效果图,噪声信号得到明显的抑制,原信号的频谱也获得了一定的修复。

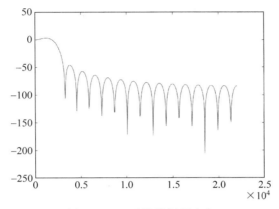

图 1.1.17　滤波器幅频响应

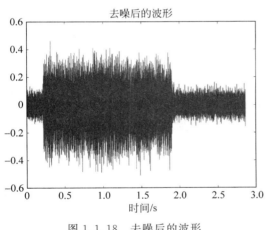

图 1.1.18　去噪后的波形

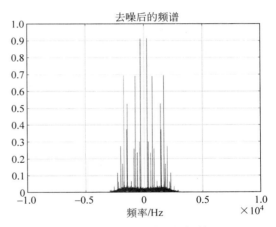

图 1.1.19　去噪后的频谱

但由于白噪声遍布于整个频谱,对于噪声频谱与音频频谱的重叠部分,无法通过 FIR 滤波器进行滤除,依然有小部分杂音存在。如果噪声为特定单一频率的噪声,就可较好地将其去除。对于该音频添加 2500 Hz 的特定频率,通过设计带阻滤波器(阻带范围为 2000～2500 Hz)对其进行滤波。图 1.1.20 为添加特定频率后的频谱信号,在 2500 Hz 处出现了较高的单峰,可视为极大的噪声干扰信号。图 1.1.21 为对应的带阻滤波器,在 2500 Hz 附近的小范围内对信号有明显的抑制作用,可以用来滤除噪声。

图 1.1.22 和图 1.1.23 为去噪后的信号波形和频谱图,与原信号的频谱相差无几,播放音频,背景噪声显著减少。本例给出了 DSP 在音频信号领域的一个应用,事实上,DSP 应用于音频领域已经非常广泛,音频信号的绝大多数处理手段都离不开数字信号处理技术,读者可以通过学习完后续章节再来探索音频处理更多有趣的方法。

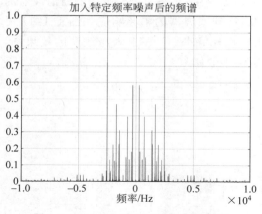

图 1.1.20 引入 2500 Hz 噪声的频谱

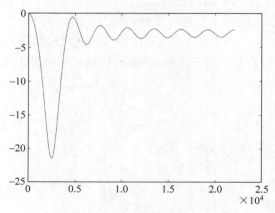

图 1.1.21 带阻滤波器

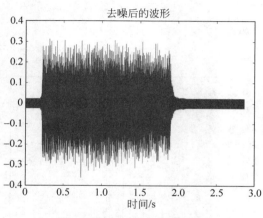

图 1.1.22 去噪后的波形图

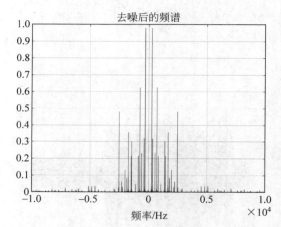

图 1.1.23 去噪后的频谱图

不仅对于一维的声音信号,对于二维的图像信号,将 DSP 应用于图像处理也可以制作出奇异的效果。图像可以被任意组合、剪辑、拼贴等。运动可以从同一个场景中一幅图像减去另一幅图像来检测,突出两幅图像不同的部分。一幅图像可以修改其色彩,改善对比度。同一物体的几幅图像可以用来合成该物体的三维图像,这种技术已经应用于医疗图像处理中。而视觉检测和机器人视觉系统则基于目标的自动识别,通过目标边缘检测与高级的模式识别相结合来完成。下面将展示 DSP 在图像处理中的应用。

图像处理的本质是对表示图像的像素值的处理,无论是只有一个通道的灰度图像还是三个通道的 RGB 图像,均可通过对像素点的数学运算,达到提取特征,凸显重点,图像位置变动、翻转、镜像等操作。图 1.1.24 是一幅充满米粒的灰度图,本案例的目标是对该图像所含的数字信号进行分析处理,获得图中所有米粒所处的位置。通过使用 MATLAB 的函数 imread(),可获取图像的像素值,如图 1.1.25 所示(该图像左上角 8×8 区域内的像素点值)。事实上,该图像总大小为 237×362,意味着执行 imread() 后可以得到一个 320×320 大小的像素矩阵。

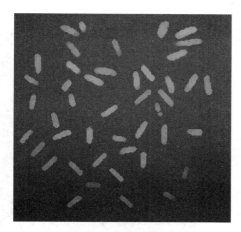

134	62	62	62	61	62	62
146	62	62	61	62	61	62
145	144	62	62	62	62	62
146	143	134	129	117	62	62
143	143	133	129	118	117	62
143	143	133	129	118	117	117
143	134	129	129	117	118	118
134	129	129	117	118	118	118
129	129	117	118	117	118	103

图 1.1.24　原始图像　　　　　　图 1.1.25　图像部分像素值

可以发现,由于灰色背景较为偏白,与白色米粒的对比并不是十分明显,于是考虑先提取背景,提高对比度,便于检测米粒所在的位置,减小背景的干扰。采用数字形态学中的开运算(先腐蚀,后膨胀),可以平滑图像的轮廓,削弱狭窄的部分,去掉细的突出,即把图像中突出的米粒部分消除,只留下黑色的背景图,如图 1.1.26 所示。接下来只需将原始图片减去背景图片,便得到只有米粒的图片,如图 1.1.27 所示。

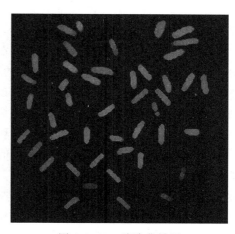

图 1.1.26　背景图　　　　　　图 1.1.27　消除背景图

在消除背景后,原本灰色的背景变成纯黑色,更有利于二值化操作的实施,凸显米粒所处的位置,二值化图像如图 1.1.28 所示。二值化操作是设定特定的 0～255 之间的一个阈值,大于阈值的则判为 255,为白色;小于阈值的判为 0,为黑色。可以看到,图中的黑色白色区分尤为明显,米粒位置清晰可见。采用合适的边缘检测算法对米粒边缘进行定位,如图 1.1.29 所示,具体算法可参考有关书籍。

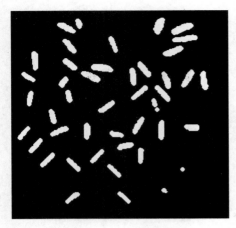　　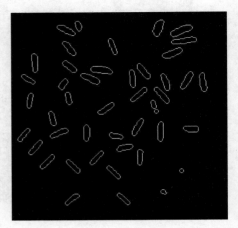

图 1.1.28　二值化图　　　　　　　　　　图 1.1.29　边缘提取图

　　最后，在得到图像中米粒的边缘后，可进一步操作，例如米粒个数的统计、米粒大小的估计、整精米率的统计等，而这些归根结底也是对数字信号的变换与处理。DSP 在进行图像识别及特征分析等工程领域有着十分重要而有趣的应用，读者可以在学过后续章节之后自行进行相关实验的探索。

　　DSP 在通信领域中有重要的作用，尤其在蜂窝电话、数字调制解调器和视频音频传输技术这些方面。在数字蜂窝电话中，DSP 主要完成两方面的任务：在保证话音可以识别的基础上，对话音进行尽可能的压缩编码；在无线传输中可靠地传输该编码的话音。话音编码算法将话音数据对应为仅需少数参数的语音模型。传输时只传输这些参数而不是话音信号本身，接收端再将这些参数用于相同的模型而获得原话音信号的再现。该编码算法的应用使得单个呼叫所需的传输量大为减少，提高了蜂窝电话网的效率。

　　DSP 可以应用在非对称数字用户环路（ADSL）的离散多音频（DMT）调制器上。ADSL 是一种以铜质电话线为传输介质的传输技术，它被认为是光纤到户（FTTH）前主要的 Internet 接入技术。ADSL 应用最广的调制技术是 DMT 调制技术，DMT 实际上是频分复用（FDM）的一种形式。它的主要原理是将频带分割为多个频率的正交子信道。输入信号经过比特分配和缓存，将输入数据划分为比特块，经网格编码（TCM）后再进行离散傅里叶反变换（IFFT）将信号变换到时域。随后对每个比特块加上用于消除码间干扰的循环前缀（PC），经数模转换（D/A）和发送滤波器滤波后将信号送上信道。在接收端，从信道上来的信号通过一个接收滤波器将信号放大整形，再进行模/数变换得到相应的数字信号。时域均衡器将信号的冲激响应限制在有限的长度之内并去掉循环前缀的影响。信号去掉循环前缀后，进行 FFT 变换。解调后的信号经过频域均衡，就可基本恢复在发送端 IFFT 之前的信号。图 1.1.30 即是 ADSL 的 DMT 调制解调的原理框图。

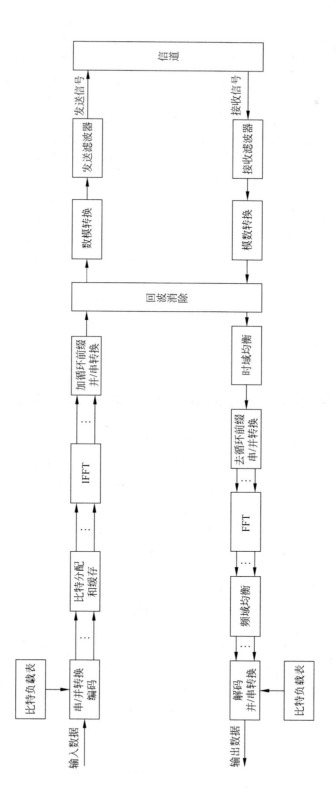

图 1.1.30 模拟 ADSL 的 DMT 调制解调框图

新一代数字电视的核心与其说是一个数字解码器,不如说是一个更强的数字媒体处理器。设计人员首先面临两种选择,是采用固定的专用芯片(ASIC),还是可编程芯片。由于目前不少技术标准尚未确定,即便是已确定的标准仍存在较大的改进和完善空间,因此没有任何一家公司可以提供真正完全满足需要的数字电视芯片。在目前阶段下,可编程芯片便成为数字电视开发的一种有效的选择,而这里又存在选择硬件可编程的 FPGA,还是软件可编程的高速 DSP。虽然 FPGA 比较适于早期研发工作,但往往不适宜产品化,一般需要再转为 ASIC,不仅需要增加开发周期,而且当平台升级和改进需要重复进行;而利用可编程 DSP 方案,设计人员可以获得最好的灵活性,开发工作可以基于 DSP 平台通过软件编程实现,并尽可能地满足任何公司或任何技术委员会提出的、功能强大的新型数字电视系统的需要,加速产品上市时间。即便在最初标准发布之后,很可能还需要添加或改进某些功能。另外,DSP 平台的升级对软件系统均是兼容的,所以已开发的软件具有最大的再用性。例如,DSP 可以在 MPEG2 的基础上添加 MPEG4 功能,或在 MPEG2 音频之外添加任何其他多声道音频或更强的功能。采用可编程 DSP 的数字电视系统,从系统架构角度来看是最令人满意,从处理能力来看也值得信赖。

DSP 以其极高的处理能力、灵活的可编程性,以及强大的可扩展性,将会发挥越来越重要的作用。

DSP 涉及的内容非常丰富和广泛,本书作为专业基础课,主要学习其基本理论和基本分析方法。

1.2 数字信号处理仿真工具 MATLAB 简介

1.2.1 MATLAB 与数字信号处理

MATLAB 是美国新墨西哥大学的 Clever Molert 博士于 20 世纪 70 年代研发的编程语言。1983 年,他与 Jack Little 等人用 C 语言共同开发了第二版 MATLAB。使其具有数值计算功能和可视化功能。1984 年成立了 MathWorks 公司。1993 年该公司推出了 MATLAB 4.0 版。直到现在已推出了 MATLAB 2020b 版。每次版本升级都增加了大量数值计算、图像处理等功能,界面越来越友好。

MATLAB 软件包是当今世界一流专家学者智慧的结晶,已成为适合多学科、多种工作平台的大型数值计算和仿真的优秀软件。国内外高校也将其作为数值分析、数字信号处理、自动控制理论及应用等课程的基本教学、实验仿真工具。

MATLAB 是 Matrix Laboratory(矩阵实验室)的缩写。由主包和功能各异的多种工具箱(Toolbox)组成。最基本的数据结构是矩阵,其语法规则与一般的结构化高级编程语言(如 C 语言)类似,不需定义变量和数组,使用方便,特别是 MATLAB 已经将诸多具体问题编成现成的函数。针对不同的应用,直接调用函数就可解决问题。而且用户可编写自己的 M 文件,组成自己的工具箱。限于篇幅,有关 MATLAB 的使用请参考相关书籍。与数字信号处理有关的工具箱主要包括:

(1) Signal Processing Toolbox(信号处理工具箱);

(2) Filter Design Toolbox(滤波器设计工具箱);

(3) Wavelet Toolbox(小波工具箱);

(4) Image Processing Toolbox(图像处理工具箱);
(5) High-Order Spectral Analysis Toolbox(高阶谱分析工具箱);
(6) Communication Toolbox(通信工具箱)。

信号处理工具箱为本课程仿真实验的基础,它包括几大类函数,如滤波器分析与实现、FIR 和 IIR 滤波器设计、线性系统变换、线性预测参数与建模、窗函数、现代信号处理和谱分析等。

1.2.2 序列运算、Z 变换及系统响应的仿真算法

序列及系统分析已经在"信号与系统"课程里进行了介绍,本节将通过例子介绍有关序列及系统分析的 MATLAB 仿真算法,使读者熟悉 MATLAB 分析方法。

(1) 序列的产生。可以利用 MATLAB 产生一些常用的序列。

[**例 1.2.1**] 用 MATLAB 产生一个正弦序列 $x(n)=\sin\left(\dfrac{n\pi}{4}\right), n=-4\sim 4$。

解 MATLAB 程序如下:

```
n = -4:4;                  % 位置向量 n 从 -4 到 4
x = sin(pi * n/4);         % 计算序列向量 x(n) 的 9 个采样值
subplot(321);
stem(n,x,'.');
xlabel('n');ylabel('x(n)');
```

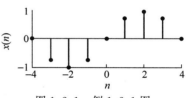

图 1.2.1 例 1.2.1 图

由 MATLAB 软件生成的图形如图 1.2.1 所示。

(2) 序列的乘法和加法。序列之间的乘法和加法是其同序号的序列值逐项对应相乘和相加。

[**例 1.2.2**] 设 $x_1(n)=\{\underline{2},1\}, x_2(n)=\{\underline{0},1,2\}$,求 $y(n)=x_1(n)+x_2(n), z(n)=x_1(n)\times x_2(n)$。

解
$$y(n)=x_1(n)+x_2(n)=\{\underline{2},1\}+\{\underline{0},1,2\}$$
$$=\{\underline{2},2,2\}$$
$$z(n)=x_1(n)\times x_2(n)=\{\underline{2},1\}\times\{\underline{0},1,2\}$$
$$=\{\underline{0},1,0\}$$

其 MATLAB 演示程序如下:

```
% 演示序列的乘法和加法
n = 1:3;
x1 = [2 1];
x2 = [0 1 2];
x1 = [x1 zeros(1)];              % 对 x1(n) 补零

y = x1 + x2;
z = x1.*x2;

subplot(411);stem(n,x1);xlabel('n');ylabel('x_{1}(n)');
subplot(412);stem(n,x2);xlabel('n');ylabel('x_{2}(n)');
subplot(413);stem(n,y);xlabel('n');ylabel('x_{1}(n) + x_{2}(n)');
subplot(414);stem(n,z);xlabel('n');ylabel('x_{1}(n) × x_{2}(n)');
```

生成的图形如图1.2.2所示。

（3）卷积。卷积求和是数字信号处理技术常用的一种运算，在离散系统分析中，卷积是求线性时不变系统零状态响应的主要方法。给定序列 $x_1(n)$ 和 $x_2(n)$，两个序列的卷积定义为

$$x(n) = x_1(n) * x_2(n)$$

$$= \sum_{m=-\infty}^{\infty} x_1(m) x_2(n-m) \quad (1.2.1)$$

[**例 1.2.3**] 设 $h(n) = \{\underline{1}, 2, 1\}$，$x(n) = \{\underline{1}, 2, 1, 2, 2, 2, \cdots\}$，求 $y(n) = x(n) * h(n)$。

解 根据式(1.2.1)：

$$y(n) = \sum_{m=-\infty}^{\infty} x(m) h(n-m)$$，且当 $m < 0$ 时，$x(m) = 0$，当 $n < 0$ 时，$h(n) = 0$。

当 $n = 0$ 时，$y(0) = \sum_{m=0}^{0} x(m) h(0-m) = 1$

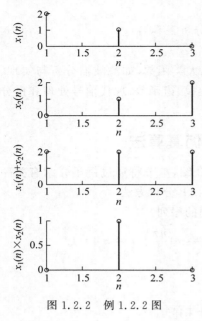

图1.2.2 例1.2.2图

当 $n = 1$ 时，$y(1) = \sum_{m=0}^{1} x(m) h(1-m) = 4$

当 $n = 2$ 时，$y(2) = \sum_{m=0}^{2} x(m) h(2-m) = 6$

当 $n = 3$ 时，$y(3) = \sum_{m=0}^{3} x(m) h(3-m) = 6$

$\vdots$

如图1.2.3所示，卷积结果用序列表示为

$$y(n) = \{\underline{1}, 4, 6, 6, \cdots\}$$

其 MATLAB 程序演示如下：

```
h = [1 2 1];
x = [h,2 * ones(1,17)];        % x(n)只取前20个点
y = conv(x,h);
stem(y);xlabel('n');ylabel('y(n)');
```

卷积结果如图1.2.4所示。

（4）Z变换。Z变换是分析离散时间信号和系统的基本工具。下面的例子演示用留数方法通过 MATLAB 求 Z 反变换。

[**例 1.2.4**] 利用 MATLAB 来求解

$$X(z) = \frac{(1+0.3z^{-1})^2}{(1+0.1z^{-1})(1-0.5z^{-1})^2(1+0.8z^{-1})^2}, \quad |z| > 0.8$$

的 Z 反变换。

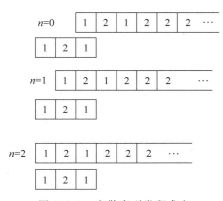

图 1.2.3 离散序列卷积求和

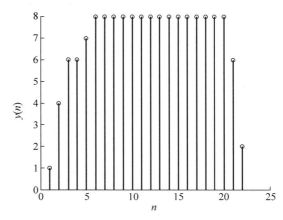

图 1.2.4 离散序列卷积求和结果

解 留数求解 Z 反变换演示程序如下:

```
b = poly([ -0.3, -0.3]);
a = poly([ -0.1 0.5 0.5 -0.8 -0.8]);
[R P K] = residuez(b,a);
R'
R =    0.3088   0.1691   0.2043   0.3156   0.0023
P'
P =   -0.8000  -0.8000   0.5000   0.5000  -0.1000
K
K =    [ ]
```

因此，$X(z)$ 的部分分式表示为

$$X(z) = \frac{0.3088}{1+0.8z^{-1}} + \frac{0.1691}{(1+0.8z^{-1})^2} + \frac{0.2043}{1-0.5z^{-1}} + \frac{0.3156}{(1-0.5z^{-1})^2} + \frac{0.0023}{1+0.1z^{-1}}$$

相应的 Z 反变换为

$$x(n) = 0.3088(-0.8)^n u(n) + 0.1691(n+1)(-0.8)^n u(n+1)$$
$$+ 0.2043(0.5)^n u(n) + 0.3156(n+1)(0.5)^{n+1} u(n+1) + 0.0023(-0.1)^n u(n)$$

(5) 系统响应。利用 MATLAB 可以容易地求出离散时间系统的系统响应。

[**例 1.2.5**] 已知系统的差分方程为 $y(n) - 0.7y(n-1) + 0.1y(n-2) = 7x(n) - 2x(n-1)$，当输入序列 $x(n) = u(n)$ 时，利用 MATLAB 求系统的脉冲响应 $h(n)$ 和零状态响应 $y_{zs}(n)$。

解 演示源程序如下:

```
% 脉冲响应求解演示
a = [1 -0.7 0.1]; b = [7 -2];
N = 50;
n = 0:N-1;
h = impz(b,a,n);              % 脉冲响应
x = ones(1,N);                % 构造输入 u(n)
y = filter(b,a,x);            % 零状态响应
```

```
subplot(311);stem(n,h);xlabel('n');ylabel('h(n)');
subplot(312);stem(n,x);xlabel('n');ylabel('x(n)');
subplot(313);stem(n,y);xlabel('n');ylabel('y_{zs}(n)');
```

其结果如图 1.2.5 所示。

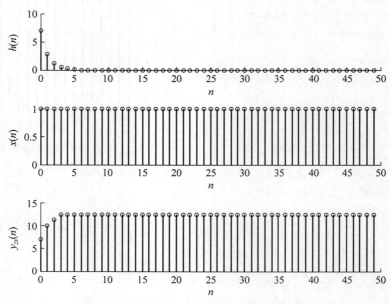

图 1.2.5　例 1.2.5 脉冲响应和零状态响应

[**例 1.2.6**]　描述某 LTI 系统的差分方程为

$$6y(n) - 5y(n-1) + y(n-2) = x(n)$$

已知 $y(-1) = -6, y(-2) = -20$，输入 $x(n) = 10\cos\left(\dfrac{n\pi}{2}\right)u(n)$，利用 MATLAB 求其全响应。

解　源程序如下：

```
b = [1];a = [6 - 5 1];
y0 = [ - 6 - 20];x0 = [0];
xic = filtic(b,a,y0,x0);           % 调用等效初始状态输入数组
n = 0:50;
x = 10 * cos(n * pi/2);
y1 = filter(b,a,x,xic);
subplot(211);stem(n,y1);
xlabel('n'),ylabel('y_{1}(n)'),title('MATLAB 求出全响应');
y2 = 2 * ((0.5).^n) - 3 * ((1/3).^n) + (sqrt(2)) * cos((n * pi/2) - (pi/4));   % 理论响应值 y2(n)
subplot(212);stem(n,y2);
xlabel('n'),ylabel('y_{2}(n)'),title('理论响应');
```

程序中

$$y_2(n) = 2\left(\dfrac{1}{2}\right)^n - 3\left(\dfrac{1}{3}\right)^n + \sqrt{2}\cos\left(\dfrac{n\pi}{2} - \dfrac{\pi}{4}\right), \quad n \geqslant 0$$

是根据理论计算出来的。MATLAB 运行结果如图 1.2.6 所示,与理论计算结果完全相同。

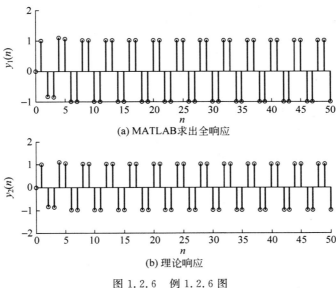

图 1.2.6　例 1.2.6 图

(6) 判断系统是否为线性系统、时不变系统,可通过 MATLAB 验证其结果。

[**例 1.2.7**]　判断系统 $y(n)=ax(n)+b(a,b$ 为常数) 与 $y(n)=x(n^2)$ 是否为线性时不变系统。

解　① 令输入为 $x(n-n_0)$,则输出为 $\hat{y}(n)=T[x(n-n_0)]=ax(n-n_0)+b$,而 $y(n-n_0)=ax(n-n_0)+b$,所以 $y(n-n_0)=\hat{y}(n)$,系统为时不变系统。

又因为
$$\bar{y}(n)=T[px_1(n)+qx_2(n)]=a[px_1(n)+qx_2(n)]+b$$
而
$$py_1(n)+qy_2(n)=p[ax_1(n)+b]+q[ax_2(n)+b]\neq\bar{y}(n)$$
系统为非线性系统。

② 令输入为 $x(n-n_0)$,输出为 $\hat{y}(n)=T[x(n-n_0)]=x(n^2-n_0)$,因为 $y(n-n_0)=x[(n-n_0)^2]\neq\hat{y}(n)$,所以系统为时变系统。

又 $\bar{y}(n)=T[ax_1(n)+bx_2(n)]=ax_1(n^2)+bx_2(n^2)$,而 $ay_1(n)+by_2(n)=ax_1(n^2)+bx_2(n^2)$,所以 $ay_1(n)+by_2(n)=\bar{y}(n)$ 满足线性特性。因此,系统为线性系统。

下面用 MATLAB 对系统 $y(n)=x(n^2)$ 进行验证,读者可自行验证系统 $y(n)=a(n)+b$。

时变性验证:令 $x(n)=\delta(n)+2\delta(n-1)+3\delta(n-2)+2\delta(n-3)+\delta(n-4),n_0=1$。

```
Nx = 26;
x = [1 2 3 2 1 zeros(1,Nx - 5)];n0 = 1;
Ny = 6;ny = 0:Ny - 1;
y = x(ny. * ny + 1);              % y(n) = x(n * n)
subplot(221);stem(ny,x(1:Ny));xlabel('n');ylabel('x(n)');
subplot(222);stem(ny,y(1:Ny));xlabel('n');ylabel('y(n)');
```

```
xn0 = [zeros(1,n0) x];              % x(n - n0)
y1 = xn0(ny. * ny + 1);             % T[x(n - n0)]
y2 = [zeros(1,n0) y];               % y(n - n0)
subplot(223);stem(ny,y1(1:Ny));xlabel('n');ylabel('T[x(n - n_{0})]');
subplot(224);stem(ny,y2(1:Ny));xlabel('n');ylabel('y(n - n_{0})');
```

MATLAB 运行结果如图 1.2.7 所示。

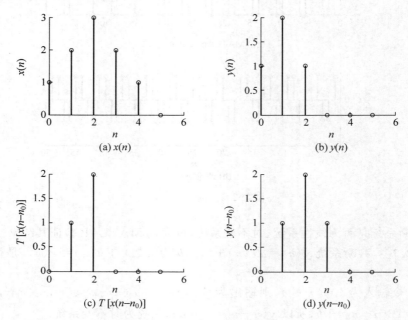

图 1.2.7 例 1.2.7 时变性验证

③ 线性性验证：令

$x_1(n) = \delta(n) + 2\delta(n-1) + 3\delta(n-2) + 2\delta(n-3) + \delta(n-4)$

$x_2(n) = 2\delta(n) + 4\delta(n-1) + \delta(n-2) + 3\delta(n-3) + \delta(n-4)$； $a=1, b=2$

程序如下：

```
Nx = 26;
x1 = [1 1 3 2 1 zeros(1,Nx - 5)];
x2 = [2 4 1 3 1 zeros(1,Nx - 5)];
a = 1;b = 2;
Ny = 6;ny = 0:Ny - 1;
ay = a * x1(ny. * ny + 1);          % a * y1(n)
by = b * x2(ny. * ny + 1);          % b * y2(n)
y1 = ay + by;                       % a * y1(n) + b * y2(n)
x = a * x1 + b * x2;
y2 = x(ny. * ny + 1);               % T[a * x1(n) + b * x2(n)]
subplot(221);stem(ny,y1(1:Ny));xlabel('n');ylabel('T[a * x_{1}(n) + b * x_{2}(n)]');
subplot(222);stem(ny,y2(1:Ny));xlabel('n');ylabel('a * y_{1}(n) + b * y_{2}(n)');
```

MATLAB 运行结果如图 1.2.8 所示。

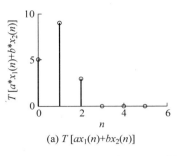 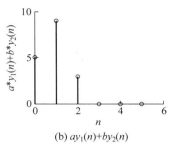

(a) $T[ax_1(n)+bx_2(n)]$　　　　　(b) $ay_1(n)+by_2(n)$

图 1.2.8　例 1.2.7 线性验证

（7）系统的零极点分布和频率响应特性。利用 MATLAB 提供的函数，可以非常简单地画出系统的零极点分布图，并分析频率响应特性。

[**例 1.2.8**]　考虑某个系统 $H(z)=\dfrac{z^2+2z+1}{z^2-z+0.5}$，用 MATLAB 画出其零极点分布和频率响应特性。

解　MATLAB 源程序如下：

```
% 系统频率特性和零极点分布演示程序
b = [1 2 1];a = [1 -1 0.5];
figure(1)
zplane(b,a);
figure(2)
OMEGA = -pi:pi/100:pi;
H = freqz(b,a,OMEGA);
subplot(211),plot(OMEGA,abs(H));
xlabel('\omega');ylabel('|H(e^{j\omega})|');
subplot(212),plot(OMEGA,180/pi*unwrap(angle(H)));   % unwrap 函数使相位在 180°不会
% 产生不连续点
xlabel('\omega');ylabel('arg[H(e^{j\omega})]');
```

其系统零极点分布和频率响应特性如图 1.2.9 所示。

[**例 1.2.9**]　考虑横向滤波器，其单位脉冲响应为

$$h(n)=\begin{cases}0.5^n, & 0\leqslant n\leqslant 49\\ 0, & \text{其他}\end{cases}$$

分析该横向滤波器的零极点位置和频率响应特性。

解　系统函数

$$H(z)=\sum_{n=0}^{+\infty}h(n)z^{-n}=\sum_{n=0}^{49}(0.5z^{-1})^n=\frac{1-(0.5)^{50}z^{-50}}{1-0.5z^{-1}}$$

MATLAB 处理程序如下：

```
% 横向滤波器特性演示程序
X = (0.5).^50;
b = [1 zeros(1,49) X];
```

```
a = [1 - 0.5];
figure(1)
zplane(b,a);
figure(2)
OMEGA = - pi:pi/150:pi;
H = freqz(b,a,OMEGA);
subplot(211),plot(OMEGA,abs(H));
xlabel('\omega');ylabel('|H(e ^{j\omega})|');
subplot(212),plot(OMEGA,180/pi * unwrap(angle(H)));
xlabel('\omega');ylabel('arg[H(e ^{j\omega})]');
```

其系统零极点位置和频率响应特性分别如图 1.2.10 所示。

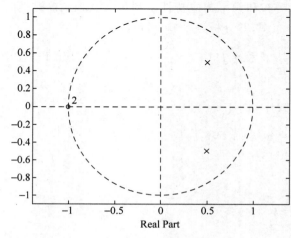

(a) 系统零极点分布

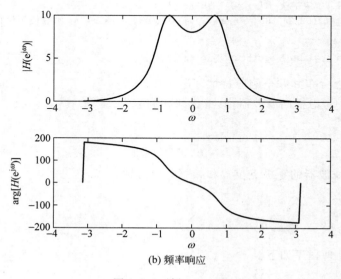

(b) 频率响应

图 1.2.9 例 1.2.8 图

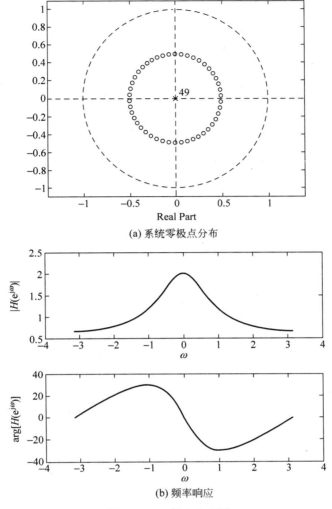

图 1.2.10　例 1.2.9 图

(8) 求状态和输出方程。

[**例 1.2.10**]　考虑一个三阶系统
$$y(n) - 0.25y(n-1) - 0.125y(n-2) + 0.5y(n-3) = 3x(n)$$
输入 $x(n) = u(n)$，初始状态 $y(-1) = -1, y(-2) = -2$ 和 $y(-3) = -3$，利用状态方程方法求出 $y(n)$。

解　定义 $q_1(n) = y(n-3), q_2(n) = y(n-2), q_3(n) = y(n-1)$，差分方程可以写为如下状态方程的形式

$$q(n+1) = \begin{bmatrix} 0 & 1 & 0 \\ 0 & 0 & 1 \\ -0.5 & 0.125 & 0.25 \end{bmatrix} q(n) + \begin{bmatrix} 0 \\ 0 \\ 1 \end{bmatrix} x(n)$$

$$y(n) = \begin{bmatrix} -1.5 & 0.375 & 0.75 \end{bmatrix} q(n) + 3x(n)$$

可计算出 $q_1(0) = -3, q_2(0) = -2, q_3(0) = -1$。其 MATLAB 程序如下：

```
% 状态方程求解系统响应演示程序
A = [0 1 0;0 0 1; - 0.5 0.125 0.25];
B = [0;0;3];
C = [ - 0.5 0.125 0.25];
D = [3];
q0 = [ - 3; - 2; - 1];
n = 0:1:25;
X = [ones(size(n))]';
[Y,S] = dlsim(A,B,C,D,X,q0);          % Y 是输出,S 是状态
stem(n,Y);xlabel('n');ylabel('y(n)');
grid;
```

程序运行结果如图 1.2.11 所示。

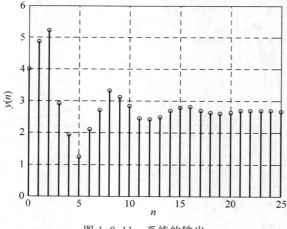

图 1.2.11 系统的输出

1.2.3 MATLAB 应用举例

本节将通过一组应用性例子,利用 MATLAB 对离散时间信号和系统进行相关的分析。

[**例 1.2.11**] 令 $x_a(t)=\mathrm{e}^{-1000|t|}$,请绘制出其频谱 $|X_a(\mathrm{j}\Omega)|$,并用两个不同的采样频率对其进行采样,分别画出其采样信号的频谱 $|\hat{X}_a(\mathrm{e}^{\mathrm{j}\omega})|$,观察其频谱是否重叠。两个频率分别为(1)$f_s=5\mathrm{kHz}$;(2)$f_s=2\mathrm{kHz}$。

解 (1) 当 $f_s=5\mathrm{kHz}$ 时,其 MATLAB 程序如下:

```
% 采样定理演示程序
Dt = 0.00005;t = - 0.005:Dt:0.005;xa = exp( - 1000 * abs(t));    % 产生模拟信号 xa(t)
Wmax = 2 * pi * 2000;K = 500;k = 0:1:K;w = k * Wmax/K;
Xa = xa * exp( - j * t' * w) * Dt; Xa = real(Xa);    % 连续时间傅里叶变换
W = [ - fliplr(w),w(2:501)];                         % 将频率限制在 - Wmax 到 Wmax 之间
Xa = [fliplr(Xa),Xa(2:501)];                         % 将 Xa 频率限制在 - Wmax 到 Wmax 之间
subplot(221);plot(t * 1000,xa);
xlabel('时间(ms)');
ylabel('x_{a}(t)');title('模拟信号');
```

```
subplot(222);plot(W/(2*pi*1000),Xa*1000);xlabel('频率(kHz)');
ylabel('|X_{a}(j\Omega)|');title('模拟信号的CFT');
Ts = 0.0002;n = -25:1:25;
x = exp(-1000*abs(n*Ts));                % 采样获得离散信号
K = 500;k = 0:1:K;w = pi*k/K;
X = x*exp(-j*n'*w);X = real(X);          % 采样信号的CFT
w = [-fliplr(w),w(2:K+1)];
X = [fliplr(X),X(2:K+1)];
w1 = w/pi;
w1 = [w1,w1+5,w1+2*5];
T = 0:3002;
D = (0:3)*1001;
Y = pulstran(T,D,X);                     % 将X进行周期延拓
subplot(223);stem(n*Ts*1000,x);
xlabel('时间(ms)');
ylabel('x_{1}(n)');title('采样信号');
subplot(224);plot(w1,Y);
xlabel('频率(kHz)');
ylabel('|X_{a1}(j\Omega)|');title('采样信号的CFT(f_{s} = 5kHz)')
Ts = 0.0005;n = -10:1:10;
x = exp(-1000*abs(n*Ts));
K = 500;k = 0:1:K;w = pi*k/K;
X = x*exp(-j*n'*w);X = real(X);
w = [-fliplr(w),w(2:K+1)];
X = [fliplr(X),X(2:K+1)];
h = w(end)-w(1);
w = [w,w+h,w+2*h];
T = 0:3002;
D = (0:3)*1001;
Y = pulstran(T,D,X);
figure(2);plot(w/pi,Y);
xlabel('频率(kHz)');
ylabel('|X_{a2}(j\Omega)|');title('采样信号的CFT(f_{s} = 2kHz)');
```

其演示如图1.2.12所示。

(2) 当 $f_s=2$kHz 时，只需将 Ts 改为 Ts=0.0005,n=-10:1:10,gyext('Ts=0.5ms')，重复(1)中的程序即可,请读者自行完成,验证是否存在频谱混叠现象。

[**例 1.2.12**] 为了观测信号的变化趋势,通常需要对观测到的信号进行滑动平均。一个四项滑动平均的差分方程可以表示为

$$y(n) = \frac{1}{4}[x(n) + x(n-1) + x(n-2) + x(n-3)]$$

输入快速变化的信号 $x(n)$,试通过 MATLAB 求出其输出 $y(n)$。

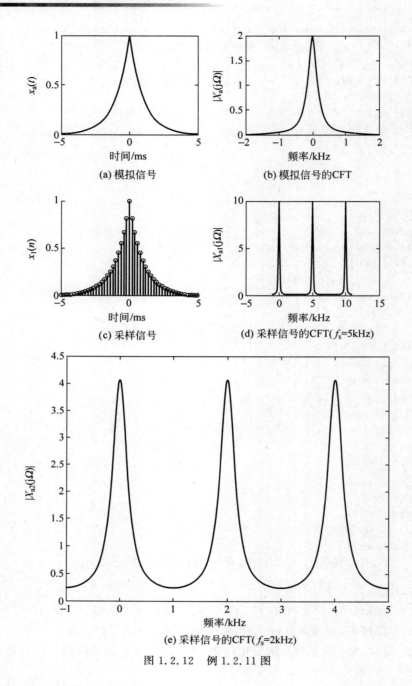

图 1.2.12 例 1.2.11 图

解 MATLAB 源程序如下:

```
x = [x zeros(1,3)];
z = x;
for n0 = 1:3
        X = [x(end - n0 + 1:end),x(1:end - n0)]; % x 为输入
        z = z + X;
end
```

y = z/4;

通过选择"深圳能源"2009年8月20日当日各时刻股票成交价格作为输入信号,观测其平均走势。

MATLAB程序如下:

```
x = [12.30 12.54 12.52 12.54 12.47 12.41 12.37 12.40 12.46 12.48 12.53 12.52 12.61 12.60 12.60 12.69 12.74 12.68];
x0 = x;
x = [x zeros(1,3)];
z = x;
for n0 = 1:3
        X = [x(end - n0 + 1:end),x(1:end - n0)]; % x为输入
        z = z + X;
end
y = z/4;
y = y(4:18);
subplot(121);plot(x0);xlabel('时间');ylabel('成交价');title('原信号图');axis([0,20,12,13]);
subplot(122);plot(y);xlabel('时间');ylabel('成交价');title('平滑后变化趋势图');axis([0,20,12,13]);
```

从图1.2.13可以看出,滑动平均后反映了信号变化的变化趋势。上述方法还可以推广到N项平均,可观测到平均的项数越多,信号变化越缓慢,更能反映信号变化的总体趋势。

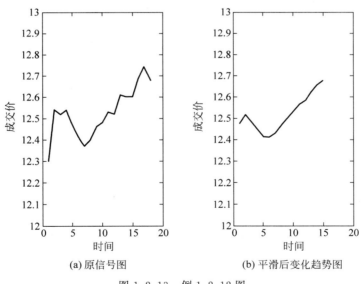

(a) 原信号图　　(b) 平滑后变化趋势图

图1.2.13　例1.2.12图

[**例1.2.13**]　电动机转动故障检测。设电动机转动频率或周期T是固定的,其故障信号$s(n)$是一个正弦型信号。为进行电动机的故障检测,测量振动信号$x(n)$,那么,$x(n)$可以看成是故障信号$s(n)$和噪声信号$w(n)$叠加而成,即

$$x(n)=s(n)+w(n)$$

一般情况下，由于噪声干扰严重，直接从测量信号 $x(n)$ 读到故障信号 $s(n)$ 是不可能的，于是需要对 $x(n)$ 进行处理。一个简单的方法就是时间平均法，将观测信号按照周期划分为

$$x(n,k)=s(n,k)+w(n,k)$$

其中 $k=1,2,\cdots,L$，为第 k 个周期段。由于故障信号具有周期性，$s(n,1)=s(n,2)=\cdots=s(n,L)$，对上式进行平均得

$$\frac{1}{L}\sum_{k=1}^{L}x(n,k)=s(n)+\frac{1}{L}\sum_{k=1}^{L}w(n,k)$$

由于噪声的随机性，$\sum_{k=1}^{L}w(n,k)$ 会相互抵消一部分而削弱，于是通过观察信号的时间平均可有利于故障信号的提取。设一个转动周期的观测点为 20 个点，$s(n)=\sin\left(\frac{n\pi}{10}\right)$，噪声信号 $w(n)$ 为 $[-3,3]$ 均匀分布的随机信号，对 L 个观测周期内的测量信号进行时间平均。

解 MATLAB 程序如下：

```
N = 20;n = 0:N−1;
Nmax = 20 * 1000;nmax = 0:Nmax−1;
wmax = 3;                                    % w(n)的最大值为3
wn = wmax * 2. * rand(1,Nmax) − wmax;        % w(n)为[−3,3]均匀分布的随机信号
sn = sin(nmax * pi/10);
xn = sn + wn;
subplot(321);plot(n,sn(n+1));xlabel('n');ylabel('s(n)');title('原始信号'); axis([0,20,
    −1.5,1.5]);
subplot(322);plot(n,xn(n+1));xlabel('n');ylabel('x(n)');title('加噪声');

l = [10 100 1000];                           % 分别观察 10、100、1000 个周期

for i = 1:3
    L = l(i);
    y = zeros(1,N);
    for j = 0:L−1
        y = y + xn(n + j * N + 1);
    end
    y = y/L;
    subplot(3,2,i + 2);plot(n,y(n+1));axis([0,20,−1.5,1.5]);
end

subplot(323);xlabel('n');ylabel('s_{1}(n)');title('L = 10');
subplot(324);xlabel('n');ylabel('s_{2}(n)');title('L = 100');
subplot(325);xlabel('n');ylabel('s_{3}(n)');title('L = 1000');
```

图 1.2.14 显示了 L 为 10、100、1000 的结果,可以看出,平均后的信号的周期特性越来越明显。

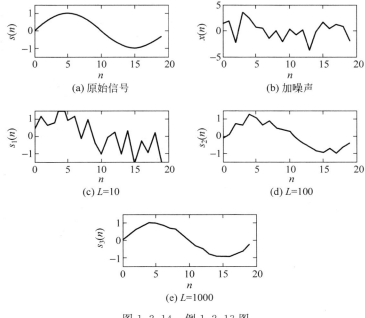

图 1.2.14　例 1.2.13 图

[**例 1.2.14**]　许多情况下图像会受到多种噪声的影响,甚至会覆盖掉图像中的有用信息,因此必须对图像噪声进行处理。常用的简单方法有中值滤波、维纳滤波等,后续第 4 章学习的小波变换等方法同样有效。本节只简单介绍高斯噪声的几种去噪方法。

其 MATLAB 程序演示如下:

```
sample = imread('Lena.jpg');                         % 读取图像
I = imnoise(sample,'gaussian',0,0.005);              % 加入高斯噪声
subplot(2,3,1);imshow(sample);title('原始图像');
subplot(2,3,2);imshow(I);title('加入高斯噪声后图像');
K1 = filter2(fspecial('average',3),I)/255;           % 均值滤波
K2 = filter2(fspecial('average',9),I)/255;
subplot(2,3,3);imshow(K1);title('模板尺寸为 3 * 3 的滤波图像');
subplot(2,3,4);imshow(K2);title('模板尺寸为 9 * 9 的滤波图像');
K3 = medfilt2(I);                                    % 中值滤波
subplot(2,3,5);imshow(K3);title('中值滤波图像');
K4 = wiener2(I,[3 3]);                               % 维纳滤波
subplot(2,3,6);imshow(K4);title('维纳滤波图像');
```

从图像(见图 1.2.15)效果可以看出,均值滤波时采用的模板越大,去噪效果越好,相应地,图像模糊程度也随之增加;而中值滤波和维纳滤波的效果相对较好。

原始图像　　　　　　加入高斯噪声后图像　　　　模板尺寸为3*3的滤波图像

模板尺寸为9*9的滤波图像　　　中值滤波图像　　　　　　维纳滤波图像

图 1.2.15　噪声图像修复图

1.3　本章小结

本章主要介绍了数字信号与数字信号处理系统的基本概念和 MATLAB 仿真软件两个方面的内容,并对本章所涉及的基本概念、基本方法进行了 MATLAB 演示,给出了一些应用性例子。掌握这些数字信号处理的基本知识,并初步树立利用 MATLAB 来作辅助分析和设计的思想,这对于学好数字信号处理课程来说非常重要。

习题

1-1　有一个连续信号 $x_a(t)=\cos(2\pi ft+\psi)$,式中 $f=20\,\text{Hz},\psi=\dfrac{\pi}{2}$。

(1) 求出 $x_a(t)$ 的周期;

(2) 用采样间隔 $T=0.02\,\text{s}$ 对 $x_a(t)$ 进行采样,写出采样信号 $\hat{x}_a(t)$ 的表达式;

(3) 画出对应 $\hat{x}_a(t)$ 的时域离散信号(序列)$x(n)$ 的波形,并求出 $x(n)$ 的周期。

1-2　设 $x_a(t)=\sin(\pi t),x(n)=x_a(nT_s)=\sin(\pi nT_s)$,其中 T_s 为采样周期。

(1) 信号 $x_a(t)$ 的模拟频率 Ω 为多少?

(2) Ω 和 ω 的关系是什么?

(3) 当 $T_s=0.5\,\text{s}$ 时,$x(n)$ 的数字频率 ω 为多少?

1-3　判断下面的序列是否是周期的,若是周期的,确定其周期。

(1) $x(n)=A\cos\left(\dfrac{3}{7}\pi n-\dfrac{\pi}{8}\right),A$ 为常数;

(2) $x(n)=\mathrm{e}^{\mathrm{j}\left(\frac{1}{8}n-\pi\right)}$。

1-4 研究一个线性时不变系统,其单位脉冲响应为指数序列 $h(n)=a^n u(n), 0<|a|<1$。对于矩阵输入序列

$$R_N(n)=\begin{cases}1, & 0\leqslant n\leqslant N-1\\0, & \text{其他}\end{cases}$$

求出输出序列,并用 MATLAB 计算,比较其结果。

1-5 设 $x(n)=a^n u(n), h(n)=b^n u(n)-ab^{n-1}u(n-1)$,求 $y(n)=x(n)*h(n)$。

1-6 求下列序列的 Z 变换及其收敛域,并用 MATLAB 画出零极点示意图。

(1) 双边指数序列 $x(n)=a^{|n|}, 0<|a|<1$;

(2) 正弦调制序列 $x(n)=Ar^n\cos(\omega_0 n+\phi)u(n), 0<r<1$。

1-7 已知 $x(n)=\begin{cases}a^n, & n\geqslant 0\\-b^n, & n\leqslant -1\end{cases}$,求其 Z 变换及其收敛域,并用 MATLAB 求解。

1-8 求 $X(z)=\dfrac{5z^{-1}}{1+z^{-1}-6z^{-2}}, 2<|z|<3$ 的 Z 反变换,并用 MATLAB 求解。

1-9 判断系统(1) $y(n)=\sum_{m=0}^{n}x(m)$,(2) $y(n)=nx(n)$ 是否为时不变系统?并利用 MATLAB 验证。

1-10 利用 MATLAB 验证例题 1-27(1)中的系统是否为线性时不变系统。

1-11 已知系统函数 $H(z)=1-z^{-N}$,试用 MATLAB 画出该系统的幅频特性。

1-12 一般的滑动平均由下列方程定义

$$y(n)=\frac{1}{M_1+M_2+1}\sum_{k=-M_1}^{M_2}x(n-k)$$
$$=\frac{1}{M_1+M_2+1}[x(n+M_1)+x(n+M_1-1)+\cdots$$
$$+x(n)+x(n-1)+\cdots+x(n-M_2)]$$

即系统计算输出序列的第 n 个样本是输入序列第 n 个样本前后 (M_1+M_2+1) 个样本的平均。求:

(1) 该系统的单位脉冲响应 $h(n)$;

(2) 该系统的频率响应;

(3) 对 $M_1=0, M_2=4$,求 $|H(e^{j\omega})|$ 和 $\arg H(e^{j\omega})$,并用 MATLAB 画出其图形。

1-13 设某线性时不变离散系统的差分方程为 $y(n-1)-\dfrac{10}{3}y(n)+y(n+1)=x(n)$,试求它的单位脉冲响应。并讨论其因果性和稳定性,并用 MATLAB 计算,与理论值进行比较。

1-14 给定下述系统的差分方程,试判定系统是否是因果、稳定系统,并说明理由,如果是稳定系统,通过 MATLAB 画出其零极点图。

(1) $y(n)=\dfrac{1}{N}\sum_{k=0}^{N-1}x(n-k)$

(2) $y(n)=x(n)+x(n+1)$

(3) $y(n)=x(n+n_0)$

1-15 求下列单位脉冲响应的 Z 变换及收敛域，用 MATLAB 画出零极点分布图。

(1) $(0.2)^n u(n)$

(2) $e^{j\omega_0 n} u(n)$

(3) $\cos(\omega_0 n) u(n)$

1-16 已知系统函数如下：$H(z)=\dfrac{(z+8)(z-2)}{2z^4-2.9z^3+0.1z^2+2.3z-1.5}$，用 MATLAB 编程判断系统是否稳定。

1-17 设一因果 LTI 系统的差分方程为
$$y(n)-2y(n-1)+3y(n-2)=x(n)+4x(n-1)+5x(n-2)-6x(n-3)$$
并且已知初始条件为 $y(-1)=-1, y(-2)=1$，输入 $x(n)=0.2^n u(n)$，利用 MATLAB 求系统的输出 $y(n)$。

1-18 设一系统的差分方程描述如下
$$y(n)+0.81y(n-2)=x(n)-x(n-2)$$
试确定该系统的频率响应，并求出输入序列为 $x(n)=10+10\cos\left(\dfrac{n\pi}{2}\right)+10\cos n\pi$ 的稳态输出。

1-19 考虑一个三阶系统
$$y(n)-0.4y(n-1)-0.2y(n-2)+0.8y(n-3)=5x(n)$$
输入 $x(n)=u(n)$，初始状态 $y(-1)=2, y(-2)=4$ 和 $y(-3)=5$，利用状态方程方法求出 $y(n)$，并用 MATLAB 验证。

第 2 章 信号的傅里叶变换与分析
CHAPTER 2

主要内容
- 序列的傅里叶变换；
- 周期序列的离散傅里叶级数及傅里叶变换；
- 有限长序列离散傅里叶变换；
- 频域采样定理；
- 快速傅里叶变换；
- 傅里叶分析的应用。

2.1 离散时间序列的傅里叶变换

Z 变换将离散时间信号和系统从时间域转换到频率域进行分析和研究，是一种非常重要的分析方法，其作用相当于模拟信号频域分析中的拉普拉斯变换，将时间域转换到了复频率域。能否像模拟信号的傅里叶变换一样，将离散序列变换到实频率域中进行分析呢？本节介绍离散时间序列的傅里叶变换(Discrete Time Fourier Transform，DTFT)，Z 变换可以视为 DTFT 的推广，两者都是分析离散时间序列与系统的重要工具。

2.1.1 DTFT 的定义

1. DTFT 的概念

离散序列 $x(n)$ 的傅里叶变换定义为

$$X(e^{j\omega}) = \sum_{n=-\infty}^{\infty} x(n) e^{-j\omega n} \tag{2.1.1}$$

式中，ω 为数字频率，在 $(-\infty, \infty)$ 内取值。用 DTFT 表示，即 $X(e^{j\omega}) = \text{DTFT}[x(n)]$。

一般地，$X(e^{j\omega})$ 是一个随数字频率 ω 而变化的复函数，表示 $x(n)$ 的频域特性，即 $x(n)$ 的频谱，反映了信号的频域分布和变化规律。$X(e^{j\omega})$ 可表示为 $X(e^{j\omega}) = |X(e^{j\omega})| e^{j\varphi(\omega)}$，$|X(e^{j\omega})|$ 为幅度谱，$\varphi(\omega)$ 为相位谱，二者都是 ω 的连续函数。

由序列的 Z 变换可知，对于离散信号 $x(n)$ 的 Z 变换

$$X(z) = \sum_{n=-\infty}^{\infty} x(n) z^{-n}$$

若将 $z = e^{j\omega}$ 代入，即可得到傅里叶变换表达式(2.1.1)。由于 $z = e^{j\omega}$ 表示在 Z 平面上的单位

圆,因此可以说,序列的傅里叶变换即为序列在单位圆上的Z变换,即 $X(\mathrm{e}^{\mathrm{j}\omega})=X(z)|_{z=\mathrm{e}^{\mathrm{j}\omega}}$。当然,此式成立的条件是Z变换的收敛域要包含单位圆。由于

$$|X(\mathrm{e}^{\mathrm{j}\omega})|=\left|\sum_{n=-\infty}^{\infty}x(n)\mathrm{e}^{-\mathrm{j}\omega n}\right|\leqslant\sum_{n=-\infty}^{\infty}|x(n)|$$

因此,DTFT存在的充分条件为 $x(n)$ 满足绝对可和

$$\sum_{n=-\infty}^{\infty}|x(n)|<\infty \tag{2.1.2}$$

但注意,若在频域引入冲激函数 $\delta(\omega)$,则非绝对可和序列(如周期序列)的DTFT也可能存在,这部分内容将在2.1.2节介绍。

若离散时间系统的单位函数(脉冲)响应 $h(n)$ 的Z变换为 $H(z)=\sum_{n=-\infty}^{\infty}h(n)z^{-n}$,则 $H(\mathrm{e}^{\mathrm{j}\omega})=H(z)|_{z=\mathrm{e}^{\mathrm{j}\omega}}$ 为离散时间系统的频率响应特性。

需要提醒读者的是,这里讲的离散序列的傅里叶变换不同于下面要学习的离散傅里叶变换,不要混淆。

计算序列的傅里叶变换可用下面两种方式:

(1) 如果已知 $X(z)$,求 $X(\mathrm{e}^{\mathrm{j}\omega})$,可将 $z=\mathrm{e}^{\mathrm{j}\omega}$ 直接代入 $X(z)$,但条件是 $X(z)$ 收敛域包含单位圆。

(2) 利用公式直接计算。

[**例2.1.1**] 分析离散时间序列 $x(n)=0.5^n u(n)$ 的傅里叶变换,并用MATLAB画出其幅度谱与相位谱分布。

解 显然 $x(n)$ 是绝对可和的,因此其DTFT存在,且

$$X(\mathrm{e}^{\mathrm{j}\omega})=\mathrm{DTFT}[x(n)]=\sum_{n=0}^{\infty}0.5^n\cdot\mathrm{e}^{-\mathrm{j}\omega n}=\frac{\mathrm{e}^{\mathrm{j}\omega}}{\mathrm{e}^{\mathrm{j}\omega}-0.5}$$

用MATLAB画出其幅度谱与相位谱的源程序如下:

```
%DTFT 幅度谱与相位谱演示程序
N=8;n=[0:1:N-1];
xn=0.5.^n;                              %构造序列x(n)
figure(1);stem(n,xn);title('序列x(n)');xlabel('n');ylabel('x(n)');
w=[0:800]*4*pi/800;
X=xn*exp(-j*(n'*w));
figure(2);
subplot(211);plot(w/pi,abs(X));xlabel('\omega');ylabel('|X(e^{j\omega})|');title('DTFT 幅度谱');
subplot(212);plot(w/pi,angle(X));xlabel('\omega');ylabel('arg[X(e^{j\omega})]');title('DTFT 相位谱');
```

运行结果如图2.1.1所示。

从图2.1.1可以看出,$X(\mathrm{e}^{\mathrm{j}\omega})$ 具有周期性。

2. 序列的傅里叶反变换

用 $\mathrm{e}^{\mathrm{j}\omega m}$ 乘式(2.1.1)两边,并在 $-\pi\sim\pi$ 内对 ω 进行积分,得

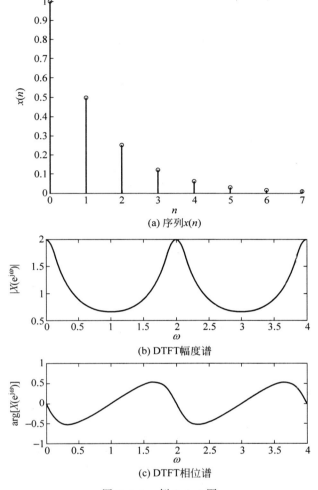

图 2.1.1 例 2.1.1 图

$$\int_{-\pi}^{\pi} X(e^{j\omega}) e^{j\omega m} d\omega = \int_{-\pi}^{\pi} \left[\sum_{n=-\infty}^{\infty} x(n) e^{-j\omega n} \right] e^{j\omega m} d\omega$$

假设当 $N \to \infty$ 时,级数 $X_N(\omega) = \sum_{n=-N}^{N} x(n) e^{-j\omega n}$ 一致收敛到 $X(\omega)$,则可将上式中的求和与积分顺序交换,即

$$\sum_{n=-\infty}^{\infty} x(n) \int_{-\pi}^{\pi} e^{j\omega(m-n)} d\omega = \sum_{n=-\infty}^{\infty} x(n) \cdot 2\pi \delta(m-n) = 2\pi \cdot x(m)$$

因此

$$x(n) = \frac{1}{2\pi} \int_{-\pi}^{\pi} X(e^{j\omega}) e^{j\omega n} d\omega \tag{2.1.3}$$

上式即为 DTFT 的反变换,记为 IDTFT。IDTFT 是将 $x(n)$ 分解成所有在 $-\pi < \omega \leq \pi$ 的频率的复指数的线性组合。

实际上,对式(2.1.3)还可以这样来理解,由 Z 反变换概念可知

$$x(n) = \frac{1}{2\pi \mathrm{j}} \oint_c X(z) z^{n-1} \mathrm{d}z \xrightarrow{z=\mathrm{e}^{\mathrm{j}\omega}} \frac{1}{2\pi \mathrm{j}} \oint_{z=\mathrm{e}^{\mathrm{j}\omega}} X(\mathrm{e}^{\mathrm{j}\omega}) \mathrm{e}^{\mathrm{j}\omega(n-1)} \mathrm{d}\mathrm{e}^{\mathrm{j}\omega}$$

$$= \frac{1}{2\pi \mathrm{j}} \int_{-\pi}^{\pi} X(\mathrm{e}^{\mathrm{j}\omega}) \mathrm{e}^{\mathrm{j}\omega(n-1)} \cdot \mathrm{j}\mathrm{e}^{\mathrm{j}\omega} \mathrm{d}\omega = \frac{1}{2\pi} \int_{-\pi}^{\pi} X(\mathrm{e}^{\mathrm{j}\omega}) \mathrm{e}^{\mathrm{j}\omega n} \mathrm{d}\omega$$

式中，c 为包围 $X(z)z^{n-1}$ 的所有极点的闭合积分曲线。

注意：式(2.1.1)的 DTFT 的求和是在 $(-\infty, \infty)$ 内进行的，式(2.1.3)的 IDTFT 的积分是在 $[-\pi, \pi]$ 区间进行的，与模拟信号的傅里叶正、反变换不同。

［例 2.1.2］ 一个 90° 的移相器是一个具有频率响应

$$H(\mathrm{e}^{\mathrm{j}\omega}) = \begin{cases} -\mathrm{j}, & 0 < \omega < \pi \\ \mathrm{j}, & -\pi < \omega < 0 \end{cases}$$

的系统，求这个系统的单位函数(脉冲)响应。

解 系统的单位函数响应可通过其频率响应求 IDTFT 得到，即

$$h(n) = \mathrm{IDTFT}[H(\mathrm{e}^{\mathrm{j}\omega})] = \frac{1}{2\pi} \int_{-\pi}^{\pi} H(\mathrm{e}^{\mathrm{j}\omega}) \mathrm{e}^{\mathrm{j}\omega n} \mathrm{d}\omega$$

$$= \frac{1}{2\pi} \int_{-\pi}^{0} \mathrm{j}\mathrm{e}^{\mathrm{j}\omega n} \mathrm{d}\omega - \frac{1}{2\pi} \int_{0}^{\pi} \mathrm{j}\mathrm{e}^{\mathrm{j}\omega n} \mathrm{d}\omega = \frac{1}{\pi n}[1 - \mathrm{e}^{\mathrm{j}n\pi}] = \frac{1}{\pi n}[1 - (-1)^n]$$

得到

$$h(n) = \begin{cases} \dfrac{2}{\pi} \dfrac{\sin^2(n\pi/2)}{n}, & n \neq 0 \\ 0, & n = 0 \end{cases}$$

3. 基本序列的傅里叶变换

基本序列的傅里叶变换见表 2.1.1。

表 2.1.1 基本序列的傅里叶变换

序　　列	傅里叶变换
$\delta(n)$	1
$a^n u(n), \|a\| < 1$	$(1 - a\mathrm{e}^{-\mathrm{j}\omega})^{-1}$
$R_N(n)$	$\mathrm{e}^{-\mathrm{j}(N-1)\omega/2} \left(\sin\left(\dfrac{\omega N}{2}\right) \Big/ \sin\left(\dfrac{\omega}{2}\right) \right)$
$u(n)$	$(1 - \mathrm{e}^{\mathrm{j}\omega})^{-1} + \sum\limits_{k=-\infty}^{\infty} \pi \delta(\omega - 2\pi k)$
$x(n) = 1$	$2\pi \sum\limits_{k=-\infty}^{\infty} \delta(\omega - 2\pi k)$
$\mathrm{e}^{\mathrm{j}\omega_0 n}, 2\pi/\omega_0$ 为有理数	$2\pi \sum\limits_{l=-\infty}^{\infty} \delta(\omega - \omega_0 - 2\pi l)$
$\cos(\omega_0 n), 2\pi/\omega_0$ 为有理数	$\pi \sum\limits_{l=-\infty}^{\infty} [\delta(\omega - \omega_0 - 2\pi l) + \delta(\omega + \omega_0 - 2\pi l)]$
$\sin(\omega_0 n), 2\pi/\omega_0$ 为有理数	$-\mathrm{j}\pi \sum\limits_{l=-\infty}^{\infty} [\delta(\omega - \omega_0 - 2\pi l) - \delta(\omega + \omega_0 - 2\pi l)]$

[例 2.1.3] $x_1(n)=\alpha^n u(n)$,$|\alpha|<1$;$x_2(n)=-\alpha^n u(-n-1)$,$|\alpha|>1$,求 $x_1(n)$ 与 $x_2(n)$ 的傅里叶变换 $X_1(e^{j\omega})$ 和 $X_2(e^{j\omega})$。

解 $X_1(e^{j\omega})=\sum_{n=0}^{\infty}\alpha^n e^{-j\omega n}=\sum_{n=0}^{\infty}(\alpha e^{-j\omega})^n=\dfrac{1}{1-\alpha e^{-j\omega}},\quad |\alpha|<1$

$$X_2(e^{j\omega})=-\sum_{n=-\infty}^{-1}\alpha^n e^{-j\omega n}$$

$$=-\sum_{n=0}^{\infty}(\alpha^{-1}e^{j\omega})^n+1=-\dfrac{1}{1-\alpha^{-1}e^{j\omega}}+1=\dfrac{1}{1-\alpha e^{-j\omega}},\quad |\alpha|>1$$

注意：当 α 取不同值时,$x_1(n)$ 与 $x_2(n)$ 具有不同的表达式,但此时 $X_1(e^{j\omega})$ 与 $X_2(e^{j\omega})$ 却具有相同的形式。

[例 2.1.4] 设 $X(e^{j\omega})$ 在频率 $\omega=\omega_0$ 时包含一个脉冲,即 $-\pi<\omega_0<\pi$,有 $X(e^{j\omega})=\sum_{m=-\infty}^{\infty}\delta(\omega-\omega_0+2\pi m)$,求 $x(n)$。

解
$$x(n)=\dfrac{1}{2\pi}\int_{-\pi}^{\pi}X(e^{j\omega})e^{j\omega n}d\omega$$
$$=\dfrac{1}{2\pi}e^{j\omega_0 n}$$

注意：尽管在上例中周期序列 $x(n)$ 不满足绝对可和,但由于在它的傅里叶变换引入了冲激函数,则认为它的 DTFT 也存在。

[例 2.1.5] 已知 $\text{DTFT}[x(n)]=X(e^{j\omega})$,求 $x(2n)$ 的 DTFT。

解 $\text{DTFT}[x(2n)]=\sum_{n=-\infty}^{\infty}x(2n)e^{-j\omega n}$

$$\overset{n'=2n}{=}\sum_{n'\text{取偶数}}x(n')e^{-j\omega n'/2}=\sum_{n=-\infty}^{\infty}\dfrac{1}{2}[x(n)+(-1)^n x(n)]e^{-j\omega n/2}$$

$$=\dfrac{1}{2}\left[\sum_{n=-\infty}^{\infty}x(n)e^{-j\omega n/2}+\sum_{n=-\infty}^{\infty}e^{jn\pi}x(n)e^{-j\omega n/2}\right]$$

$$=\dfrac{1}{2}[X(e^{j\omega/2})+X(e^{j(\omega/2-\pi)})]$$

2.1.2 DTFT 的性质

由于序列的傅里叶变换就是单位圆上的 Z 变换,因此,它有许多与 Z 变换类似的性质。

1. 线性性

设 $X_1(e^{j\omega})=\text{DTFT}[x_1(n)]$,$X_2(e^{j\omega})=\text{DTFT}[x_2(n)]$,那么
$$\text{DTFT}[ax_1(n)+bx_2(n)]=aX_1(e^{j\omega})+bX_2(e^{j\omega}) \tag{2.1.4}$$

式中,a 和 b 为常数。

2. 时移与频移性

设 $X(e^{j\omega})=\text{DTFT}[x(n)]$,那么

$$\text{DTFT}[x(n-n_0)] = e^{-j\omega n_0} X(e^{j\omega}) \tag{2.1.5}$$

$$\text{DTFT}[e^{j\omega_0 n} x(n)] = X(e^{j(\omega-\omega_0)}) \tag{2.1.6}$$

即时域的位移导致频域有一相移,频域的位移导致时域有一相应的调制。并可由此推得如下的 DTFT 数字频率调制特性

$$\text{DTFT}[x(n)\cos(n\omega_0)] = \frac{1}{2}[X(e^{j(\omega-\omega_0)}) + X(e^{j(\omega+\omega_0)})]$$

[**例 2.1.6**] 求系统 $y(n) - 0.25y(n-1) = x(n) - x(n-2)$ 的频率响应特性 $H(e^{j\omega})$。如果输入 $x(n) = \delta(n-1)$,求系统的输出频率响应。

解 对系统差分方程两边同时作 DTFT 有

$$Y(e^{j\omega}) - 0.25e^{-j\omega} Y(e^{j\omega}) = X(e^{j\omega}) - e^{-2j\omega} X(e^{j\omega})$$

于是系统的频率响应特性为

$$H(e^{j\omega}) = \frac{Y(e^{j\omega})}{X(e^{j\omega})} = \frac{1 - e^{-2j\omega}}{1 - 0.25e^{-j\omega}}$$

系统的输出频率响应为

$$Y(e^{j\omega}) = H(e^{j\omega}) X(e^{j\omega}) = \frac{1 - e^{-2j\omega}}{1 - 0.25e^{-j\omega}} \cdot e^{-j\omega} = \frac{e^{-j\omega} - e^{-3j\omega}}{1 - 0.25e^{-j\omega}}$$

3. 时间翻转性

设 $X(e^{j\omega}) = \text{DTFT}[x(n)]$,那么

$$\text{DTFT}[x(-n)] = X(e^{-j\omega}) \tag{2.1.7}$$

即按时间翻转的结果就是 DTFT 按频率翻转。这意味着如果对一个序列在时间轴上关于原点做翻转,则其幅度谱保持不变,相位谱只改变符号。

4. 时域卷积定理

设 $X(e^{j\omega}) = \text{DTFT}[x(n)]$,$H(e^{j\omega}) = \text{DTFT}[h(n)]$,若 $y(n) = h(n) * x(n)$,则

$$Y(e^{j\omega}) = H(e^{j\omega}) \cdot X(e^{j\omega}) \tag{2.1.8}$$

5. 频域卷积定理

设 $X(e^{j\omega}) = \text{DTFT}[x(n)]$,$H(e^{j\omega}) = \text{DTFT}[h(n)]$,若 $y(n) = x(n) \cdot h(n)$,则

$$Y(e^{j\omega}) = \frac{1}{2\pi} X(e^{j\omega}) \otimes H(e^{j\omega}) \tag{2.1.9}$$

$$= \frac{1}{2\pi} \int_{-\pi}^{\pi} X(e^{j\theta}) \cdot H(e^{j(\omega-\theta)}) d\theta \tag{2.1.10}$$

式中,$\otimes$ 代表周期卷积运算。

注意:由于 DTFT 的周期性(见性质 8),卷积运算在时域和频域之间没有像在连续时间信号情况下那样存在几乎完美的对称性。离散序列的时域卷积(非周期求和)等价于其各自 DTFT 的乘积,而非周期序列的乘积则等价于它们的 DTFT 的 2π 周期卷积。

式(2.1.10)中的傅里叶变换对在处理基于加窗技术的 FIR 的滤波器的设计和利用 FFT 作信号的谱分析问题中非常重要。

6. 帕斯维尔(Parseval)定理

如果 $X_1(e^{j\omega}) = \text{DTFT}[x_1(n)]$,$X_2(e^{j\omega}) = \text{DTFT}[x_2(n)]$,则

$$\sum_{n=-\infty}^{\infty} x_1(n) x_2^*(n) = \frac{1}{2\pi} \int_{-\pi}^{\pi} X_1(e^{j\omega})[X_2(e^{j\omega})]^* d\omega$$

当 $x_1(n) = x_2(n) = x(n)$ 时,变为

$$\sum_{n=-\infty}^{\infty} |x(n)|^2 = \frac{1}{2\pi} \int_{-\pi}^{\pi} |X(e^{j\omega})|^2 d\omega \quad (2.1.11)$$

即信号时域的总能量等于频域的总能量,经过 DTFT 后,能量保持不变。要说明的是,这里频域总能量是指 $|X(e^{j\omega})|^2$ 在一个周期中的积分再乘以 $1/(2\pi)$。

7. 频域微分特性

若 $x(n)$ 在时域受到线性加权作用,即 $y(n) = n x(n)$,则

$$Y(e^{j\omega}) = j \frac{dX(e^{j\omega})}{d\omega}$$

[**例 2.1.7**] 设如图 2.1.2 所示的序列 $x(n)$ 的 DTFT 用 $X(e^{j\omega})$ 表示,不直接求出 $X(e^{j\omega})$,完成下列运算:

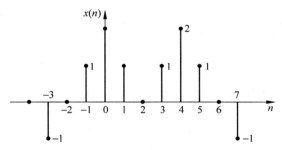

图 2.1.2 例 2.1.7 图

(1) $X(e^{j0})$

(2) $\int_{-\pi}^{\pi} X(e^{j\omega}) d\omega$

(3) $X(e^{j\pi})$

(4) $\int_{-\pi}^{\pi} |X(e^{j\omega})|^2 d\omega$

(5) $\int_{-\pi}^{\pi} \left|\frac{dX(e^{j\omega})}{d\omega}\right|^2 d\omega$

解 (1) $X(e^{j0}) = \sum_{n=-3}^{7} x(n) = 6$;

(2) 由 $x(n) = \frac{1}{2\pi} \int_{-\pi}^{\pi} X(e^{j\omega}) e^{j\omega n} d\omega$ 可得

$$\int_{-\pi}^{\pi} X(e^{j\omega}) d\omega = x(0) \cdot 2\pi = 4\pi$$

(3) $X(e^{j\pi}) = \sum_{n=-\infty}^{\infty} x(n) e^{-j\pi n} = \sum_{n=-3}^{7} (-1)^n x(n) = 2$;

(4) 根据帕斯维尔定理

$$\sum_{n=-\infty}^{\infty} |x(n)|^2 = \frac{1}{2\pi} \int_{-\pi}^{\pi} |X(e^{j\omega})|^2 d\omega$$

得

$$\int_{-\pi}^{\pi} |X(e^{j\omega})|^2 d\omega = 2\pi \sum_{n=-3}^{7} |x(n)|^2 = 28\pi$$

(5) 因为
$$\frac{dX(e^{j\omega})}{d\omega} = \text{DTFT}[-jnx(n)]$$

所以
$$\int_{-\pi}^{\pi} \left|\frac{dX(e^{j\omega})}{d\omega}\right|^2 d\omega = 2\pi \sum_{n=-3}^{7} |nx(n)|^2 = 316\pi$$

8. 周期性

由定义式(2.1.1)可知,序列的傅里叶变换是关于频率 ω 的周期函数,周期为 2π,即

$$X(e^{j\omega}) = X[e^{j(\omega+2\pi)}] \qquad (2.1.12)$$

既然 $X(e^{j\omega})$ 是周期函数,因此它可展开成傅里叶级数。事实上,定义式(2.1.1)

$$X(e^{j\omega}) = \sum_{n=-\infty}^{\infty} x(n)e^{-j\omega n}$$

已经是指数傅里叶级数了。其中,$x(n)$ 为展开的级数,表示了信号频域的分布规律。但与模拟信号相比,$X(e^{j\omega})$ 是以 2π 为周期的函数,在 $\omega = 2\pi M$(M 为整数)点上表示 $x(n)$ 的信号直流分量,离这些点越远,频率越高,最高的频率应是 $\omega = \pi$。图 2.1.1 就反映了 DTFT 的这种周期特性。

9. 对称性

当一个信号在时域满足某些对称性质时,这些对称性使得其傅里叶变换拥有一些对称性。对称性的分析可以简化傅里叶变换和傅里叶反变换式,这里将介绍不同的对称性质,并给出这些性质在频域中的含义。

1) 共轭对称与共轭反对称概念

定义满足

$$x_e(n) = x_e^*(-n) \qquad (2.1.13)$$

的序列 $x_e(n)$ 为共轭对称序列。将 $x_e(n)$ 用其实部与虚部表示

$$x_e(n) = x_{er}(n) + jx_{ei}(n) \qquad (2.1.14)$$

两边 n 用 $-n$ 代替,并取共轭,可得

$$x_e^*(-n) = x_{er}(-n) - jx_{ei}(-n) \qquad (2.1.15)$$

将式(2.1.14)与式(2.1.15)相比较,并由式(2.1.13)可得

$$x_{er}(n) = x_{er}(-n) \qquad (2.1.16)$$

$$x_{ei}(n) = -x_{ei}(-n) \qquad (2.1.17)$$

即共轭对称序列的实部为偶函数,虚部为奇函数。

类似地,定义满足

$$x_o(n) = -x_o^*(-n) \qquad (2.1.18)$$

的序列 $x_o(n)$ 为共轭反对称序列。同理,可推得共轭反对称序列的实部为奇函数,虚部为偶函数。一个具有共轭对称的实序列 $x_e(n) = x_e(-n)$ 称为偶序列或偶分量;一个具有共轭反对称的实序列 $x_o(n) = -x_o(-n)$ 称为奇序列或奇分量。

[**例 2.1.8**] 试分析 $x(n)=e^{j\omega n}$ 的对称性。

解 将 $x(n)$ 的 n 用 $-n$ 代替,并取共轭得到
$$x^*(-n)=e^{j\omega n}$$
因此 $x(n)=x^*(-n)$,即满足式(2.1.12),$x(n)$ 是共轭对称序列。若展开成实部与虚部,得到
$$x(n)=\cos(\omega n)+j\sin(\omega n)$$
上式表明,共轭对称序列的实部确为偶函数,虚部为奇函数。

对一般序列 $x(n)$,令
$$x_e(n)=\frac{1}{2}[x(n)+x^*(-n)] \qquad (2.1.19)$$

$$x_o(n)=\frac{1}{2}[x(n)-x^*(-n)] \qquad (2.1.20)$$

那么
$$x(n)=x_e(n)+x_o(n) \qquad (2.1.21)$$
即任何序列均可用一个共轭对称序列与一个共轭反对称序列之和表示。

傅里叶变换 $X(e^{j\omega})$ 同样能分解成共轭对称与共轭反对称序列之和。
$$X(e^{j\omega})=X_e(e^{j\omega})+X_o(e^{j\omega}) \qquad (2.1.22)$$
式中,
$$X_e(e^{j\omega})=\frac{1}{2}[X(e^{j\omega})+X^*(e^{-j\omega})] \qquad (2.1.23)$$
是共轭对称的。

而
$$X_o(e^{j\omega})=\frac{1}{2}[X(e^{j\omega})-X^*(e^{-j\omega})] \qquad (2.1.24)$$
满足共轭反对称特性。

[**例 2.1.9**] 若 $x(n)=a^n u(n),0<a<1$,求其奇偶分量。

解 由于 $x(n)=x_e(n)+x_o(n)$,且根据式(2.1.19),得
$$x_e(n)=\begin{cases} x(0), & n=0 \\ \dfrac{1}{2}x(n), & n>0 \\ \dfrac{1}{2}x(-n), & n<0 \end{cases}$$
$$=\begin{cases} 1, & n=0 \\ \dfrac{1}{2}a^n, & n>0 \\ \dfrac{1}{2}a^{-n}, & n<0 \end{cases}$$

根据式(2.1.20),得

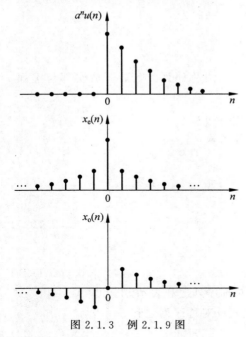

$$x_o(n) = \begin{cases} 0, & n=0 \\ \dfrac{1}{2}x(n), & n>0 \\ -\dfrac{1}{2}x(-n), & n<0 \end{cases}$$

$$= \begin{cases} 0, & n=0 \\ \dfrac{1}{2}a^n, & n>0 \\ -\dfrac{1}{2}a^{-n}, & n<0 \end{cases}$$

$x(n), x_e(n), x_o(n)$ 波形如图 2.1.3 所示。

令 $a=0.7$，MATLAB 程序如下：

```
N = 12;
n = 0:N;
x = [zeros(1,N)(0.7).^n];
m = 0:2*N;
xe = 0.5*(x + x(2*N-m+1));
xo = 0.5*(x - x(2*N-m+1));
```

图 2.1.3　例 2.1.9 图

```
l = -N:N;
subplot(311);stem(l,x,'.');xlabel('n');ylabel('x(n)');
subplot(312);stem(l,xe,'.');xlabel('n');ylabel('x_{e}(n)');
subplot(313);stem(l,xo,'.');xlabel('n');ylabel('x_{o}(n)');
```

运行结果如图 2.1.4 所示，与理论结果相同。

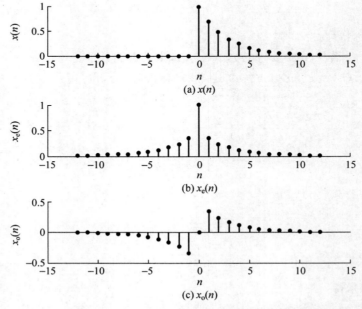

图 2.1.4　例 2.1.9 的 MATLAB 仿真图

2) DTFT 的对称性

（1）序列 $x(n)$ 分成实部 $x_r(n)$ 与虚部 $x_i(n)$，其中 $x_r(n)$ 和 $x_i(n)$ 都是实数序列，即

$$x(n) = x_r(n) + jx_i(n) \tag{2.1.25}$$

对式（2.1.25）两边进行傅里叶变换，可得

$$X(e^{j\omega}) = X_e(e^{j\omega}) + X_o(e^{j\omega}) \tag{2.1.26}$$

式中

$$X_e(e^{j\omega}) = \text{DTFT}[x_r(n)] = \sum_{n=-\infty}^{\infty} x_r(n) e^{-j\omega n} \tag{2.1.27}$$

$$X_o(e^{j\omega}) = \text{DTFT}[jx_i(n)] = j \sum_{n=-\infty}^{\infty} x_i(n) e^{-j\omega n} \tag{2.1.28}$$

即将任一序列分成实部与虚部两部分，实部对应的 DTFT 具有共轭对称性，虚部和 j 一起对应的 DTFT 具有共轭反对称性。

（2）序列 $x(n)$ 分成共轭对称部分 $x_e(n)$ 和共轭反对称部分 $x_o(n)$，即

$$x(n) = x_e(n) + x_o(n) \tag{2.1.29}$$

经过傅里叶变换后可得

$$X(e^{j\omega}) = X_r(e^{j\omega}) + jX_i(e^{j\omega}) \tag{2.1.30}$$

式中

$$X_r(e^{j\omega}) = \text{DTFT}[x_e(n)] = \sum_{n=-\infty}^{\infty} x_e(n) e^{-j\omega n} \tag{2.1.31}$$

$$jX_i(e^{j\omega}) = \text{DTFT}[x_o(n)] = \sum_{n=-\infty}^{\infty} x_o(n) e^{-j\omega n} \tag{2.1.32}$$

即将任一序列分成共轭对称与共轭反对称两部分，共轭对称部分对应 DTFT 的实部，而共轭反对称部分对应 DTFT 的虚部。

如果 $x(n)$ 是一个实序列，其 DTFT 是共轭对称的，即 $X(e^{j\omega}) = X^*(e^{-j\omega})$，将 $X(e^{j\omega})$ 拆成

$$X(e^{j\omega}) = X_r(e^{j\omega}) + jX_i(e^{j\omega}) \tag{2.1.33}$$

则有

$$X_r(e^{j\omega}) = X_r(e^{-j\omega}) \tag{2.1.34}$$

$$X_i(e^{j\omega}) = -X_i(e^{-j\omega}) \tag{2.1.35}$$

换句话说，对一个实序列，其 DTFT 的实部是偶函数，虚部是奇函数。类似地，$X(e^{j\omega})$ 的极坐标形式为

$$X(e^{j\omega}) = |X(e^{j\omega})| e^{j\varphi(\omega)}$$

则对于一个实序列，可以证明：其傅里叶变换的幅度 $|X(e^{j\omega})|$ 是 ω 的偶函数，而相位 $\varphi(\omega)$ 则是 ω 的奇函数。

重新回到例 2.1.3，实序列 $x(n) = a^n u(n)$（$|a| < 1$）的 DTFT 为

$$X(e^{j\omega}) = \frac{1}{1 - ae^{-j\omega}}, \quad |a| < 1$$

显然有

$$X(e^{j\omega}) = X^*(e^{-j\omega})$$

$$X_r(e^{j\omega}) = \frac{1 - a\cos\omega}{1 + a^2 - 2a\cos\omega} = X_r(e^{-j\omega})$$

$$X_i(e^{j\omega}) = \frac{-a\sin\omega}{1 + a^2 - 2a\cos\omega} = -X_i(e^{-j\omega})$$

$$|X(e^{j\omega})| = \frac{1}{(1 + a^2 - 2a\cos\omega)^{1/2}} = |X(e^{-j\omega})|$$

$$\varphi(\omega) = \arctan\left(\frac{-a\sin\omega}{1 - a\cos\omega}\right) = -\varphi(\omega)$$

这就验证了这些对称特性。

[**例 2.1.10**] 在例 2.1.7 中，请确定并画出傅里叶变换实部 $\mathrm{Re}[X(e^{j\omega})]$ 的时间序列 $x_e(n)$。

解 因为 DTFT 的实部对应于序列的共轭对称部分，即 $\mathrm{Re}[X(e^{j\omega})] = \sum_{n=-\infty}^{\infty} x_e(n)e^{-j\omega n}$，又 $x(n)$ 为实序列，则 $x_e(n) = \frac{1}{2}[x(n) + x(-n)]$，所以可得 $x_e(n) = \{-0.5, 0, 0.5, 1, 0, 0, 1, \underline{2}, 1, 0, 0, 1, 0.5, 0, -0.5\}$，如图 2.1.5 所示。

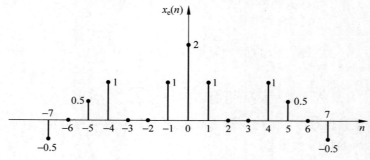

图 2.1.5 $x_e(n)$ 波形

[**例 2.1.11**] 对实因果序列 $h(n)$：
(1) 试用其偶序列或奇序列来表达 $h(n)$；
(2) 若 $h(0) = 1$，$h(n)$ 的傅里叶变换的虚部为

$$H_i(e^{j\omega}) = -\sin\omega$$

求序列 $h(n)$ 及其傅里叶变换 $H(e^{j\omega})$。

解 (1) 若 $h(n) = h_e(n) + h_o(n)$，由于 $h(n)$ 为实序列，因此 $h_e(n)$ 为偶函数，$h_o(n)$ 为奇函数，式中

$$h_e(n) = \frac{1}{2}[h(n) + h^*(-n)]$$

$$h_o(n) = \frac{1}{2}[h(n) - h^*(-n)]$$

又由题意得，$h(n)$ 为因果序列，则

$$h_e(n) = \begin{cases} h(0), & n=0 \\ \dfrac{1}{2}h(n), & n>0 \\ \dfrac{1}{2}h(-n), & n<0 \end{cases} \quad (2.1.36)$$

及

$$h_o(n) = \begin{cases} 0, & n=0 \\ \dfrac{1}{2}h(n), & n>0 \\ -\dfrac{1}{2}h(-n), & n<0 \end{cases} \quad (2.1.37)$$

因此

$$h(n) = h_e(n)u_+(n) \quad (2.1.38)$$
$$h(n) = h_o(n)u_+(n) + h(0)\delta(n) \quad (2.1.39)$$

式中，

$$u_+(n) = \begin{cases} 2, & n>0 \\ 1, & n=0 \\ 0, & n<0 \end{cases} \quad (2.1.40)$$

可见，实因果序列完全可由其偶序列恢复，但若以其奇序列恢复，必须补充 $h(0)\delta(n)$。

(2) 因为 $H_i(e^{j\omega}) = -\sin\omega = -\dfrac{1}{2j}(e^{j\omega} - e^{-j\omega})$，根据对称性，可得

$$\text{DTFT}[h_o(n)] = jH_i(e^{j\omega}) = -\dfrac{1}{2}(e^{j\omega} - e^{-j\omega}) = \sum_{n=-\infty}^{\infty} h_o(n)e^{-j\omega n}$$

即

$$h_o(n) = \begin{cases} -\dfrac{1}{2}, & n=-1 \\ 0, & n=0 \\ \dfrac{1}{2}, & n=1 \end{cases}$$

另由式(2.1.37)推得

$$h(n) = \begin{cases} 0, & n<0 \\ h(n), & n=0 \\ 2h_o(n), & n>0 \end{cases}$$
$$= \begin{cases} 1, & n=0 \\ 1, & n=1 \\ 0, & 其他 \end{cases}$$

所以有

$$H(e^{j\omega}) = \sum_{n=-\infty}^{\infty} h(n)e^{-j\omega n} = 1 + e^{-j\omega} = 2e^{-j\omega/2}\cos\dfrac{\omega}{2}$$

例 2.1.11 表明，序列因果性的限制条件意味着 DTFT 实部与虚部之间有唯一性关系。复函数的实部与虚部之间的这种关系除了用于信号处理之外，还出现在许多其他领域中，通

常将这种关系称为希尔伯特变换关系。

傅里叶变换的性质如表 2.1.2 所示。

表 2.1.2 序列傅里叶变换的主要性质

序　列	傅里叶变换
$x(n)$	$X(e^{j\omega})$
$ax(n)+bh(n)$	$aX(e^{j\omega})+bH(e^{j\omega})$
$x(n-m)$	$e^{-j\omega m}X(e^{j\omega})$
$e^{j\omega_0 n}x(n)$	$X(e^{j(\omega-\omega_0)})$
$x(n)*h(n)$	$X(e^{j\omega}) \cdot H(e^{j\omega})$
$x(n) \cdot h(n)$	$\dfrac{1}{2\pi}X(e^{j\omega}) \otimes H(e^{j\omega})$
$x^*(n)$	$X^*(e^{-j\omega})$
$x(-n)$	$X(e^{-j\omega})$
$x^*(-n)$	$X^*(e^{j\omega})$
$\mathrm{Re}[x(n)]$	$X_e(e^{j\omega})$ [$X(e^{j\omega})$的共轭对称部分]
$j\mathrm{Im}[x(n)]$	$X_o(e^{j\omega})$ [$X(e^{j\omega})$的共轭反对称部分]
$x_e(n)$	$\mathrm{Re}[X(e^{j\omega})]$
$x_o(n)$	$j\mathrm{Im}[X(e^{j\omega})]$
$x(n)$为实序列	$X^*(e^{j\omega})=X(e^{-j\omega})$ $\mathrm{Re}[x(e^{j\omega})]=\mathrm{Re}[X(e^{-j\omega})]$ $\mathrm{Im}[X(e^{j\omega})]=-\mathrm{Im}[X(e^{-j\omega})]$ $\|X(e^{j\omega})\|=\|X(e^{-j\omega})\|$ $\varphi(\omega)=\arg[X(e^{j\omega})]=-\arg[X(e^{-j\omega})]=-\varphi(-\omega)$

[例 2.1.12] 已知序列 $x(n)=x_r(n)+jx_i(n)$，$x_r(n)$ 和 $x_i(n)$ 都是实序列，$X(z)=$ZT$[x(n)]$ 在单位圆下半部分为零，已知

$$x_r(n)=\begin{cases} \dfrac{1}{2}, & n=0 \\ -\dfrac{1}{4}, & n=\pm 2 \\ 0, & \text{其他} \end{cases}$$

求 $X(e^{j\omega})=$DTFT$[x(n)]$ 的实部与虚部。

解　因为 $x(n)$ 为实序列，由 DTFT 的共轭对称性可知

$$X_e(e^{j\omega})=\mathrm{DTFT}[x_r(n)]=\sum_{n=-\infty}^{\infty}x_r(n)e^{-j\omega n}$$

$$=\frac{1}{2}[X(e^{j\omega})+X^*(e^{-j\omega})]=\frac{1}{2}-\frac{1}{4}e^{-2j\omega}-\frac{1}{4}e^{2j\omega}$$

$$=\frac{1}{2}(1-\cos 2\omega)$$

又已知 $\pi<\omega\leqslant 2\pi$ 时，$X(e^{j\omega})=0$，因此 $0\leqslant\omega\leqslant\pi$ 时，$X(e^{-j\omega})=X(e^{j(2\pi-\omega)})=0$。当 $0\leqslant\omega\leqslant\pi$ 时，可得

$$X_e(e^{j\omega}) = \frac{1}{2}[X(e^{j\omega}) + X^*(e^{-j\omega})] = \frac{1}{2}X(e^{j\omega})$$

$$X(e^{j\omega}) = 2X_e(e^{j\omega}) = 1 - \cos 2\omega$$

当 $\pi < \omega \leqslant 2\pi$ 时,$X(e^{j\omega}) = 0$,即

$$X(e^{j\omega}) = \begin{cases} 1 - \cos 2\omega, & 0 \leqslant \omega \leqslant \pi \\ 0, & \pi < \omega \leqslant 2\pi \end{cases}$$

故可得

$$\mathrm{Re}[X(e^{j\omega})] = X(e^{j\omega})$$

$$\mathrm{Im}[X(e^{j\omega})] = 0$$

2.2 周期序列的离散傅里叶级数及傅里叶变换表示式

由前面的叙述可知,周期序列本身并不满足绝对可和条件。但是,由于引入了频域冲激函数 $\delta(\omega)$,借助信号的正交傅里叶展开这一工具,便可以将周期离散序列的傅里叶分析也同样纳入 DTFT 的框架下进行讨论。这样处理的意义是不言而喻的。

2.2.1 离散傅里叶级数

对一个以 N 为周期的周期序列 $\tilde{x}(n)$,假设可以展开为傅里叶级数

$$\tilde{x}(n) = \sum_{k=0}^{N} a_k e^{j\frac{2\pi}{N}kn} \tag{2.2.1}$$

式中,a_k 是傅里叶级数的系数。下面来看 a_k 应该具有何种形式。

将式(2.2.1)两边乘以 $e^{-j\frac{2\pi}{N}mn}$,并对 N 在一个周期中求和,即

$$\sum_{n=0}^{N-1} \tilde{x}(n) e^{-j\frac{2\pi}{N}mn} = \sum_{n=0}^{N-1} \left(\sum_{k=0}^{N} a_k e^{j\frac{2\pi}{N}kn} \right) e^{-j\frac{2\pi}{N}mn} = \sum_{k=0}^{N} a_k \sum_{n=0}^{N-1} e^{j\frac{2\pi}{N}(k-m)n}$$

式中,$k = m$ 时,$\sum_{n=0}^{N-1} e^{j\frac{2\pi}{N}(k-m)n} = N$,当 $k \neq m$ 时

$$\sum_{n=0}^{N-1} e^{j\frac{2\pi}{N}(k-m)n} = \frac{1 - e^{j\frac{2\pi}{N}(k-m)N}}{1 - e^{j\frac{2\pi}{N}(k-m)}} = \frac{1 - e^{j2\pi(k-m)}}{1 - e^{j\frac{2\pi}{N}(k-m)}} = 0 \tag{2.2.2}$$

令 $m = k$,得

$$a_k = \frac{1}{N} \sum_{n=0}^{N-1} \tilde{x}(n) e^{-j\frac{2\pi}{N}kn}, \quad 0 \leqslant k < N$$

当 k, n 变化时,$e^{-j\frac{2\pi}{N}kn}$ 是周期为 N 的周期函数,可表示成

$$e^{-j\frac{2\pi}{N}(k+lN)n} = e^{-j\frac{2\pi}{N}kn} \quad (l \text{ 取整数})$$

因此,a_k 为以 N 为周期的周期函数,即

$$a_k = \frac{1}{N} \sum_{n=0}^{N-1} \tilde{x}(n) e^{-j\frac{2\pi}{N}kn}, \quad -\infty < k < \infty \tag{2.2.3}$$

令 $\tilde{X}(k) = N a_k$,则

$$\widetilde{X}(k) = \sum_{n=0}^{N-1} \tilde{x}(n) e^{-j\frac{2\pi}{N}kn} = \text{DFS}[\tilde{x}(n)], \quad -\infty < k < \infty \quad (2.2.4)$$

称 $\widetilde{X}(k)$ 为 $\tilde{x}(n)$ 的离散傅里叶级数，用 DFS(Discrete Fourier Series) 表示。

同样，$\widetilde{X}(k)$ 也是以 N 为周期的周期函数。

对式(2.2.4)两端乘以 $e^{j\frac{2\pi}{N}kl}$，并对 k 在一个周期中求和，得

$$\sum_{k=0}^{N-1} \widetilde{X}(k) e^{j\frac{2\pi}{N}kl} = \sum_{k=0}^{N-1}\left[\sum_{n=0}^{N-1} \tilde{x}(n) e^{-j\frac{2\pi}{N}kn}\right] e^{j\frac{2\pi}{N}kl} = \sum_{n=0}^{N-1} \tilde{x}(n) \sum_{k=0}^{N-1} e^{j\frac{2\pi}{N}(l-n)k}$$

同样由式(2.2.2)，当 $l=n$，得

$$\tilde{x}(n) = \frac{1}{N} \sum_{k=0}^{N-1} \widetilde{X}(k) e^{j\frac{2\pi}{N}kn} = \text{IDFS}[\widetilde{X}(k)] \quad (2.2.5)$$

式(2.2.4)与式(2.2.5)成为一对 DFS。式(2.2.5)表明，将周期序列 $\tilde{x}(n)$ 分解为 N 次谐波，第 k 个谐波的频率为 $\omega_k = (2\pi/N)k, k=0,1,\cdots,N-1$，幅度为 $(1/N)\widetilde{X}(k)$。基波分量的频率是 $2\pi/N$，幅度是 $(1/N)\widetilde{X}(1)$。一个周期序列可以用其 DFS 表示它的频谱分布规律。

如果令

$$x(n) = \begin{cases} \tilde{x}(n), & 0 \leqslant n \leqslant N-1 \\ 0, & \text{其他} \end{cases}$$

则称序列 $x(n)$ 为周期序列 $\tilde{x}(n)$ 的主值序列。$x(n)$ 的 Z 变换

$$X(z) = \sum_{n=-\infty}^{\infty} x(n) z^{-n} = \sum_{n=0}^{N-1} x(n) z^{-n}$$

将 $z = e^{j\frac{2\pi}{N}k}$ 代入，可得

$$\left.\sum_{n=0}^{N-1} x(n) z^{-n}\right|_{z=e^{j\frac{2\pi}{N}k}} = \sum_{n=0}^{N-1} x(n) e^{-j\frac{2\pi}{N}kn} = \widetilde{X}(k) \quad (2.2.6)$$

因此，$\widetilde{X}(k)$ 可看为是对 $\tilde{x}(n)$ 的主值序列 $x(n)$ 的 Z 变换，然后将其 Z 变换在 Z 平面单位圆上按等间隔角频率采样，再延拓到 $-\infty < k < \infty$ 而得到的。

[**例 2.2.1**]　设 $\tilde{x}(n)$ 为如图 2.2.1(a) 所示的周期序列，以 $N=8$ 为周期，求 $\widetilde{X}(k) = \text{DFS}[\tilde{x}(n)]$。

解　由式(2.2.4)可得

$$\widetilde{X}(k) = \sum_{n=0}^{7} \tilde{x}(n) e^{-j\frac{2\pi}{8}kn} = \sum_{n=0}^{3} e^{-j\frac{\pi}{4}kn}$$

$$= \frac{1-e^{-j\frac{\pi}{4}k \cdot 4}}{1-e^{-j\frac{\pi}{4}k}} = \frac{1-e^{-j\pi k}}{1-e^{-j\frac{\pi}{4}k}}$$

$$= \frac{e^{-j\frac{\pi}{2}k}(e^{j\frac{\pi}{2}k} - e^{-j\frac{\pi}{2}k})}{e^{-j\frac{\pi}{8}k}(e^{j\frac{\pi}{8}k} - e^{-j\frac{\pi}{8}k})} = e^{-j\frac{3}{8}\pi k} \frac{\sin\left(\frac{\pi}{2}k\right)}{\sin\left(\frac{\pi}{8}k\right)}, \quad -\infty < k < \infty$$

$|\widetilde{X}(k)|$ 如图 2.2.1(b) 所示。

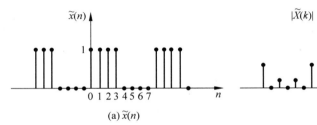

图 2.2.1 例 2.2.1 图

显然，$\widetilde{X}(k)$ 也是以 $N=8$ 为周期的周期序列。

[**例 2.2.2**] 求序列 $\widetilde{x}(n)=A\cos\left(\dfrac{n\pi}{2}\right)$ 的 DFS 展开。

解 周期序列 $\widetilde{x}(n)$ 的周期 $T=2\pi\cdot\dfrac{2}{\pi}=4$，因此

$$\widetilde{X}(k)=\sum_{n=0}^{3}\widetilde{x}(n)\mathrm{e}^{-\mathrm{j}\frac{2\pi}{4}nk}$$

可将 $\widetilde{x}(n)$ 代入上式计算求得。这里采用更简便的方法，由欧拉公式，$\widetilde{x}(n)$ 可写成

$$\widetilde{x}(n)=\dfrac{A}{2}\mathrm{e}^{\mathrm{j}\frac{2\pi}{4}n}+\dfrac{A}{2}\mathrm{e}^{-\mathrm{j}\frac{2\pi}{4}n}$$

利用复指数的周期性

$$\mathrm{e}^{-\mathrm{j}\frac{2\pi}{4}kn}=\mathrm{e}^{\mathrm{j}\frac{2\pi}{4}(4-k)n}$$

因此

$$\widetilde{x}(n)=\dfrac{A}{2}\mathrm{e}^{\mathrm{j}\frac{2\pi}{4}n}+\dfrac{A}{2}\mathrm{e}^{\mathrm{j}\frac{2\pi}{4}3n}$$

通过比较 $\widetilde{x}(n)=\dfrac{1}{4}\sum_{k=0}^{3}\widetilde{X}(k)\mathrm{e}^{\mathrm{j}\frac{2\pi}{4}nk}$ 可得

$$\widetilde{X}(0)=\widetilde{X}(2)=0,\quad \widetilde{X}(1)=2A,\quad \widetilde{X}(3)=2A$$

2.2.2 傅里叶变换表示式

对于连续信号 $x_\mathrm{a}(t)=\mathrm{e}^{\mathrm{j}\Omega_0 t}$，其连续傅里叶变换

$$X_\mathrm{a}(\mathrm{j}\Omega)=2\pi\delta(\Omega-\Omega_0) \tag{2.2.7}$$

是在 $\Omega=\Omega_0$ 处的冲激函数。那么对于离散序列 $x(n)=\mathrm{e}^{\mathrm{j}\omega_0 n}$，$2\pi/\omega_0$ 为有理数，且 $x(n)$ 为周期序列，根据例 2.1.4 的结果，有

$$X(\mathrm{e}^{\mathrm{j}\omega})=\mathrm{DTFT}[\mathrm{e}^{\mathrm{j}\omega_0 n}]$$
$$=\sum_{r=-\infty}^{\infty}2\pi\delta(\omega-\omega_0-2\pi r) \quad (2.2.8)$$

$\mathrm{e}^{\mathrm{j}\omega_0 n}$ 的 DTFT 如图 2.2.2 所示。

对于一般周期序列，按式(2.2.4)展开成 DFS，第

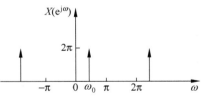

图 2.2.2 $\mathrm{e}^{\mathrm{j}\omega_0 n}$ 的 DTFT

k 次谐波为 $(\widetilde{X}(k)/N)\mathrm{e}^{\mathrm{j}\frac{2\pi}{N}kn}$,类似于复指数序列的 DTFT,其 DTFT 为 $[2\pi\widetilde{X}(k)/N]\sum\limits_{r=-\infty}^{\infty}\delta\left(\omega-\frac{2\pi}{N}k-2\pi r\right)$,因此 $\tilde{x}(n)$ 的 DTFT 如下

$$X(\mathrm{e}^{\mathrm{j}\omega})=\mathrm{DTFT}[\tilde{x}(n)]=\sum_{k=0}^{N-1}\frac{\widetilde{X}(k)}{N}\cdot 2\pi\sum_{r=-\infty}^{\infty}\delta\left(\omega-\frac{2\pi}{N}k-2\pi r\right)$$

$$=\frac{2\pi}{N}\sum_{k=0}^{N-1}\widetilde{X}(k)\sum_{r=-\infty}^{\infty}\delta\left(\omega-\frac{2\pi}{N}k-2\pi r\right) \qquad (2.2.9)$$

利用 $\widetilde{X}(k)$ 本身的周期特性,式(2.2.9)中的 $\sum\limits_{k=0}^{N-1}\widetilde{X}(k)\sum\limits_{r=-\infty}^{\infty}\delta\left(\omega-\frac{2\pi}{N}k-2\pi r\right)$,当 $r=0$ 时,有

$$\sum_{k=0}^{N-1}\widetilde{X}(k)\sum_{r=-\infty}^{\infty}\delta\left(\omega-\frac{2\pi}{N}k-2\pi r\right)=\sum_{k=0}^{N-1}\widetilde{X}(k)\delta\left(\omega-\frac{2\pi}{N}k\right)$$

当 $r=1$ 时,有

$$\sum_{k=0}^{N-1}\widetilde{X}(k)\sum_{r=-\infty}^{\infty}\delta\left(\omega-\frac{2\pi}{N}k-2\pi r\right)$$

$$=\sum_{k=0}^{N-1}\widetilde{X}(k)\delta\left(\omega-\frac{2\pi}{N}k-2\pi\right)=\sum_{k=0}^{N-1}\widetilde{X}(k)\delta\left[\omega-2\pi\left(\frac{k+N}{N}\right)\right]$$

$$\xlongequal{k+N=k'}\sum_{k'=N}^{2N-1}\widetilde{X}(k')\delta\left(\omega-2\pi\frac{k'}{N}\right) \quad (其中 \widetilde{X}(k)=\widetilde{X}(k'-N)=\widetilde{X}(k'))$$

$$=\sum_{k=N}^{2N-1}\widetilde{X}(k)\delta\left(\omega-2\pi\frac{k}{N}\right)$$

⋮

当 $r=2,3,\cdots$ 时,以此类推,可得

$$X(\mathrm{e}^{\mathrm{j}\omega})=\frac{2\pi}{N}\sum_{k=-\infty}^{\infty}\widetilde{X}(k)\delta\left(\omega-\frac{2\pi}{N}k\right) \qquad (2.2.10)$$

式中

$$\widetilde{X}(k)=\sum_{n=0}^{N-1}\tilde{x}(n)\mathrm{e}^{-\mathrm{j}\frac{2\pi}{N}kn}$$

式(2.2.10)即为周期性序列的傅里叶变换表示式,其中 $\delta(\omega)$ 表示单位冲激函数(注意与 $\delta(n)$ 表示的单位脉冲序列是不同的)。

[**例 2.2.3**] 求例 2.2.1 中周期序列 $\tilde{x}(n)$ 的 DTFT。

解
$$X(\mathrm{e}^{\mathrm{j}\omega})=\frac{2\pi}{N}\sum_{k=-\infty}^{\infty}\widetilde{X}(k)\delta\left(\omega-\frac{2\pi}{N}k\right)$$

将例 2.2.1 中得到的 $\widetilde{X}(k)$ 代入式(2.2.10)中,得

$$X(\mathrm{e}^{\mathrm{j}\omega})=\frac{\pi}{4}\sum_{k=-\infty}^{\infty}\mathrm{e}^{-\mathrm{j}\frac{3\pi}{8}k}\cdot\frac{\sin\left(\frac{\pi}{2}k\right)}{\sin\left(\frac{\pi}{8}k\right)}\delta\left(\omega-\frac{\pi}{4}k\right)$$

其幅频特性如图 2.2.3 所示。

可见,对于同一周期信号,其 DTFT 与 DFS 取模后的形状是一样,不同在于 DTFT 用

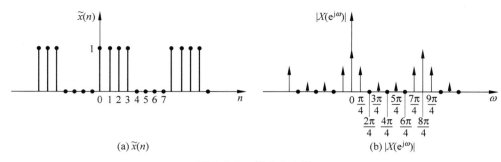

图 2.2.3 例 2.2.3 图

带箭头的单位冲激函数表示,而 DFS 则是用竖线表示。即周期序列的频谱分布用其 DFS 或 DTFT 均可表示。

[**例 2.2.4**] 令 $\tilde{x}(n) = \cos(\omega_0 n)$,$2\pi/\omega_0$ 为有理数,求其 DTFT。

解 将 $\tilde{x}(n)$ 用欧拉公式展开得

$$\tilde{x}(n) = \frac{1}{2}(e^{j\omega_0 n} + e^{-j\omega_0 n})$$

按照式(2.2.8),可得

$$X(e^{j\omega}) = \text{DTFT}[\cos(\omega_0 n)]$$
$$= \frac{1}{2} \cdot 2\pi \sum_{r=-\infty}^{\infty} [\delta(\omega - \omega_0 - 2\pi r) + \delta(\omega + \omega_0 - 2\pi r)]$$
$$= \pi \sum_{r=-\infty}^{\infty} [\delta(\omega - \omega_0 - 2\pi r) + \delta(\omega + \omega_0 - 2\pi r)]$$

因此,$\tilde{x}(n) = \cos(\omega_0 n)$ 的 DTFT 是在 $\omega = \pm\omega_0$ 处的冲激函数,强度为 π,且以 2π 为周期进行延拓的,如图 2.2.4 所示。

[**例 2.2.5**] 考虑周期序列 $\tilde{p}(n) = \sum_{r=-\infty}^{\infty} \delta(n - rN)$,求其 DFS 系数。

解 $\tilde{P}(k) = \sum_{n=0}^{N-1} \tilde{p}(n) e^{-j\frac{2\pi}{N}kn} = \sum_{n=0}^{N-1} \delta(n) e^{-j\frac{2\pi}{N}kn} = 1$

因此

$$\tilde{P}(e^{j\omega}) = \sum_{k=-\infty}^{\infty} \frac{2\pi}{N} \delta\left(\omega - \frac{2\pi k}{N}\right)$$

例 2.2.5 的结果给出了有关周期信号和有限长时间信号之间的关系的一种有益的解释。考虑一个有限长信号 $x(n)$,$0 \leq n \leq N-1$,则它与 $\tilde{p}(n)$ 的卷积为

$$x(n) * \tilde{p}(n) = x(n) * \sum_{r=-\infty}^{\infty} \delta(n - rN) = \sum_{r=-\infty}^{\infty} x(n - rN) \qquad (2.2.11)$$

得到一个以 N 为周期的周期序列,记为 $\tilde{x}(n)$,称为 $x(n)$ 以 N 为周期的延拓序列($x(n)$ 为周期序列 $\tilde{x}(n)$ 的主值序列)。即 $\tilde{x}(n)$ 是由一组有限长序列 $x(n)$ 的周期重复序列组成的,图 2.2.5 演示了这种关系。

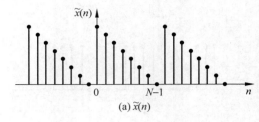

(a) $\tilde{x}(n)$

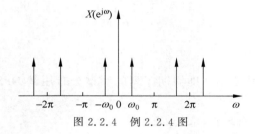

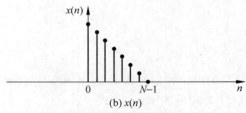

(b) $x(n)$

图 2.2.4　例 2.2.4 图　　　　图 2.2.5　$\tilde{x}(n)$ 与 $x(n)$ 的关系

设 $x(n)$ 的 DTFT 为 $X(e^{j\omega})$，则 $\tilde{x}(n)$ 的 DTFT 为

$$\widetilde{X}(e^{j\omega}) = X(e^{j\omega}) \cdot \widetilde{P}(e^{j\omega})$$

$$= X(e^{j\omega}) \sum_{k=-\infty}^{\infty} \frac{2\pi}{N} \delta\left(\omega - \frac{2\pi k}{N}\right)$$

$$= \sum_{k=-\infty}^{\infty} \frac{2\pi}{N} X(e^{j\frac{2\pi}{N}k}) \delta\left(\omega - \frac{2\pi k}{N}\right) \tag{2.2.12}$$

对比式 (2.2.10) 和式 (2.2.12) 可得

$$\widetilde{X}(k) = X(e^{j\frac{2\pi}{N}k}) = X(e^{j\omega})\big|_{\omega=(2\pi/N)k}$$

这个结论与式 (2.2.6) 所得到的结果是一致的，也就是 DFS 系数序列 $\widetilde{X}(k)$ 可以看做是有限长序列 $x(n)$ 的 DTFT 的等间隔采样的延拓。对于这个结论将在 2.4 节进一步讨论。

[**例 2.2.6**]　设有限长序列 $x(n) = \delta(n) + 6\delta(n-1) + 3\delta(n-2)$，以 $N=6$ 进行周期延拓得到序列 $\tilde{x}(n)$，求其 DFS 系数序列 $\widetilde{X}(k)$。

解　$X(e^{j\omega}) = \sum_{n=-\infty}^{\infty} x(n) e^{-j\omega n} = 1 + 6e^{-j\omega} + 3e^{-2j\omega}$

$$\widetilde{X}(k) = X(e^{j\omega})\big|_{\omega=\frac{2\pi}{N}k} = 1 + 6e^{-j\frac{2\pi}{6}k} + 3e^{-2j\frac{2\pi}{6}k}$$

$$= 1 + 6e^{-j\frac{\pi}{3}k} + 3e^{-j\frac{2\pi}{3}k}, \quad -\infty < k < \infty$$

2.2.3　离散信号的傅里叶变换与模拟信号的傅里叶变换的关系

对模拟信号 $x_a(t)$ 的一对傅里叶变换式为

$$X_a(j\Omega) = \int_{-\infty}^{\infty} x_a(t) e^{-j\Omega t} dt \tag{2.2.13}$$

$$x_a(t) = \frac{1}{2\pi} \int_{-\infty}^{\infty} X_a(j\Omega) e^{j\Omega t} d\Omega \tag{2.2.14}$$

将模拟信号 $x_a(t)$ 进行采样后得到采样信号 $\hat{x}_a(t)$，它们之间的关系可表述为

$$\hat{x}_a(t) = \sum_{n=-\infty}^{\infty} x_a(nT)\delta(t-nT) \qquad (2.2.15)$$

两边进行傅里叶变换

$$\begin{aligned}\hat{X}_a(j\Omega) &= \frac{1}{2\pi} X_a(j\Omega) * \Omega_s \delta_{\Omega_s}(\Omega) \\ &= \frac{1}{T} X_a(j\Omega) * \delta_{\Omega_s}(\Omega) \\ &= \frac{1}{T} \sum_{k=-\infty}^{\infty} X_a(j\Omega) * \delta(\Omega - k\Omega_s)\end{aligned}$$

即

$$\hat{X}_a(j\Omega) = \frac{1}{T} \sum_{k=-\infty}^{\infty} X_a[j(\Omega - k\Omega_s)] \qquad (2.2.16)$$

式中，$\Omega_s = \dfrac{2\pi}{T}$。设时域离散信号 $x(n)$ 是由对模拟信号 $x_a(t)$ 采样产生的，即满足

$$x(n) = x_a(nT) \quad (n \text{ 取整数}) \qquad (2.2.17)$$

则序列 $x(n)$ 的一对傅里叶变换对表示为

$$\begin{aligned}X(e^{j\omega}) &= \sum_{n=-\infty}^{\infty} x(n) e^{-j\omega n} \\ x(n) &= \frac{1}{2\pi} \int_{-\pi}^{\pi} X(e^{j\omega}) e^{j\omega n} d\omega\end{aligned} \qquad (2.2.18)$$

那么，$X(e^{j\omega})$ 与 $X_a(j\Omega)$ 之间有什么关系呢？数字频率 ω 与模拟频率 $\Omega(f)$ 之间有什么关系呢？

首先，先将 $t = nT$ 代入式(2.2.14)中，得到

$$x_a(nT) = \frac{1}{2\pi} \int_{-\infty}^{\infty} X_a(j\Omega) e^{j\Omega nT} d\Omega \qquad (2.2.19)$$

将式(2.2.19)与式(2.2.18)比较，由于积分区间不同，无法直接得到 $X(e^{j\omega})$ 与 $X_a(j\Omega)$ 之间的关系。将式(2.2.19)表示成无限多个积分和，每个积分区间为 $\dfrac{2\pi}{T}$，即为

$$x_a(nT) = \frac{1}{2\pi} \sum_{r=-\infty}^{\infty} \int_{(2r-1)\pi/T}^{(2r+1)\pi/T} X_a(j\Omega) e^{j\Omega nT} d\Omega$$

令 $\Omega' = \Omega - \dfrac{2\pi}{T} r$，代入上式后，得到

$$\begin{aligned}x_a(nT) &= \frac{1}{2\pi} \sum_{r=-\infty}^{\infty} \int_{-\pi/T}^{\pi/T} X_a\left[j\left(\Omega' + \frac{2\pi}{T}r\right)\right] e^{j\Omega' nT} e^{j2\pi r n} d\Omega' \\ &= \frac{1}{2\pi} \int_{-\pi/T}^{\pi/T} \sum_{r=-\infty}^{\infty} X_a\left[j\left(\Omega + \frac{2\pi}{T}r\right)\right] e^{j\Omega nT} d\Omega \\ &= \frac{1}{2\pi} \int_{-\pi/T}^{\pi/T} \sum_{r=-\infty}^{\infty} X_a\left[j\left(\Omega - \frac{2\pi}{T}r\right)\right] e^{j\Omega nT} d\Omega\end{aligned} \qquad (2.2.20)$$

如果序列由一模拟信号采样产生，则序列的数字频率 ω 与模拟信号的频率 $\Omega(f)$ 成线性关

系,即
$$\omega = \Omega T \quad (2.2.21)$$

式中,T 为采样周期,且 $T=1/f_s$。

将式(2.2.21)代入式(2.2.20)中,得到
$$x_a(nT) = \frac{1}{2\pi}\int_{-\pi}^{\pi} \frac{1}{T}\sum_{r=-\infty}^{\infty} X_a\left[j\left(\frac{\omega}{T} - \frac{2\pi}{T}r\right)\right]e^{j\omega n}d\omega \quad (2.2.22)$$

比较式(2.2.18)与式(2.2.22),得到
$$X(e^{j\omega}) = \frac{1}{T}\sum_{r=-\infty}^{\infty} X_a\left(j\frac{\omega}{T} - j\frac{2\pi}{T}r\right) \quad (2.2.23)$$

式(2.2.23)即表示序列的傅里叶变换 $X(e^{j\omega})$ 与模拟信号 $x_a(t)$ 的傅里叶变换 $X_a(j\Omega)$ 之间的关系式。将其与式(2.2.16)比较,可以得到结论:序列的傅里叶变换和模拟信号的傅里叶变换之间的关系,与采样信号和模拟信号的傅里叶变换之间的关系一样,都是 $X_a(j\Omega)$ 以周期 $\Omega_s=2\pi/T$ 进行周期延拓而得到的,频率轴上取值的对应关系用式(2.2.21)表示。

模拟频率与数字频率的定标关系如图 2.2.6 所示。

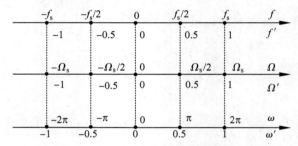

图 2.2.6 模拟频率与数字频率的定标关系

其中 $f'=f/f_s$,$\Omega'=\Omega/\Omega_s$,$\omega'=\omega/2\pi$ 为归一化频率,由于 f'、Ω' 和 ω' 都是无量纲量,因此刻度是一样的。它们之间的转换关系满足 $\omega=\Omega T$ 及 $\Omega=2\pi f$。以 $f_s=2f_c$ 为例,有
$$\omega = \Omega T = \Omega \frac{1}{f_s} = \Omega \frac{2\pi}{\Omega_s}$$

由于 $\Omega = \frac{\Omega_s}{2}$,则 $\omega = \frac{\Omega_s}{2} \cdot \frac{2\pi}{\Omega_s} = \pi$,即模拟频率 $\frac{f_s}{2}$ 对应数字频率 π。根据采样定理满足 $\Omega_s \geqslant 2\Omega_c$,$f_c \leqslant f_s/2$,即模拟最高频率 f_c 不能超过 $f_s/2$;若不满足采样定理,则在 $\omega=\pi$,或 $f=0.5f_s$ 附近引起混叠。

[**例 2.2.7**] 已知 $x_a(t)=2\cos(2\pi f_0 t)$,式中 $f_0=100\text{Hz}$,以采样频率 $f_s=400\text{Hz}$ 对 $x_a(t)$ 进行采样,得到采样信号 $\hat{x}_a(t)$ 和时域离散信号 $x(n)$:

(1) 写出 $x_a(t)$ 的傅里叶变换表示式 $X_a(j\Omega)$;

(2) 写出 $\hat{x}_a(t)$ 和 $x(n)$ 的表示式;

(3) 分别求出 $\hat{x}_a(t)$ 的傅里叶变换式 $\hat{X}_a(j\Omega)$ 和 $x(n)$ 序列的傅里叶变换 $X(e^{j\omega})$。

解 (1) $X_a(j\Omega) = \int_{-\infty}^{\infty} x_a(t)e^{-j\Omega t}dt = 2\pi[\delta(\Omega-\Omega_0) + \delta(\Omega+\Omega_0)]$

(2) $\hat{x}_a(t) = \sum_{n=-\infty}^{\infty} x_a(t)\delta(t-nT) = \sum_{n=-\infty}^{\infty} 2\cos(\Omega_0 nT)\delta(t-nT)$

$$x(n) = 2\cos(\Omega_0 nT), \quad -\infty < n < \infty$$

式中,$\Omega_0 = 2\pi f_0 = 200\pi(\text{rad/s})$,$T = 1/f_s = 2.5\text{ms}$。

(3) $\hat{X}_a(j\Omega) = \frac{1}{T} \sum_{k=-\infty}^{\infty} X_a(j\Omega - jk\Omega_s)$

$$= \frac{2\pi}{T} \sum_{k=-\infty}^{\infty} [\delta(\Omega - \Omega_0 - k\Omega_s) + \delta(\Omega + \Omega_0 - k\Omega_s)]$$

式中,$\Omega_s = 2\pi f_s = 800\pi(\text{rad/s})$。

$$X(e^{j\omega}) = \sum_{n=-\infty}^{\infty} x(n)e^{-j\omega n} = \sum_{n=-\infty}^{\infty} 2\cos(\Omega_0 nT)e^{-j\omega n}$$

$$= \sum_{n=-\infty}^{\infty} 2\cos(\omega_0 n)e^{-j\omega n}$$

$$= \sum_{n=-\infty}^{\infty} [e^{j\omega_0 n} + e^{-j\omega_0 n}]e^{-j\omega n}$$

$$= 2\pi \sum_{k=-\infty}^{\infty} [\delta(\omega - \omega_0 - 2k\pi) + \delta(\omega + \omega_0 - 2k\pi)]$$

式中,$\omega_0 = \Omega_0 T = 0.5\pi\text{rad}$。

或

$$X(e^{j\omega}) = \frac{1}{T} \sum_{k=-\infty}^{\infty} X_a\left(j\left(\frac{\omega}{T} - \frac{2\pi}{T}k\right)\right) = \frac{1}{T} \sum_{k=-\infty}^{\infty} 2\pi\left[\delta\left(\frac{\omega}{T} - \frac{2\pi}{T}k - \Omega_0\right) + \delta\left(\frac{\omega}{T} - \frac{2\pi}{T}k + \Omega_0\right)\right]$$

$$= \frac{2\pi}{T} \sum_{k=-\infty}^{\infty} \left[\delta\left(\frac{1}{T}(\omega - \omega_0 - 2\pi k)\right) + \delta\left(\frac{1}{T}(\omega + \omega_0 - 2\pi k)\right)\right]$$

$$= 2\pi \sum_{k=-\infty}^{\infty} [\delta(\omega - \omega_0 - 2k\pi) + \delta(\omega + \omega_0 - 2k\pi)]$$

图 2.2.7 显示了 $x_a(t)$、$X_a(j\Omega)$、$\hat{X}_a(j\Omega)$ 和 $X(e^{j\omega})$。

2.2.4 离散信号的傅里叶变换应用

自然界中广泛存在着各种各样的周期性运动,例如电磁波与声波的运动、时钟摆动运动以及人体心脏的跳动等。为了抽象描述这类复杂的周期性运动,法国数学家傅里叶发现,任何周期函数都可以用正弦函数和余弦函数构成的无穷级数来表示。这表明,任何复杂的周期信号都可以用简单的三角级数表示。在这一小节中,我们将介绍离散信号的傅里叶变换(DTFT)和周期序列的离散傅里叶级数(DFS)在工程领域的应用。

1. 离散信号的傅里叶变换在滚动轴承故障诊断中的应用

滚动轴承是旋转机械最常用的通用零部件之一,属于易损件,30%的旋转机械故障都是由轴承故障引起的。诊断滚动轴承故障最常用的方法是振解调技术,即通过"共振解调变换"提取出一个剔除了振动信号干扰的共振解调信号,再通过对其作频谱分析,结合滚动轴承故障特征频率可诊断故障类型及严重程度。文献[23]、[24]对此进行了研究,原理如图 2.2.8 所示。

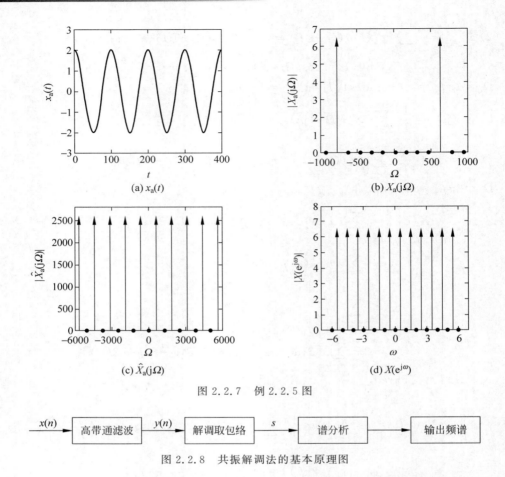

图 2.2.7 例 2.2.5 图

图 2.2.8 共振解调法的基本原理图

图 2.2.9 是一个带有外圈剥离故障的滚动轴承振动信号,其采样频率为 12 000 Hz,共采样 10 000 个点,周期性的冲击明显。对该振动信号的共振解调信号作 DTFT,结果如图 2.2.10 所示,这里对信号的 0~100 Hz 进行采样。在 45.92 Hz 及其倍频处存在明显的峰值,频谱曲线比较光滑。在诊断过程中,即可以认为 45.92 Hz 就是该振动信号的故障频率。实际上,外圈故障频率也发生在 45.6~47.12 Hz,由这个频谱图可以判断故障频率为 45.92 Hz,是外圈故障。

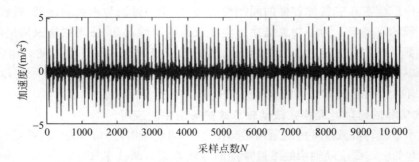

图 2.2.9 外圈剥离故障的滚动轴承振动信号

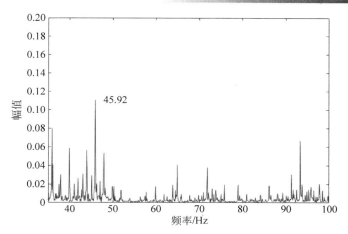

图 2.2.10　基于 DTFT 的外圈故障信号共振解调频谱图

图 2.2.11 是一个带有内圈剥离故障的滚动轴承振动信号，由于在滚动轴承内圈的振动信号需要先经过滚动体，再经过轴承外圈，最后才到达传感器，这使得周期性的冲击信号大大减弱，噪声增强，所以内圈的振动信号不像外圈振动信号那样具有很明显的冲击力，因此导致故障诊断难度变大。该信号的共振解调频谱图如图 2.2.12 所示，这里同样对信号的 0～100Hz 进行采样。在 59.38Hz 处存在明显的峰值。因此在诊断过程中，可以认为 59.38Hz 就是该振动信号的内圈故障频率。

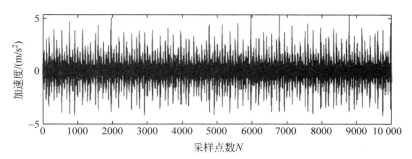

图 2.2.11　内圈剥离故障的滚动轴承振动信号

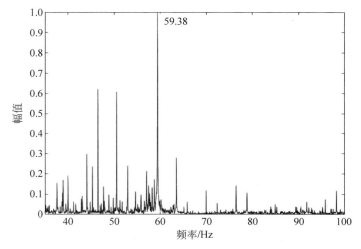

图 2.2.12　基于 DTFT 的内圈故障信号共振解调频谱图

这两个例子说明了信号的 DTFT 是关于频率的连续函数,把离散时间信号的傅里叶变换(DTFT)用于共振解调技术中共振解调信号的谱分析,利用信号的离散傅里叶变换可以得到不受采样点数限制的任意高频率分辨率的谱线。通过对滚动轴承在外圈剥离、内圈剥离两种故障状态下的振动信号的实验证明,DTFT 结合共振解调用于滚动轴承的故障诊断可以更有效更准确地诊断出故障发生部位。

2. 离散傅里叶级数在心电信号模拟中的应用

心电信号是一种常见的微弱生物医学信号,其幅值大概在 0.05～5mV,频率为 0.05～100Hz,大部分能量主要在 0.25～40Hz。如果离开人体体表微小的距离,就很难检测到心电信号。

由于心电信号具有一定的周期性,并满足狄利克雷条件,即在一个周期内无间断点,并且有有限个极大值和极小值。所以,可以采用傅里叶级数的原理对心电信号进行模拟仿真,可用于医学上波形高尖或水平病症的研究。模拟出具有指定特点的心电信号,在使用中可不断地扩充心电模板库和模拟心电数据库,强化心电数据库的功能,为心电信号研究提供参考。可见参考文献[24]、[25]。

心电信号具有多样性,模拟不同类型的心电信号就需要设置不同的参数。以正常心电信号、心率过速和心率过缓为例,利用傅里叶级数原理进行不同的心率、幅度和时间间等参数的选择,对不同类型心电信号进行模拟如下。

对正常心电信号的模拟,如图 2.2.13 所示。

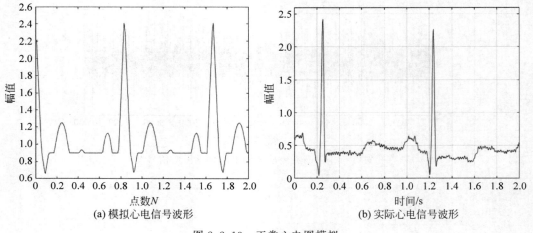

(a) 模拟心电信号波形　　　　　　　(b) 实际心电信号波形

图 2.2.13　正常心电图模拟

接下来对心律异常心电信号进行模拟。若呈现窦性心动过速,超过 100 次/分钟,心律就失常了,轻度患者可无自觉症状或仅有心悸、胸闷、乏力、头晕、出汗;重度患者可发绀、气促、晕厥、低血压、休克、急性心衰、心绞痛,甚至衍变为心室颤动而猝死。运用傅里叶级数模拟的心动过速心率值高达 150 次/分钟,从图 2.2.14(a)中可以看出心率明显加快,2s 内大约有 5 个波形出现。在图 2.2.14(b) 中,2s 内大约有 1.3 个波形出现,一分钟大约跳动 45 次。实验数据显示自动调节心率值为 45 次/分钟,该数值低于正常标准,是心动过缓的一种表现。

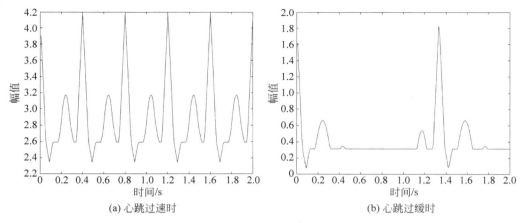

(a) 心跳过速时　　　　　　　　　(b) 心跳过缓时

图 2.2.14　异常心电信号波形

2.3　有限长序列的离散傅里叶变换

序列的傅里叶变换提供了离散序列与系统分析重要的工具,这在理论上是非常重要的。但序列的傅里叶变换 $X(\mathrm{e}^{\mathrm{j}\omega})$ 是数字频率 ω 的连续周期函数,正变换需要执行从 $-\infty$ 到 ∞ 的求和,反变换需要计算连续函数的积分,在实际中很难使用数字计算机来实现。而且,计算任何一个频谱值需要所有的信号数据,无法做到对信号的实时处理。必须要把计算范围从无限宽收缩到一个有限区间,连续函数改为离散数据。本节学习的有限长序列的离散傅里叶变换(DFT)正是适应了这种需求。

2.3.1　DFT 的定义

设 $x(n)$ 为长度为 M 的有限长序列,则定义 $x(n)$ 的 N 点离散傅里叶变换为

$$X(k)=\mathrm{DFT}[x(n)]=\sum_{n=0}^{N-1}x(n)W_N^{kn},\quad k=0,1,2,\cdots,N-1 \qquad (2.3.1)$$

$X(k)$ 的离散傅里叶反变换(IDFT)为

$$x(n)=\mathrm{IDFT}[X(k)]=\frac{1}{N}\sum_{k=0}^{N-1}X(k)W_N^{-kn},\quad n=0,1,2,\cdots,N-1 \qquad (2.3.2)$$

式中,$W_N=\mathrm{e}^{-\mathrm{j}\frac{2\pi}{N}}$,$N$ 为 DFT 变换区间长度,一般 $N\geqslant M$。

式(2.3.1)与式(2.3.2)合称为离散傅里叶变换对。

以下证明离散傅里叶变换的唯一性。

将式(2.3.1)代入式(2.3.2),得到

$$\begin{aligned}\mathrm{IDFT}[X(k)]&=\frac{1}{N}\sum_{k=0}^{N-1}\left[\sum_{m=0}^{N-1}x(m)W_N^{km}\right]W_N^{-kn}\\&=\sum_{m=0}^{N-1}x(m)\frac{1}{N}\sum_{k=0}^{N-1}W_N^{k(m-n)}\end{aligned} \qquad (2.3.3)$$

由于
$$\frac{1}{N}\sum_{k=0}^{N-1}W_N^{k(m-n)} = \begin{cases} 1, & m = n + MN, M \text{ 为整数} \\ 0, & m \neq n + MN, M \text{ 为整数} \end{cases}$$

因此
$$\text{IDFT}[X(k)] = x(n), \quad 0 \leq n \leq N-1$$

由此可得,离散傅里叶变换是唯一的。

将有限长序列 $x(n)$ 与以 N 为周期的周期序列 $\tilde{x}(n)$ 的离散傅里叶变换相比较

$$\tilde{X}(k) = \sum_{n=0}^{N-1}\tilde{x}(n)e^{-j\frac{2\pi}{N}kn}, \quad -\infty < k < \infty$$

$$X(k) = \text{DFT}[x(n)] = \sum_{n=0}^{N-1}x(n)e^{-j\frac{2\pi}{N}kn}, \quad k = 0,1,2,\cdots,N-1$$

形式上两者完全相同,其中 $\tilde{X}(k)$ 是以 N 为周期的周期函数。因此可得到如图 2.3.1 所示的关系。

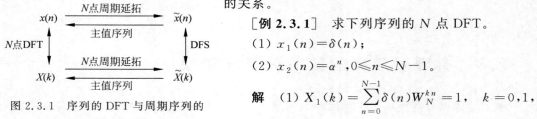

图 2.3.1 序列的 DFT 与周期序列的 DFS 之间的关系

[例 2.3.1] 求下列序列的 N 点 DFT。

(1) $x_1(n) = \delta(n)$;

(2) $x_2(n) = \alpha^n, 0 \leq n \leq N-1$。

解 (1) $X_1(k) = \sum\limits_{n=0}^{N-1}\delta(n)W_N^{kn} = 1, \quad k = 0,1,2,\cdots,N-1$

(2) $X_2(k) = \sum\limits_{n=0}^{N-1}x_2(n)W_N^{kn} = \sum\limits_{n=0}^{N-1}\alpha^n W_N^{kn}$

$= \sum\limits_{n=0}^{N-1}(\alpha W_N^k)^n = \dfrac{1-(\alpha W_N^k)^N}{1-\alpha W_N^k}, \quad k = 0,1,2,\cdots,N-1$

在例 2.3.1 中,令 $N=10, \alpha=0.8$,利用 MATLAB 求其 N 点 DFT。

```
% DFT 演示程序
N = 10; n = [0:1:N-1];
xn1 = [1,zeros(1,9)];                    % 序列 x1(n)
xn2 = 0.8.^n;                            % 序列 x2(n)
k = [0:1:N-1];
WN = exp(-j*2*pi/N);
nk = n'*k;
WNnk = WN.^nk;
xk1 = xn1*WNnk;                          % 计算 x1(n) 的 N 点 DFTx1(k)
xk2 = xn2*WNnk;                          % 计算 x2(n) 的 N 点 DFTx2(k)
figure(1);
subplot(211);stem(n,xn1);xlabel('n');ylabel('x_{1}(n)');         % 画 x1(n)
subplot(212);stem(k,abs(xk1));xlabel('k');ylabel('|X_{1}(k)|');  % 画 |X1(k)|
figure(2);
subplot(211);stem(n,xn2);xlabel('n');ylabel('x_{2}(n)');         % 画 x2(n)
subplot(212);stem(k,abs(xk2));xlabel('k');ylabel('|X_{2}(k)|');  % 画 |X2(k)|
```

运行结果如图 2.3.2 所示。

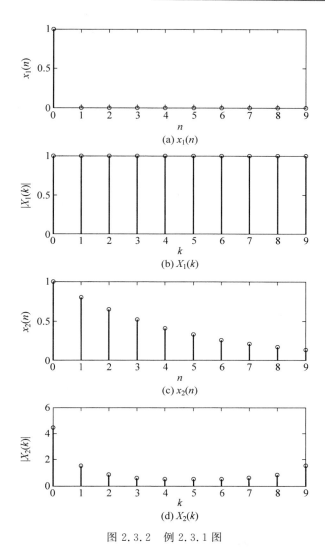

图 2.3.2 例 2.3.1 图

[**例 2.3.2**] 已知 $X(k)=\begin{cases}3, & k=0\\1, & 1\leqslant k\leqslant 9\end{cases}$，求其 10 点 IDFT。

解 由题意有 $N=10$

$$x(n)=\text{IDFT}[X(k)]=\frac{1}{N}\sum_{k=0}^{N-1}X(k)W_N^{-kn}$$

$$=\frac{3}{10}+\frac{1}{10}\sum_{k=1}^{9}W_{10}^{-kn}=\frac{2}{10}+\frac{1}{10}\sum_{k=0}^{9}W_{10}^{-kn}$$

$$=\frac{1}{5}+\delta(n),\quad 0\leqslant n\leqslant 9$$

可见，$x(n)$ 的离散傅里叶变换与变换区间长度 N 的取值有关。

令 $N=10$，利用 MATLAB 演示这种 IDFT 关系。

```
% IDFT 演示程序
N = 10;n = [0:1:N-1];
xk = [3,ones(1,9)];                    % x(n)的 10 点 DFT x(k)
k = [0:1:N-1];
WN = exp(j * 2 * pi/N);
nk = n' * k;
WNnk = WN.^nk;
xn = xk * WNnk/N;
subplot(211);stem(k,abs(xk));xlabel('k');ylabel('|X(k)|');
subplot(212);stem(n,xn);xlabel('n');ylabel('x(n)');
```

运行结果如图 2.3.3 所示。

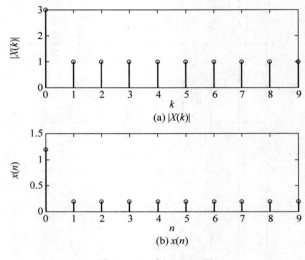

图 2.3.3　例 2.3.2 图

2.3.2　DFT 与 Z 变换、DTFT 的关系

设序列 $x(n)$ 的长度为 N，其 Z 变换、DTFT 和 N 点 DFT 分别为

$$X(z) = \text{ZT}[x(n)] = \sum_{n=0}^{N-1} x(n) z^{-n}, \quad X(\text{e}^{\text{j}\omega}) = \text{DTFT}[x(n)] = \sum_{n=0}^{N-1} x(n) \text{e}^{-\text{j}\omega n}$$

$$X(k) = \text{DFT}[x(n)] = \sum_{n=0}^{N-1} x(n) W_N^{kn}, \quad k=0,1,2,\cdots,N-1$$

比较上面三式，可得以下结论

$$X(k) = X(z) \Big|_{z=\text{e}^{\text{j}\frac{2\pi}{N}k}}, \quad k=0,1,2,\cdots,N-1 \tag{2.3.4}$$

$$X(k) = X(\text{e}^{\text{j}\omega}) \Big|_{\omega=\frac{2\pi}{N}k}, \quad k=0,1,2,\cdots,N-1 \tag{2.3.5}$$

式(2.3.4)表明 $x(n)$ 的 DFT——$X(k)$ 为 $X(z)$ 在单位圆上的 N 点等间隔采样。式(2.3.5)表明 $x(n)$ 的 DFT——$X(k)$ 为 $X(\text{e}^{\text{j}\omega})$ 对 ω 在区间 $[0,2\pi]$ 上的 N 点等间隔采样。变换区间

N 不同，采样间隔与采样点数不同，所得 DFT 变换结果也不同。

[**例 2.3.3**] $x(n)=R_4(n)$，求 $x(n)$ 的 8 点和 16 点 DFT。

解 变换区间 $N=8$，则

$$X(k)=\sum_{n=0}^{7}x(n)W_8^{kn}=\sum_{n=0}^{3}\mathrm{e}^{-\mathrm{j}\frac{2\pi}{8}kn}=\begin{cases}4, & k=0 \\ \mathrm{e}^{-\mathrm{j}\frac{3}{8}\pi k}\dfrac{\sin\left(\dfrac{\pi}{2}k\right)}{\sin\left(\dfrac{\pi}{8}k\right)}, & k=1,2,\cdots,7\end{cases}$$

变换区间 $N=16$，则

$$X(k)=\sum_{n=0}^{15}x(n)W_{16}^{kn}=\sum_{n=0}^{3}\mathrm{e}^{-\mathrm{j}\frac{2\pi}{16}kn}=\begin{cases}4, & k=0 \\ \mathrm{e}^{-\mathrm{j}\frac{3}{16}\pi k}\dfrac{\sin\left(\dfrac{\pi}{4}k\right)}{\sin\left(\dfrac{\pi}{16}k\right)}, & k=1,2,\cdots,15\end{cases}$$

当 DFT 变换区间长度 N 分别取 8 和 16 时，$X(k)$ 的幅度曲线和 $X(\mathrm{e}^{\mathrm{j}\omega})$ 的幅度曲线如图 2.3.4 所示。

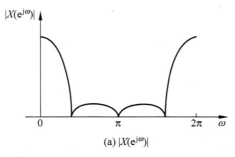

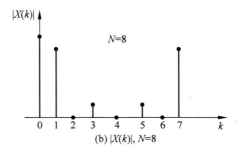

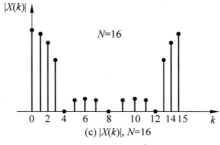

图 2.3.4 $X(k)$ 与 $X(\mathrm{e}^{\mathrm{j}\omega})$ 的关系

2.3.3 DFT 的隐含周期性

在 DFT 变换对中,序列 $x(n)$ 与 $X(k)$ 均为有限长。但由于 W_N^k 满足

$$W_N^k = W_N^{(k+mN)} \quad (k,m,N \text{ 均为整数})$$

因此,$X(k)$ 隐含周期性,周期为 N。即

$$X(k+mN) = \sum_{n=0}^{N-1} x(n) W_N^{(k+mN)n}$$

$$= \sum_{n=0}^{N-1} x(n) W_N^{kn} = X(k)$$

将序列 $X(k)$ 拓展到 $-\infty < k < \infty$ 即得到 $X(k)$ 的周期延拓序列 $\widetilde{X}(k)$。理解了 DFT 的隐含周期性就等于把握了 DFT、DFS 和后面要讨论的频域采样定理的灵魂。

[**例 2.3.4**] 若 $x(n) = \alpha^n, 0 \leq n \leq N-1$,求其离散傅里叶变换 $X(k)$ 及周期延拓序列 $\tilde{x}(n)$ 的离散傅里叶级数 $\widetilde{X}(k)$。

解 $X(k) = \sum_{n=0}^{N-1} x(n) W_N^{kn} = \sum_{n=0}^{N-1} \alpha^n W_N^{kn}$

$$= \sum_{n=0}^{N-1} (\alpha W_N^k)^n = \frac{1 - (\alpha W_N^k)^N}{1 - \alpha W_N^k}, \quad k = 0, 1, 2, \cdots, N-1$$

由于 $\widetilde{X}(k)$ 为 $X(k)$ 的周期延拓序列,可得

$$\widetilde{X}(k) = \frac{1 - (\alpha W_N^k)^N}{1 - \alpha W_N^k}, \quad -\infty < k < \infty$$

一般地,对于任何长度为 N 的有限长序列 $x(n)$,以周期 N 延拓成周期序列 $\tilde{x}(n)$,而 $x(n)$ 则是 $\tilde{x}(n)$ 的主值序列,数学表达式为

$$\tilde{x}(n) = \sum_{m=-\infty}^{\infty} x(n+mN) \tag{2.3.6}$$

$$x(n) = \tilde{x}(n) \cdot R_N(n) \tag{2.3.7}$$

为方便起见,记作

$$\tilde{x}(n) = x((n))_N \tag{2.3.8}$$

$((n))_N$ 表示 n 对 N 求余,即如果

$$n = MN + n_1 \quad (0 \leq n_1 \leq N-1, M \text{ 为整数})$$

则
$$((n))_N = n_1$$

例如:$N=8, \tilde{x}(n) = x((n))_8$,则有

$$\tilde{x}(20) = x((20))_8 = x(4)$$

$$\tilde{x}(15) = x((15))_8 = x(7)$$

同样,定义 $\widetilde{X}(k) = X((k))_N$,则有

$$\widetilde{X}(k) = \sum_{m=-\infty}^{\infty} X(k+mN) = X((k))_N \tag{2.3.9}$$

$$X(k) = \tilde{X}(k) \cdot R_N(k) \tag{2.3.10}$$

即 $\tilde{X}(k)$ 为 $X(k)$ 的周期延拓序列,而 $X(k)$ 是 $\tilde{X}(k)$ 的主值序列。

[例 2.3.5] 设有限长序列 $M=7$ 点,$x(n)=\{\underline{1},2,3,4,5,6,7\}$,分别求周期延拓序列 $\tilde{x}_1(n)=x((n))_4$,$\tilde{x}_2(n)=x((n))_{10}$。

解 (1) 由于 $M>N$,且 $\tilde{x}(n)=\sum_{r=-\infty}^{\infty}x(n+rN)$,因此,当 $N=4$ 时

$$\tilde{x}_1(0)=\cdots x(0-2\times 4)+x(0-4)+x(0)+x(0+4)+x(0+2\times 4)+\cdots$$
$$=x(0)+x(4)=1+5=6$$

同理可得
$$\tilde{x}_1(1)=x(1)+x(5)=2+6=8$$
$$\tilde{x}_1(2)=x(2)+x(6)=3+7=10$$
$$\tilde{x}_1(3)=x(3)=4$$

即 $\tilde{x}_1(n)=x((n))_4$ 的一个周期序列值为
$$\tilde{x}_1(n)R_4(n)=x((n))_4 R_4(n)=\{\underline{6},8,10,4\}$$

(2) 由于 $M=7$,$N=10$,即 $M<N$

可得
$$\tilde{x}_2(n)R_{10}(n)=x((n))_{10}R_{10}(n)=\{\underline{1},2,3,4,5,6,7,0,0,0\}$$

2.3.4 DFT 的性质

1. 线性性与反转定理

1) 线性性

如果 $x_1(n)$ 与 $x_2(n)$ 是两个有限长序列,长度分别为 N_1 和 N_2,且
$$y(n)=ax_1(n)+bx_2(n), \quad (a,b \text{ 为常数})$$

取 $N=\max[N_1,N_2]$,则 $y(n)$ 的 N 点 DFT 为
$$Y(k)=\text{DFT}[y(n)]=aX_1(k)+bX_2(k), \quad 0\leqslant k\leqslant N-1 \tag{2.3.11}$$

式中,$X_1(k)=\text{DFT}[x_1(n)]$,$X_2(k)=\text{DFT}[x_2(n)]$。同时,若 $N_1<N_2$,则 $X_1(k)$ 表示对 $x_1(n)$ 进行增加 (N_2-N_1) 个零点后的 DFT。

2) 反转定理

若有限长序列 $x(n)$ 的离散傅里叶变换为 $X(k)$,即
$$X(k)=\text{DFT}[x(n)]$$
则
$$X(N-k)=\text{DFT}[x(N-n)] \tag{2.3.12}$$

2. 循环移位性质

1) 序列的循环移位

设 $x(n)$ 为有限长序列,长度为 N,则 $x(n)$ 的循环移位定义为
$$y(n)=x((n+m))_N R_N(n) \tag{2.3.13}$$

式(2.3.13)表明将 $x(n)$ 以 N 为周期进行周期延拓后得到 $\tilde{x}(n)=x((n))_N$,再将 $\tilde{x}(n)$ 左移 m 位得到 $\tilde{x}(n+m)$,最后取 $\tilde{x}(n+m)$ 的主值序列则得到有限长序列 $x(n)$ 的循环移位序列 $y(n)$。

[例 2.3.6] 若有限长序列 $x(n)=\{\underline{1},2,3,4,5,6,7\}$,移位 $m=-3$,求序列 $y(n)$。

解 $x(n)$ 及其循环移位过程如图 2.3.5 所示。因此 $y(n)=\{5,6,7,1,2,3,4\}$。

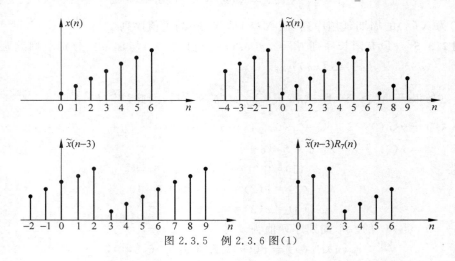

图 2.3.5 例 2.3.6 图(1)

可见，$y(n)$ 仍是长度为 N 的有限长序列。循环移位的实质是将 $x(n)$ 右移 m 位，而移出主值区($0 \leqslant n \leqslant N-1$)的序列值又依次从右侧进入主值区。

用 MATLAB 对例 2.3.6 中的循环移位结果演示。

```
%时域循环移位演示程序
N = 7;                                                          %序列长度
m = -3;                                                         %循环移位长度
n = 0:N - 1;
xn = [1,2,3,4,5,6,7];
n1 = mod((n + m),N);
yn = xn(n1 + 1);
subplot(211);
stem(n,xn);xlabel('n');ylabel('x(n)');title('原始序列 x(n)');    %画出 x(n)
subplot(212);
stem(n,yn);xlabel('n');ylabel('y(n)');title('循环移位序列 y(n)'); %画出 y(n)
```

运行结果如图 2.3.6 所示。

2) 时域循环移位定理

设 $x(n)$ 为有限长序列，长度为 N，$y(n)$ 为 $x(n)$ 的循环移位，即
$$y(n) = x((n+m))_N R_N(n)$$
则
$$Y(k) = \mathrm{DFT}[y(n)] = W_N^{-km} X(k) \tag{2.3.14}$$
式中，$X(k) = \mathrm{DFT}[x(n)]$，$0 \leqslant k \leqslant N-1$。

将有限长序列的时域循环移位定理与傅里叶变换时移性质比较，由于傅里叶变换区间在 $(-\infty, +\infty)$，因此无论如何位移，不会影响变换区间，而 DFT 的变换区间为 $[0, N-1]$，移位时必须考虑到变换区间的限制。此外，由于 W_N^{-km} 含有周期性，因此 m 可以是任意的。

3) 频域循环移位定理

如果

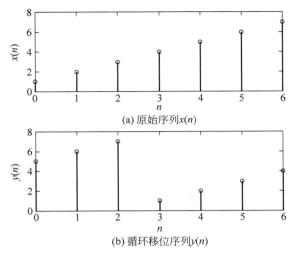

图 2.3.6　例 2.3.6 图(2)

$$X(k) = \text{DFT}[x(n)], \quad 0 \leqslant k \leqslant N-1$$
$$Y(k) = X((k+l))_N R_N(k)$$

则

$$y(n) = \text{IDFT}[Y(k)] = W_N^{nl} x(n) \quad (2.3.15)$$

[**例 2.3.7**]　若 $x(n) = 4\delta(n) + 3\delta(n-1) + 2\delta(n-2) + \delta(n-3)$，$X(k)$ 为 $x(n)$ 的 6 点 DFT。若有限长序列 $y(n)$ 的 6 点 DFT 为 $Y(k) = W_6^{4k} X(k)$，求 $y(n)$。

解
$$y(n) = x((n-4))_6 R_6(n)$$
$$= 4\delta(n-4) + 3\delta(n-5) + 2\delta(n) + \delta(n-1)$$

[**例 2.3.8**]　设一个有限长序列为 $x(n) = \delta(n) + 2\delta(n-5)$。

(1) 计算序列 $x(n)$ 的 10 点 DFT。

(2) 若序列 $y(n)$ 的 DFT 为 $Y(k) = e^{-j\frac{2\pi}{10} \cdot 3k} X(k)$，$X(k)$ 为 $x(n)$ 的 10 点 DFT，求 $y(n)$。

(3) 求 $y(n) = e^{-j3n\frac{2\pi}{10}} x(n)$ 的 10 点 DFT。

解　(1) $\quad X(k) = 1 + 2W_N^{5k} = 1 + 2e^{-j\frac{2\pi}{10} 5k} = 1 + 2(-1)^k$

(2) $\quad Y(k) = e^{-j\frac{2\pi}{10} \cdot 3k} X(k) = W_N^{3k} X(k)$
$$y(n) = x((n-3))_{10} \cdot R_{10}(n)$$

因此
$$y(n) = \delta(n-3) + 2\delta(n-8)$$

(3) 由于
$$X(k) = 1 + 2W_N^{5k} = 1 + 2 \cdot (-1)^k, \quad 0 \leqslant k \leqslant 9$$

因此
$$Y(k) = X((k+3))_{10} R_{10}(k) = 1 + 2 \cdot (-1)^{k+3}, \quad 0 \leqslant k \leqslant 6$$

当 $k=7$，$\quad Y(k) = 1 + 2 \cdot (-1)^0 = 3$

当 $k=8$，$\quad Y(k) = 1 + 2 \cdot (-1)^1 = -1$

当 $k=9$，$\qquad Y(k)=1+2 \cdot (-1)^2 = 3$

利用 MATLAB 来演示这种频域循环移位关系。

```
% 频域循环移位演示程序
N = 10;n = 0:N-1;
xn = [1,zeros(1,4),2,zeros(1,4)];
k = 0:N-1;
WN = exp(-j*2*pi/N);
nk = n'*k;
WNnk1 = WN.^nk;
WNnk2 = WNnk1^(-1);
xk = xn*WNnk1;        % 计算 x(n)的 10 点 DFTX(k)
figure(1)
subplot(211);
stem(n,xn);xlabel('n');ylabel('x(n)');title('(1)');        % 画出 x(n)
subplot(212);
stem(k,xk);xlabel('k');ylabel('X(k)');                     % 画出 X(k)
yk = (WN.^(-2*k)).*xk;
yn = yk*WNnk2;        % 计算 y(n)的 10 点 DFTY(k)
figure(2)
subplot(211);
stem(n,yn);xlabel('n');ylabel('y(n)');title('(2)');        % 画出 y(n)
yn = (WN.^(3*n)).*xn;
yk = yn*WNnk1;
subplot(212);
stem(k,yk);xlabel('k');ylabel('Y(k)');title('(3)');        % 画出 Y(k)
```

运行结果如图 2.3.7 所示。

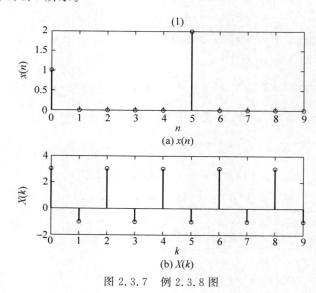

图 2.3.7　例 2.3.8 图

3. 循环卷积定理

1）序列的循环卷积

有限长序列 $x_1(n)$ 与 $x_2(n)$，长度分别为 N_1 和 N_2，取 $N = \max[N_1, N_2]$，则定义 $x_1(n)$ 与 $x_2(n)$ 的 N 点循环卷积为

$$y(n) = x_1(n) \otimes x_2(n) = \sum_{m=0}^{N-1} x_1(m) x_2((n-m))_N R_N(n) \qquad (2.3.16)$$

或

$$y(n) = x_1(n) \otimes x_2(n) = \sum_{m=0}^{N-1} x_2(m) x_1((n-m))_N R_N(n) \qquad (2.3.17)$$

循环卷积也叫圆周卷积,记为 $y(n) = x_1(n) \otimes x_2(n)$,为区别,$y_l(n) = x_1(n) * x_2(n) = \sum_{m=-\infty}^{\infty} x_1(m) x_2(n-m)$ 称为线性卷积。

[**例 2.3.9**] 设有限长序列 $x_1(n) = \{\underline{1},1,1,1\}$,$x_2(n) = \{\underline{0},3,6,5,4,3,2,1\}$,$N=8$,求:$y_l(n) = x_1(n) * x_2(n)$ 和 $y(n) = x_1(n) \otimes x_2(n)$。

解 有限长序列的线性卷积如图 2.3.8 所示。因此

$$y_l(n) = \{\underline{0},3,9,14,18,18,14,10,6,3,1\}$$

有限长序列的循环卷积如图 2.3.9 及表 2.3.1 所示。

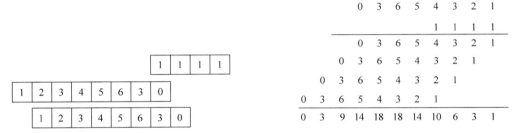

图 2.3.8 有限长序列的线性卷积示意图

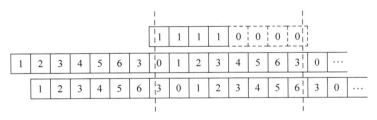

图 2.3.9 有限长序列的循环卷积示意图

表 2.3.1 有限长序列的循环卷积

序列\序号	1	1	1	1	0	0	0	0	$y(n)$
0	0	1	2	3	4	5	6	3	6
1	3	0	1	2	3	4	5	6	6
2	6	3	0	1	2	3	4	5	10
3	5	6	3	0	1	2	3	4	14
4	4	5	6	3	0	1	2	3	18
5	3	4	5	6	3	0	1	2	18
6	2	3	4	5	6	3	0	1	14
7	1	2	3	4	5	6	3	0	10

因此
$$y(n)=\{6,6,10,14,18,18,14,10\}$$
用 MATLAB 来演示循环卷积与线性卷积的程序如下:

```
% 循环卷积与线性卷积之间的关系演示程序
x1 = [1,1,1,1];x2 = [0,3,6,5,4,3,2,1];
N = length(x1) + length(x2) - 1;
n = 0:1:N - 1;
N1 = length(x1);n1 = 0:1:N1 - 1;
N2 = length(x2);n2 = 0:1:N2 - 1;
yn = conv(x1,x2);                                    % 求线性卷积
figure(1);
subplot(211);
stem(n1,x1);xlabel('n');ylabel('x_{1}(n)');          % 画 x1(n)
subplot(212);
stem(n2,x2);xlabel('n');ylabel('x_{2}(n)');          % 画 x2(n)
figure(2);
subplot(211);
stem(n,yn);xlabel('n');ylabel('y(n)');title('线性卷积');  % 线性卷积 y(n)
x1 = [x1 zeros(1,N2 - N1)];
m = [0:1:N2 - 1];
x2 = x2(mod( - m,N2) + 1);
H = zeros(N2,N2);
for n3 = 1:1:N2
    n4 = 0:1:N2 - 1;
    n4 = mod(n4 - n3 - 1,N2);
    H(n3,:) = x2(n4 + 1);                            % 循环移位
end
yn1 = x1 * H';                                       % 循环卷积
subplot(212);
stem(n2,yn1);xlabel('n');ylabel('y1(n)');title('循环卷积');  % 循环卷积 y1(n)
```

运行结果如图 2.3.10 所示。

一般情况下,两个序列的循环卷积可以写成矩阵的形式,例如,当 $N=8$ 时,循环卷积可由下式计算得

$$\begin{bmatrix} y(0) \\ y(1) \\ y(2) \\ y(3) \\ y(4) \\ y(5) \\ y(6) \\ y(7) \end{bmatrix} = \begin{bmatrix} x_1(0) & x_1(7) & x_1(6) & x_1(5) & x_1(4) & x_1(3) & x_1(2) & x_1(1) \\ x_1(1) & x_1(0) & x_1(7) & x_1(6) & x_1(5) & x_1(4) & x_1(3) & x_1(2) \\ x_1(2) & x_1(1) & x_1(0) & x_1(7) & x_1(6) & x_1(5) & x_1(4) & x_1(3) \\ x_1(3) & x_1(2) & x_1(1) & x_1(0) & x_1(7) & x_1(6) & x_1(5) & x_1(4) \\ x_1(4) & x_1(3) & x_1(2) & x_1(1) & x_1(0) & x_1(7) & x_1(6) & x_1(5) \\ x_1(5) & x_1(4) & x_1(3) & x_1(2) & x_1(1) & x_1(0) & x_1(7) & x_1(6) \\ x_1(6) & x_1(5) & x_1(4) & x_1(3) & x_1(2) & x_1(1) & x_1(0) & x_1(7) \\ x_1(7) & x_1(6) & x_1(5) & x_1(4) & x_1(3) & x_1(2) & x_1(1) & x_1(0) \end{bmatrix} \cdot \begin{bmatrix} x_2(0) \\ x_2(1) \\ x_2(2) \\ x_2(3) \\ x_2(4) \\ x_2(5) \\ x_2(6) \\ x_2(7) \end{bmatrix}$$

线性卷积与循环卷积相比较:线性卷积后序列长度为 N_1+N_2-1,而 N 点循环卷积后的序列长度保持不变,仍为 N。由例题 2.3.9 结果可看出:循环卷积是线性卷积以 N 为周期的延拓的主值序列,即,如果 $y(n)=x_1(n) \otimes x_2(n)$,$y_l(n)=x_1(n) * x_2(n)$,那么,$y(n)=y_l((n))_N R_N(n)$。读者可自行验证。在 2.6.1 节将推证此结论。

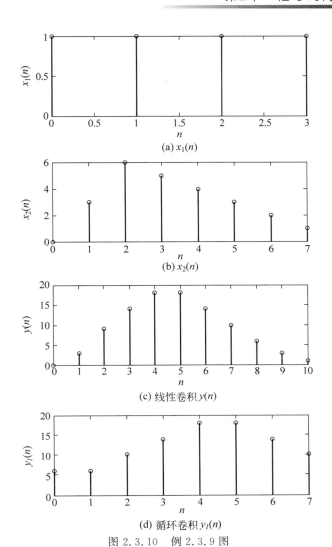

图 2.3.10　例 2.3.9 图

[**例 2.3.10**]　考虑两个有限长序列 $x(n)$ 与 $h(n)$，在 $0 \leqslant n \leqslant 49$ 之外 $x(n)=0$，在区间 $0 \leqslant n \leqslant 9$ 之外 $h(n)=0$。

(1) 在 $x(n)$ 与 $h(n)$ 的线性卷积 $y_l(n)$ 中最多有多少项可能为非零值？

(2) $x(n)$ 与 $h(n)$ 的 50 点循环卷积为 $x(n) \otimes h(n) = 12, 0 \leqslant n \leqslant 49$，$x(n)$ 与 $h(n)$ 的线性卷积的前 5 点是

$$x(n) * h(n) = 5, \quad 0 \leqslant n \leqslant 4$$

求出线性卷积 $x(n) * h(n)$ 尽可能多的点。

解　(1) 在 $x(n)$ 与 $h(n)$ 的线性卷积中最多有 $50+10-1=59$ 点可能取非零值，如图 2.3.11 所示。

(2) $x(n)$ 与 $h(n)$ 的 50 点循环卷积结果为

$$x(n) \otimes h(n) = y_l((n))_{50} R_{50}(n), \quad 0 \leqslant n \leqslant 49$$

如图 2.3.12 所示。

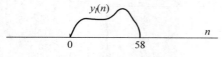

图 2.3.11 例 2.3.10 图(1)

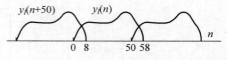

图 2.3.12 例 2.3.10 图(2)

由(2)中题设条件可知

$$y_l(n) = \begin{cases} 5, & 0 \leqslant n \leqslant 4 \\ 12, & 9 \leqslant n \leqslant 49 \\ 7, & 50 \leqslant n \leqslant 54 \end{cases}, \quad 5 \leqslant n \leqslant 8, 55 \leqslant n \leqslant 58 \text{ 点的 } y_l(n) \text{ 不定}$$

2) 循环卷积的定理

有限长序列 $x_1(n)$ 与 $x_2(n)$，长度分别为 N_1 和 N_2，取 $N=\max[N_1,N_2]$，且 $x_1(n)$ 与 $x_2(n)$ 的 N 点 DFT 分别为

$$X_1(k)=\text{DFT}[x_1(n)], \quad X_2(k)=\text{DFT}[x_2(n)]$$

如果

$$X(k)=X_1(k) \cdot X_2(k)$$

则

$$x(n)=\text{IDFT}[X(k)] = \sum_{m=0}^{N-1} x_1(m) x_2((n-m))_N R_N(n) \quad (2.3.18)$$

$$= x_1(n) \otimes x_2(n)$$

或

$$x(n)=\text{IDFT}[X(k)] = \sum_{m=0}^{N-1} x_2(m) x_1((n-m))_N R_N(n) \quad (2.3.19)$$

$$= x_2(n) \otimes x_1(n) \quad (2.3.20)$$

同理可得，若

$$x(n)=x_1(n) \cdot x_2(n)$$

则

$$X(k)=\text{DFT}[x(n)] = \frac{1}{N} X_1(k) \otimes X_2(k) = \frac{1}{N} X_2(k) \otimes X_1(k) \quad (2.3.21)$$

$$= \frac{1}{N} \sum_{l=0}^{N-1} X_1(l) X_2((k-l))_N R_N(k) \quad (2.3.22)$$

或

$$X(k) = \frac{1}{N} \sum_{l=0}^{N-1} X_2(l) X_1((k-l))_N R_N(k) \quad (2.3.23)$$

4. 复共轭序列的 DFT

设 $x^*(n)$ 为 $x(n)$ 的复共轭序列，长度为 N，且 $X(k)=\text{DFT}[x(n)]$，则

$$X^*(N-k)=\text{DFT}[x^*(n)], \quad 0 \leqslant k \leqslant N-1 \quad (2.3.24)$$

$$X^*(k)=\text{DFT}[x^*(N-n)], \quad 0 \leqslant k \leqslant N-1 \quad (2.3.25)$$

且

$$X(N)=X(0)$$

证明：

$$\text{DFT}[x^*(n)] = \sum_{n=0}^{N-1} x^*(n) W_N^{nk} = \sum_{n=0}^{N-1} (x(n) W_N^{-nk})^*$$

$$=X^*((-k))_N R_N(k)=X^*(N-k),\quad 0\leqslant k\leqslant N-1$$

［**例 2.3.11**］ 若有限长序列 $x(n)$ 的离散傅里叶变换 $X(k)=\{a,b,c,d\}$，求复共轭序列 $x^*(n)$ 的离散傅里叶变换为 $X_1(k)$。

解 $$X_1(k)=X^*(N-k)=\{a^*,d^*,c^*,b^*\}$$

序列 $x(n)$ 与 $X(N-k)$ 如图 2.3.13 所示。

0 1 2 3
a b c d
x(k)
x(N−k)
d c b a d c b
3 2 1 0 3 2 1

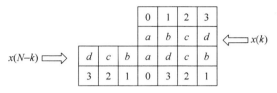

图 2.3.13　序列 $x(n)$ 与 $X(N-k)$ 示意图

5. 帕斯维尔(Parseval)定理

设 $x(n)$ 为有限长序列，长度为 N，且 $X(k)=\mathrm{DFT}[x(n)]$，则

$$\sum_{n=0}^{N-1}|x(n)|^2=\frac{1}{N}\sum_{k=0}^{N-1}|X(k)|^2 \tag{2.3.26}$$

6. DFT 的共轭对称性

2.1 节中详细论述了序列傅里叶变换的对称性，此对称性是关于坐标原点的纵坐标的对称性。DFT 也有类似的性质，但由于 DFT 中序列 $x(n)$ 及其离散傅里叶变换 $X(k)$ 均为有限长序列，主值区间为 $[0,N-1]$，因此这里的对称性是关于 $\frac{N}{2}$ 点对称。

1) 有限长共轭对称序列与共轭奇对称序列

用 $x_{ep}(n)$，$x_{op}(n)$ 来分别表示有限长共轭对称序列和共轭反对称序列，以区别傅里叶变换中所定义的共轭对称与共轭反对称序列。两者满足以下定义式

$$x_{ep}(n)=x_{ep}^*(N-n),\quad 0\leqslant n\leqslant N-1 \tag{2.3.27}$$

$$x_{op}(n)=-x_{op}^*(N-n),\quad 0\leqslant n\leqslant N-1 \tag{2.3.28}$$

当 N 为偶数时，将式(2.3.27)和式(2.3.28)中 n 替换成 $\frac{N}{2}-n$，可得到

$$x_{ep}\left(\frac{N}{2}-n\right)=x_{ep}^*\left(\frac{N}{2}+n\right),\quad 0\leqslant n\leqslant \frac{N}{2}-1 \tag{2.3.29}$$

$$x_{op}\left(\frac{N}{2}-n\right)=-x_{op}^*\left(\frac{N}{2}+n\right),\quad 0\leqslant n\leqslant \frac{N}{2}-1 \tag{2.3.30}$$

式(2.3.29)和式(2.3.30)清楚地说明了有限长序列共轭对称性的含义。图 2.3.14 以 $x_{ep}(n)$ 为例，对 N 分别为偶数($N=6$)与奇数($N=5$)时给出对称示意图。注意在图中，$x(0)$ 与 $x(N)$ 共轭对称。

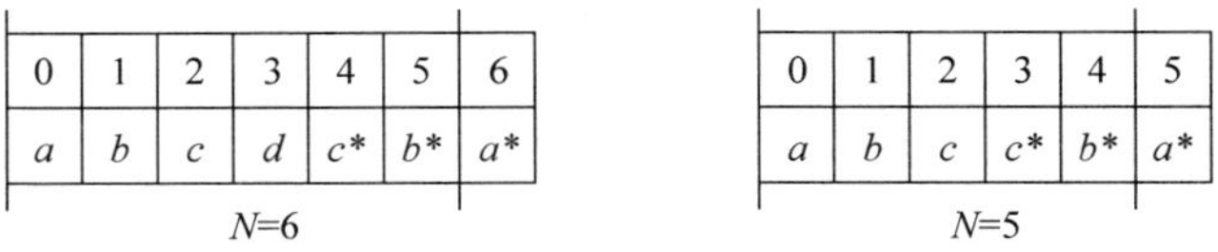

0 1 2 3 4 5 6
a b c d c* b* a*
N=6
0 1 2 3 4 5
a b c c* b* a*
N=5

图 2.3.14　$x_{ep}(n)$ 对称示意图

像任何实函数可分解为偶对称分量与奇对称分量一样,任何有限长序列 $x(n)$ 可表示成其共轭对称分量和共轭奇对称分量之和,即

$$x(n) = x_{ep}(n) + x_{op}(n) \quad 0 \leqslant n \leqslant N-1 \tag{2.3.31}$$

将式(2.3.31)中 n 替换成 $N-n$,并取复共轭,再将式(2.3.27)与式(2.3.28)代入,得到

$$x^*(N-n) = x_{ep}^*(N-n) + x_{op}^*(N-n)$$
$$= x_{ep}(n) - x_{op}(n) \tag{2.3.32}$$

则

$$x_{ep}(n) = \frac{1}{2}[x(n) + x^*(N-n)] \tag{2.3.33}$$

$$x_{op}(n) = \frac{1}{2}[x(n) - x^*(N-n)] \tag{2.3.34}$$

[例 2.3.12] 若 $x(n) = \{\underline{0}, 3, 6, 5, 4, 3, 2, 1\}$,求共轭对称分量 $x_{ep}(n)$ 与共轭反对称分量 $x_{op}(n)$。

解 由已知条件可得 $x(N-n) = \{\underline{0}, 1, 2, 3, 4, 5, 6, 3\}$,因此

$$x_{ep}(n) = \frac{1}{2}[x(n) + x(N-n)] = \{\underline{0}, 2, 4, 4, 4, 4, 4, 2\}$$

$$x_{op}(n) = \frac{1}{2}[x(n) - x(N-n)] = \{\underline{0}, 1, 2, 1, 0, -1, -2, -1\}$$

2) DFT 的共轭对称性

(1) 若

$$x(n) = x_r(n) + jx_i(n) \tag{2.3.35}$$

式中,$x_r(n) = \text{Re}[x(n)]$,$x_i(n) = \text{Im}[x(n)]$。

由式(2.3.24)和式(2.3.33),得

$$\text{DFT}[x_r(n)] = \frac{1}{2}\text{DFT}[x(n) + x^*(n)]$$
$$= \frac{1}{2}[X(k) + X^*(N-k)]$$
$$= X_{ep}(k)$$

同理

$$\text{DFT}[jx_i(n)] = \frac{1}{2}\text{DFT}[x(n) - x^*(n)]$$
$$= \frac{1}{2}[X(k) - X^*(N-k)]$$
$$= X_{op}(k)$$

因此

$$X(k) = \text{DFT}[x(n)] = X_{ep}(k) + X_{op}(k) \tag{2.3.36}$$

式中,$X_{ep}(k) = \text{DFT}[x_r(n)]$ 是 $X(k)$ 的共轭对称分量,$X_{op}(k) = \text{DFT}[jx_i(n)]$ 是 $X(k)$ 的共轭反对称分量。

由此可得,有限长序列的实部的离散傅里叶变换为共轭对称分量,而其虚部与 j 一起的离散傅里叶变换为共轭反对称分量。

(2) 同理,若
$$x(n) = x_{\mathrm{ep}}(n) + x_{\mathrm{op}}(n), \quad 0 \leqslant n \leqslant N-1 \tag{2.3.37}$$
式中,$x_{\mathrm{ep}}(n) = \frac{1}{2}[x(n) + x^*(N-n)]$,为 $x(n)$ 的共轭对称分量;$x_{\mathrm{op}}(n) = \frac{1}{2}[x(n) - x^*(N-n)]$,为 $x(n)$ 的共轭反对称分量。则

$$X(k) = \mathrm{DFT}[x(n)] = X_{\mathrm{r}}(k) + \mathrm{j}X_{\mathrm{i}}(k)$$
$$\mathrm{DFT}[x_{\mathrm{ep}}(n)] = X_{\mathrm{r}}(k), \mathrm{DFT}[x_{\mathrm{op}}(n)] = \mathrm{j}X_{\mathrm{i}}(k)$$

式中,$X_{\mathrm{r}}(k) = \mathrm{Re}[X(k)], X_{\mathrm{i}}(k) = \mathrm{Im}[X(k)]$。

由此可得,有限长序列 $x(n)$ 的共轭对称分量和共轭反对称分量的 DFT 分别为 $X(k)$ 的实部和虚部乘以 j。

可利用例 2.3.12 中的数据和 MATLAB 来演示这种对称关系。

```
% DFT 对称关系演示
N = 8;n = 0:N-1;k = 0:N-1;
x = [0,3,6,5,4,3,2,1];
n1 = mod(N-n,N);
xep = (x + x(n1 + 1))/2;    % 共轭对称分量 xep(n)
xop = (x - x(n1 + 1))/2;    % 共轭反对称分量 xep(n)
figure(1);
subplot(311);stem(n,x);xlabel('n');ylabel('x(n)');
subplot(312);stem(n,xep);xlabel('n');ylabel('x_{ep}(n)');
subplot(313);stem(n,xop);xlabel('n');ylabel('x_{op}(n)');
xk = fft(x,N);
rexk = real(xk);      % 求出 x(k)的实部
imxk = imag(xk);      % 求出 x(k)的虚部
xn1 = ifft(rexk);
xn2 = ifft(imxk * j);
figure(2);
subplot(211);stem(k,abs(rexk));xlabel('k');ylabel('Re[X(k)]');
subplot(212);stem(k,abs(imxk));xlabel('k');ylabel('Im[X(k)]');
figure(3);
subplot(211);stem(n,xn1);xlabel('n');ylabel('x_{1}(n)');
subplot(212);stem(n,xn2);xlabel('n');ylabel('x_{2}(n)');
```

运行结果如图 2.3.15 所示。

显然,$x_{\mathrm{ep}}(n)$ 与 $x_1(n)$,$x_{\mathrm{op}}(n)$ 与 $x_2(n)$ 是对应相等的关系。

3) 利用对称性减少实序列 DFT 的运算量

(1) $x(n)$ 为实序列,长度为 N,且 $X(k) = \mathrm{DFT}[x(n)]$,则
$$X(k) = X^*(N-k), \quad 0 \leqslant k \leqslant N-1 \tag{2.3.38}$$

(2) $x_1(n)$ 与 $x_2(n)$ 为两个有限长实序列,则构造
$$x(n) = x_1(n) + \mathrm{j}x_2(n)$$
两边进行 DFT
$$X(k) = \mathrm{DFT}[x(n)] = X_{\mathrm{ep}}(k) + X_{\mathrm{op}}(k)$$
可以得到
$$X_{\mathrm{ep}}(k) = \frac{1}{2}[X(k) + X^*(N-k)] = \mathrm{DFT}[x_1(n)]$$

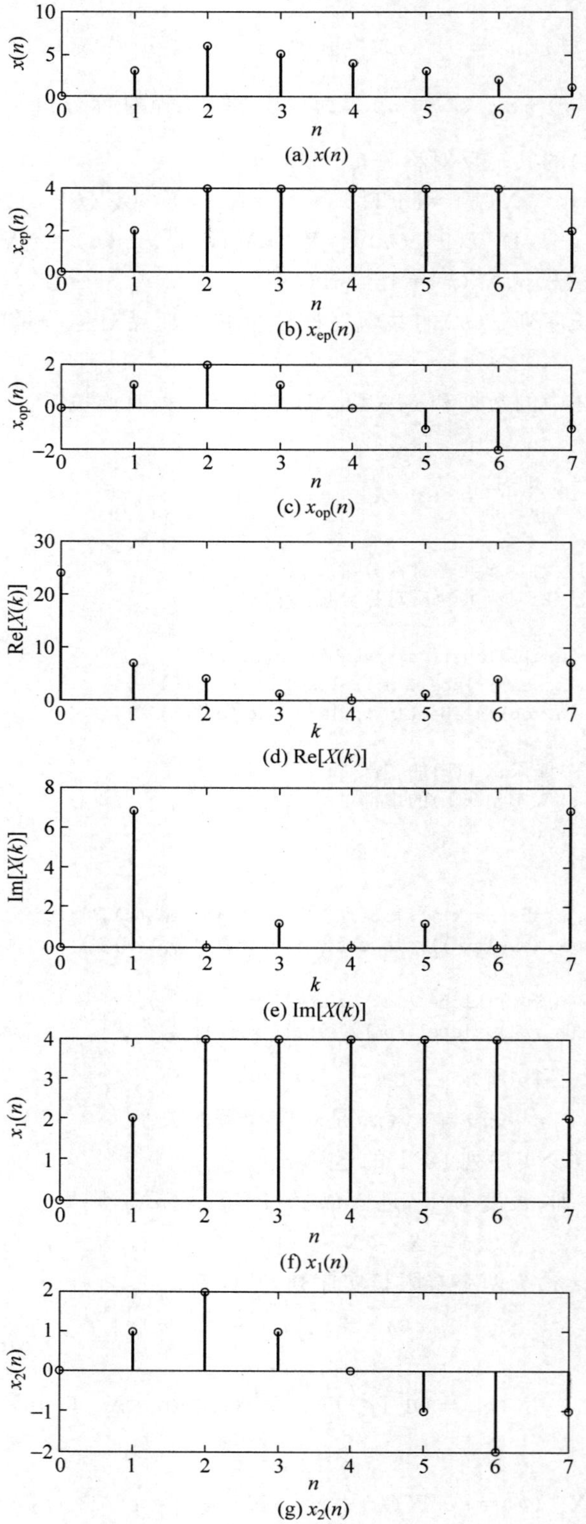

图 2.3.15 例 2.3.12 图

$$X_{\text{op}}(k) = \frac{1}{2}[X(k) - X^*(N-k)] = \text{DFT}[\text{j}x_2(n)]$$

所以
$$X_1(k) = \text{DFT}[x_1(n)] = X_{\text{ep}}(k)$$
$$X_2(k) = \text{DFT}[x_2(n)] = -\text{j}X_{\text{op}}(k)$$

因此,可以利用 DFT 的共轭对称性,通过计算一个 N 点 DFT,得到两个不同实序列的 N 点 DFT。

[**例 2.3.13**] 已知 $f(n) = x(n) + \text{j}y(n)$,$x(n)$ 与 $y(n)$ 均为 N 点长的实序列。设 $F(k) = \text{DFT}[f(n)]$,$0 \leq k \leq N-1$,若 $F(k) = \dfrac{1-a^N}{1-aW_N^k} + \text{j}\dfrac{1-b^N}{1-bW_N^k}$,求 $X(k) = \text{DFT}[x(n)]$,$Y(k) = \text{DFT}[y(n)]$ 以及 $x(n)$ 和 $y(n)$。

解 由共轭对称性可知,$x(n)$ 的离散傅里叶变换 $X(k)$ 即 $F_{\text{ep}}(k)$,$\text{j}y(n)$ 的离散傅里叶变换 $\text{j}Y(k)$ 即 $F_{\text{op}}(k)$。因为
$$F(k) = \frac{1-a^N}{1-aW_N^k} + \text{j}\frac{1-b^N}{1-bW_N^k}$$

根据 $W_N^{N-k} = W_N^{-k}$,可得
$$F^*(N-k) = \frac{1-a^N}{1-aW_N^k} - \text{j}\frac{1-b^N}{1-bW_N^k}$$

因此
$$X(k) = F_{\text{ep}}(k) = \frac{1}{2}[F(k) + F^*(N-k)] = \frac{1-a^N}{1-aW_N^k}$$
$$Y(k) = -\text{j}F_{\text{op}}(k) = -\text{j} \cdot \frac{1}{2}[F(k) - F^*(N-k)] = \frac{1-b^N}{1-bW_N^k}$$

可以得到
$$x(n) = \frac{1}{N}\sum_{k=0}^{N-1} X(k) W_N^{-kn} = \frac{1}{n}\sum_{k=0}^{N-1} \frac{1-a^N}{1-aW_N^k} W_N^{-kn}$$
$$= \frac{1}{N}\sum_{k=0}^{N-1} \left(\sum_{m=0}^{N-1} a^m W_N^{km}\right) W_N^{-kn}$$
$$= \sum_{m=0}^{N-1} a^m \cdot \frac{1}{N}\sum_{k=0}^{N-1} W_N^{k(m-n)}, \quad 0 \leq n \leq N-1$$

又由于
$$\frac{1}{N}\sum_{k=0}^{N-1} W_N^{k(m-n)} = \begin{cases} 1, & m = n \\ 0, & m \neq n \end{cases}$$

因此
$$x(n) = a^n, \quad 0 \leq n \leq N-1$$

同理
$$y(n) = b^n, \quad 0 \leq n \leq N-1$$

取 $a = 0.8, b = 0.6, N = 32$,例 2.3.13 的仿真程序如下:

%DFT 共轭对称性演示程序

```
N = 32;n = 0:N-1;k = 0:N-1;a = 0.8;b = 0.6;
WN = exp(-j*2*pi/N);
Fk1 = (1-a.^N)./(1-a*(WN.^k));
Fk2 = (1-b.^N)./(1-b*(WN.^k));
Fk = Fk1 + (j*Fk2);
k1 = mod(N-k,N);
Fk3 = real(Fk(k1+1));
Fk4 = imag(Fk(k1+1));
Fk5 = Fk3 - (j*Fk4);
Fep = (Fk+Fk5)/2;    % 求出 F(k)的共轭对称分量 Fep(k)
Fop = (Fk-Fk5)/2;    % 求出 F(k)的反共轭对称分量 Fop(k)
yk = -j*Fop;
xn = ifft(Fep,N);
yn = ifft(yk,N);
subplot(211);stem(n,xn);xlabel('n');ylabel('x(n)');
subplot(212);stem(n,yn);xlabel('n');ylabel('y(n)');
```

运行结果如图 2.3.16 所示。

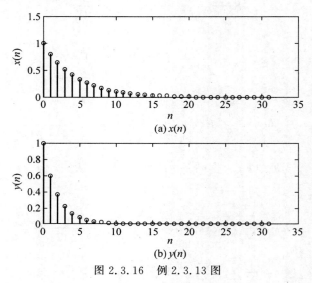

图 2.3.16　例 2.3.13 图

[**例 2.3.14**] 已知 $x(n)$ 是长度为 N 的有限长序列，$X(k)=\mathrm{DFT}[x(n)]$，现将长度扩大 r 倍（补 0 增长）得到一个长度为 rN 的有限长序列 $y(n)=\begin{cases}x(n),&0\leqslant n\leqslant N-1\\0,&N\leqslant n\leqslant rN-1\end{cases}$，求 $\mathrm{DFT}[y(n)]$ 与 $X(k)$ 的关系。

解　$Y(k)=\sum_{n=0}^{rN-1}y(n)W_{rN}^{nk}=\sum_{n=0}^{N-1}x(n)W_N^{\frac{nk}{r}}=X\left(\dfrac{k}{r}\right),k=0,1,\cdots,rN-1$

式中，$W_{rN}=\mathrm{e}^{-\mathrm{j}\frac{2\pi}{rN}}=\mathrm{e}^{-\mathrm{j}\frac{2\pi}{N}\cdot\frac{1}{r}}=W_N^{\frac{1}{r}}$。

[**例 2.3.15**] 设 $X(k)$ 表示长度为 N 的有限长序列 $x(n)$ 的 DFT，当 N 为偶数时，证明：

(1) 如果 $x(n)=-x(N-1-n)$，则 $X(0)=0$；

(2) 如果 $x(n)=x(N-1-n)$，则 $X\left(\dfrac{N}{2}\right)=0$。

证明 (1) $X(k) = \sum_{n=0}^{N-1} x(n) W_N^{nk}$

$$X(0) = \sum_{n=0}^{N-1} x(n) W_N^0 = \sum_{n=0}^{N-1} x(n) = \sum_{n=0}^{\frac{N}{2}-1} x(n) - \sum_{n=\frac{N}{2}}^{N-1} x(N-1-n)$$

令 $N-1-n=m$，代入上式得

$$X(0) = \sum_{n=0}^{\frac{N}{2}-1} x(n) - \sum_{m=\frac{N}{2}-1}^{0} x(m)$$

因此，$X(0)=0$。

(2) $X\left(\dfrac{N}{2}\right) = \sum_{n=0}^{N-1} x(n) \mathrm{e}^{jn\pi} = \sum_{n=0}^{N-1} x(n)(-1)^n$

$$= \sum_{r=0}^{\frac{N}{2}-1} x(2r)(-1)^{2r} + \sum_{r=0}^{\frac{N}{2}-1} x(2r+1)(-1)^{2r+1}$$

$$= \sum_{r=0}^{\frac{N}{2}-1} x(2r) - \sum_{r=0}^{\frac{N}{2}-1} x(2r+1) = \sum_{r=0}^{\frac{N}{2}-1} x(N-1-2r) - \sum_{r=0}^{\frac{N}{2}-1} x(2r+1)$$

令 $N-1-2r=2k+1$，则

$$X\left(\dfrac{N}{2}\right) = \sum_{k=\frac{N}{2}-1}^{0} x(2k+1) - \sum_{r=0}^{\frac{N}{2}-1} x(2r+1) = 0$$

[**例 2.3.16**] 已知 $x(n)$ 是长度为 N 的有限长序列，且
$$X(k) = \mathrm{DFT}[x(n)], \quad 0 \leqslant k \leqslant N-1$$
令
$$h(n) = x((n))_N \cdot R_{rN}(n)$$
$$H(k) = \mathrm{DFT}[h(n)], \quad 0 \leqslant k \leqslant rN-1$$

求 $H(k)$ 与 $X(k)$ 的关系式。

解 $H(k) = \mathrm{DFT}[h(n)] = \sum_{n=0}^{rN-1} h(n) W_{rN}^{kn}$

$$= \sum_{n=0}^{rN-1} x((n))_N \mathrm{e}^{-j\frac{2\pi}{rN}kn}$$

令 $n = n' + lN$; $l = 0, 1, \cdots, r-1$; $n' = 0, 1, \cdots, N-1$; 则

$$H(k) = \sum_{l=0}^{r-1} \sum_{n'=0}^{N-1} x((n'+lN))_N \mathrm{e}^{-j\left(\frac{2\pi(n'+lN)}{rN}\right)k}$$

$$= \sum_{l=0}^{r-1} \left[\sum_{n'=0}^{N-1} x(n') \mathrm{e}^{-j\frac{2\pi}{rN}kn'}\right] \mathrm{e}^{-j\frac{2\pi}{r}lk} = X\left(\dfrac{k}{r}\right) \sum_{l=0}^{r-1} \mathrm{e}^{-j\frac{2\pi}{r}lk}$$

由于

$$\sum_{l=0}^{r-1} \mathrm{e}^{-j\frac{2\pi}{r}lk} = \begin{cases} r, & \dfrac{k}{r} = \text{整数} \\ 0, & \dfrac{k}{r} \neq \text{整数} \end{cases}$$

因此
$$H(k) = \begin{cases} rX\left(\dfrac{k}{r}\right), & \dfrac{k}{r} = 整数 \\ 0 & \dfrac{k}{r} \neq 整数 \end{cases} \quad 0 \leqslant k \leqslant rN-1$$

取 $x(n) = (0.6)^n, 0 \leqslant n \leqslant N-1, N=8, r=4$ 来演示这个结果：

```
% 演示程序
N = 8;r = 4;
n = 0:N-1;k = 0:N-1;
xn = 0.6.^n;
xk = fft(xn,N);
N1 = N.*r;n1 = 0:N1-1;k1 = 0:N1-1;
hn = [xn,xn,xn,xn]; % 将 x(n)延拓 4 个周期得到 h(n)
Hk = fft(hn,N1);
figure(1);
stem(k,abs(xk));xlabel('k');ylabel('|X(k)|');
figure(2);
stem(k1,abs(Hk));xlabel('k');ylabel('|H(k)|');
```

运行结果如图 2.3.17 所示。

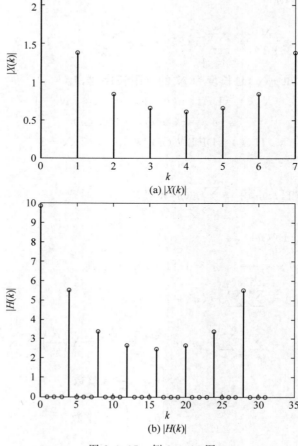

图 2.3.17　例 2.3.16 图

2.4 频域采样定理

在时域里,我们曾经学习过奈奎斯特(Nyquist)采样定理:若连续信号 $x_a(t)$ 是有限带宽的,且其频谱的最高频率为 f_c,对其进行采样 $x_a(t)|_{t=nT} = x_a(nT) \xrightarrow{\text{定义}} x(n)$,若保证采样频率 $f_s \geq 2f_c$,那么可由 $x(n)$ 恢复出 $x_a(t)$,即 $x(n)$ 保留了 $x_a(t)$ 的全部信息。

对于离散时间信号 $x(n)$,如果对其傅里叶变换 $X(e^{j\omega})$ 或 Z 变换 $X(z)$ 在频域里进行等间隔采样,能不能由频域离散采样来恢复原来的信号 $x(n)$ 呢?如果能,需要满足什么条件?内插公式又是什么形式?以下即将讨论这个问题。

设任意序列 $x(n)$ 经过 Z 变换得到

$$X(z) = \sum_{n=-\infty}^{\infty} x(n) z^{-n}$$

且 $X(z)$ 的收敛域包含单位圆(即 $x(n)$ 存在傅里叶变换)。在单位圆上对 $X(z)$ 等间隔采样 N 点后得到

$$X(k) = X(z)\Big|_{z=e^{j\frac{2\pi}{N}k}} = \sum_{n=-\infty}^{\infty} x(n) e^{-j\frac{2\pi}{N}kn}, \quad 0 \leq k \leq N-1 \quad (2.4.1)$$

即式(2.4.1)表示在区间 $[0, 2\pi]$ 上对 $x(n)$ 的傅里叶变换 $X(e^{j\omega})$ 的 N 点等间隔采样。将 $X(k)$ 看作长度为 N 的有限长序列 $x_N(n)$ 的 DFT,即

$$x_N(n) = \text{IDFT}[X(k)], \quad 0 \leq n \leq N-1 \quad (2.4.2)$$

将式(2.4.1)代入,可以得到

$$x_N(n) = \frac{1}{N} \sum_{k=0}^{N-1} \left[\sum_{m=-\infty}^{\infty} x(m) W_N^{km} \right] W_N^{-kn}$$

$$= \sum_{m=-\infty}^{\infty} x(m) \frac{1}{N} \sum_{k=0}^{N-1} W_N^{k(m-n)}$$

由于

$$\frac{1}{N} \sum_{k=0}^{N-1} W_N^{k(m-n)} = \begin{cases} 1, & m = n + rN, r \text{ 为整数} \\ 0, & \text{其他} \end{cases}$$

得

$$x_N(n) = \sum_{r=-\infty}^{\infty} x(n+rN) R_N(n) \quad (2.4.3)$$

式(2.4.3)表明:$X(z)$ 在单位圆上的 N 点等间隔采样 $X(k)$ 的 IDFT 序列 $x_N(n)$ 为原序列 $x(n)$ 以 N 为周期的周期延拓序列的主值序列。

[例 2.4.1] 若设 $x(n) = \{\underline{1}, 1, 1, 1, 1\}$,长度为 $M=5$,求 $N=3$ 及 $N=6$ 时的序列 $x_N(n)$。

解 根据题意有图 2.4.1。
因此,由图可以得到

$$x_N(n) = \{\underline{2}, 2, 1\}, \quad N = 3$$
$$x_N(n) = \{\underline{1}, 1, 1, 1, 1, 0\}, \quad N = 6$$

如果序列 $x(n)$ 的长度为 M,则只有当频域采样点数 $N \geq M$ 时,才有

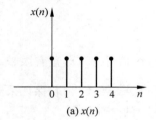 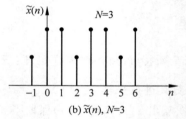 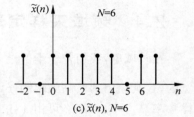

(a) $x(n)$ (b) $\tilde{x}(n)$, $N=3$ (c) $\tilde{x}(n)$, $N=6$

图 2.4.1 $x(n)$ 与 $x_N(n)$ 关系示意图

$$x_N(n) = \text{IDFT}[X(k)] = x(n)$$

即可由频域采样 $X(k)$ 恢复原序列 $x(n)$，否则产生时域混叠。这就是频域采样定理。

[**例 2.4.2**] 已知无限长序列 $x(n) = a^n u(n)$，$0 < a < 1$，对 $x(n)$ 的 Z 变换 $X(z)$ 在单位圆上等间隔采样 N 点，采样值为

$$X(k) = X(z)\Big|_{z = W_N^{-k}}, \quad 0 \leqslant k \leqslant N-1$$

求有限长序列 $x_N(n) = \text{IDFT}[X(k)]$。

解 根据有关 $x(n)$ 与 $x_N(n)$ 的关系有

$$x_N(n) = \text{IDFT}[X(k)] = \sum_{r=-\infty}^{\infty} x(n+rN) R_N(n)$$

$$= \left[\sum_{r=-\infty}^{\infty} a^{n+rN} u(n+rN)\right] R_N(n)$$

又 $0 \leqslant n \leqslant N-1$，则

$$u(n+rN) = \begin{cases} 1, & n+rN \geqslant 0 \text{ 即 } r \geqslant 0 \\ 0, & n+rN < 0 \text{ 即 } r < 0 \end{cases}$$

因此

$$x_N(n) = a^n \sum_{r=0}^{\infty} a^{rN} \cdot R_N(n) = \frac{a^n}{1-a^N} R_N(n)$$

不妨取 $a = 0.8$，分别按 $N = 10$ 和 $N = 40$ 来演示这种混叠效果：

```
% 频域采样时域混叠演示程序
N = 40;
n = [0:1:N-1];
k = [0:1:N-1];
nk = n' * k;
N1 = 10;
zk = exp(j * 2 * pi * k/N1);
Xk = (zk)./(zk - 0.8);    % 进行 Z 变换并完成单位圆上的 10 点采样
WN = exp(j * 2 * pi/N1);
WNnk = WN.^nk;
xn = Xk * WNnk/N;        % IDFT
xn = real(xn);
subplot(211);
stem(0:39,xn);xlabel('n');ylabel('y_{1}(n)');    % N = 10 时的混叠效果演示
N2 = 40;
```

```
zk = exp(j * 2 * pi * k/N2);
Xk = (zk)./(zk - 0.8);     %进行 Z 变换并完成单位圆上的 40 点采样
WN = exp(j * 2 * pi/N2);
WNnk = WN.^nk;
xn = Xk * WNnk/N;          % IDFT
xn = real(xn);
subplot(212);
stem(0:39,xn);xlabel('n');ylabel('y_{2}(n)');    % N = 10 时的混叠效果演示
```

运行结果如图 2.4.2 所示。

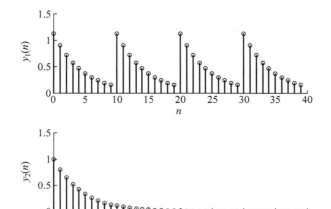

图 2.4.2 例 2.4.2 图

下面推导用频域采样 $X(k)$ 表示 $X(z)$ 的内插公式和内插函数。

设序列 $x(n)$ 长度为 M，在频域 $0\sim 2\pi$ 之间等间隔采样 N 点，且 $N\geqslant M$，则有

$$X(z)=\sum_{n=0}^{N-1}x(n)z^{-n}$$

$$X(k)=X(z)\Big|_{z=e^{j\frac{2\pi}{N}k}},\quad 0\leqslant k\leqslant N-1$$

其中

$$x(n)=x_N(n)=\text{IDFT}[X(k)]=\frac{1}{N}\sum_{k=0}^{N-1}X(k)W_N^{-kn}$$

将上式代入 $X(z)$ 中，得到

$$X(z)=\sum_{n=0}^{N-1}\left[\frac{1}{N}\sum_{k=0}^{N-1}X(k)W_N^{-kn}\right]z^{-n}=\frac{1}{N}\sum_{k=0}^{N-1}X(k)\sum_{n=0}^{N-1}W_N^{-kn}z^{-n}$$

$$=\frac{1}{N}\sum_{k=0}^{N-1}X(k)\frac{1-W_N^{-kN}z^{-N}}{1-W_N^{-k}z^{-1}}$$

式中 $W_N^{-kN}=1$，因此

$$X(z)=\frac{1}{N}\sum_{k=0}^{N-1}X(k)\cdot\frac{1-z^{-N}}{1-W_N^{-k}z^{-1}} \qquad (2.4.4)$$

令

$$\Phi_k(z) = \frac{1}{N} \frac{1-z^{-N}}{1-W_N^{-k}z^{-1}} \qquad (2.4.5)$$

则

$$X(z) = \sum_{k=0}^{N-1} X(k)\Phi_k(z) \qquad (2.4.6)$$

式(2.4.6)即为用 $X(k)$ 表示 $X(z)$ 的内插公式，$\Phi_k(z)$ 为内插函数。当 $z=\mathrm{e}^{\mathrm{j}\omega}$ 时，式(2.4.5)和式(2.4.6)就成为 $x(n)$ 的傅里叶变换 $X(\mathrm{e}^{\mathrm{j}\omega})$ 的内插函数和内插公式，即

$$\Phi_k(\omega) = \frac{1}{N} \frac{1-\mathrm{e}^{-\mathrm{j}\omega N}}{1-\mathrm{e}^{-\mathrm{j}(\omega-2\pi k/N)}}$$

$$X(\mathrm{e}^{\mathrm{j}\omega}) = \sum_{k=0}^{N-1} X(k)\Phi_k(\omega)$$

令

$$\Phi(\omega) = \frac{1}{N} \frac{\sin(\omega N/2)}{\sin(\omega/2)} \mathrm{e}^{-\mathrm{j}\omega\left(\frac{N-1}{2}\right)} \qquad (2.4.7)$$

化简得到

$$X(\mathrm{e}^{\mathrm{j}\omega}) = \sum_{k=0}^{N-1} X(k)\Phi\left(\omega - \frac{2\pi}{N}k\right) \qquad (2.4.8)$$

在数字滤波器的结构与设计中，频域采样理论及有关公式可提供一种有用的滤波器结构和滤波器设计途径。将式(2.4.4)写为

$$X(z) = \frac{1}{N}(1-z^{-N}) \sum_{k=0}^{N-1} \frac{X(k)}{1-W_N^{-k}z^{-1}} \qquad (2.4.9)$$

则图 2.4.3 即为对应的梳状滤波器结构，由 $X_c(z)=1-z^{-N}$ 与 N 个一阶网络 $X_k(z) = \frac{X(k)}{1-W_N^{-k}z^{-1}}$ 并联而成。极点为 N 个等间隔分布于单位圆上的点，$z_k = W_N^{-k}$，$0 \leqslant k \leqslant N-1$，而零点为 $X_c(z)=1-z^{-N}$ 的零点，与极点相同，$z_k = W_N^{-k}$，$0 \leqslant k \leqslant N-1$。零极抵消后，系统是稳定的。

2.5 快速傅里叶变换

2.5.1 FFT 的基本思想

有限长序列 $x(n)$ 长度为 N，它的 DFT 为

$$X(k) = \sum_{n=0}^{N-1} x(n)W_N^{kn}, \quad k=0,1,\cdots,N-1 \qquad (2.5.1)$$

一般情况下，$x(n)$ 为复数序列，对每一个 k 值，计算 $X(k)$ 需要进行 N 次复数乘法，$N-1$ 次复数加法。因此，对于 N 个 k 值，共需计算 N^2 次复数乘法及 $N(N-1)$ 次复数加法。即计算全部 DFT 需要 $N^2 + N(N-1) \approx 2N^2$ 次运算。例如，当 N 取 1024 时，共需计算 2 097 152 次。可见当 N 较大时，运算次数是相当大的，要对信号进行 DFT 分析，不管是软件实现还是硬件实现，要做到实时都是不可能的。

直到1965年发现DFT的一种快速算法以后,情况才发生了根本的变化。在1965年,图基(J. W. Tuky)和库利(T. W. Coody)在《计算机数学》(*Math. Computation*,Vol. 19, 1965)杂志上发表了著名的《机器计算傅里叶级数的一种算法》论文,之后桑德(G. Sand)-图基等快速算法相继出现,又经人们进行改进,很快形成一套高效运算方法,这就是现在的快速傅里叶变换(Fast Fourier Transform,FFT)。这种算法使DFT的运算效率提高1到2个数量级,为数字信号处理技术应用于各种信号的实时处理创造了良好的条件,大大推动了数字信号处理技术的发展。1984年,法国的杜哈梅尔(P. Dohamel)和霍尔曼(H. Hollamann)提出的分裂基快速算法,使运算效率进一步提高。

FFT算法的基本思想就是:把长度为N的序列分成几个较短的序列,利用旋转因子W_N^m的周期性和对称性来减少DFT的运算次数。旋转因子W_N^m的周期性和对称性如下所示

$$W_N^{m+lN} = W_N^m = e^{-j\frac{2\pi}{N}(m+lN)} = e^{-j\frac{2\pi}{N}m} \tag{2.5.2}$$

$$W_N^{-m} = W_N^{N-m} \text{ 或 } [W_N^{N-m}]^* = W_N^m \tag{2.5.3}$$

$$W_N^{m+\frac{N}{2}} = -W_N^m \tag{2.5.4}$$

为使读者对FFT有初步认识,这里主要讨论基2FFT算法。假设序列的长度为$N = 2^M$(长度不足时补零),求其N点的DFT,基2FFT算法可以分为两大类:时域抽取法FFT(Decimation-In-Time FFT,DIT-FFT)和频域抽取法FFT(Decimation-In-Frequency FFT,DIF-FFT)两大类,下面分别进行介绍。

2.5.2 时域抽取法基2FFT的基本原理

对于长度为$N = 2^M$的序列$x(n)$,将其按n的奇偶性分为两个$\frac{N}{2}$的子序列

$$x_1(r) = x(2r), \quad 0 \leqslant r \leqslant \frac{N}{2} - 1$$

$$x_2(r) = x(2r+1), \quad 0 \leqslant r \leqslant \frac{N}{2} - 1$$

此时,$x(n)$的DFT为

$$\begin{aligned} X(k) &= \sum_{n=偶} x(n) W_N^{kn} + \sum_{n=奇} x(n) W_N^{kn} \\ &= \sum_{r=0}^{\frac{N}{2}-1} x(2r) W_N^{2kr} + \sum_{r=0}^{\frac{N}{2}-1} x(2r+1) W_N^{k(2r+1)} \\ &= \sum_{r=0}^{\frac{N}{2}-1} x_1(r) W_N^{2kr} + W_N^k \sum_{r=0}^{\frac{N}{2}-1} x_2(r) W_N^{2kr} \\ &= \sum_{r=0}^{\frac{N}{2}-1} x_1(r) W_{\frac{N}{2}}^{kr} + W_N^k \sum_{r=0}^{\frac{N}{2}-1} x_2(r) W_{\frac{N}{2}}^{kr} \\ &= X_1(k) + W_N^k X_2(k), \quad k = 0, 1, \cdots, \frac{N}{2} - 1 \end{aligned} \tag{2.5.5}$$

其中$W_N^{2kr} = W_{N/2}^{kr}$,$X_1(k)$和$X_2(k)$分别是$x_1(r)$和$x_2(r)$的$N/2$点DFT,均以$N/2$为周

期,且 $W_N^{k+\frac{N}{2}} = -W_N^k$。因此,$X(k)$ 还可表示为

$$X(k) = X_1(k) + W_N^k X_2(k), \quad 0 \leq k \leq \frac{N}{2}-1 \tag{2.5.6}$$

$$X\left(k + \frac{N}{2}\right) = X_1(k) - W_N^k X_2(k), \quad 0 \leq k \leq \frac{N}{2}-1 \tag{2.5.7}$$

也就是说,将 N 点 DFT 分解为两个 $N/2$ 点 DFT 进行计算。式(2.5.6)和式(2.5.7)可用图 2.5.1 来表示,因为其形状如蝶形,故称其为蝶形运算符号。

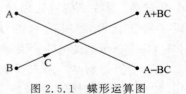

图 2.5.1 蝶形运算图

例如,对于 $N=2^3=8$ 点的序列 $x(n)$,首先将其分为两组,偶数组 $x_1(n)$ 为 $x(0), x(2), x(4), x(6)$,奇数组 $x_2(n)$ 为 $x(1), x(3), x(5), x(7)$,分别计算 4 点的 DFT,得 $X_1(k)$ 和 $X_2(k)$,$k=0,1,2,3$,然后可由式(2.5.6)确定 $X(0) \sim X(3)$ 的值,由式(2.5.7)确定 $X(4) \sim X(7)$ 的值。其蝶形运算图如图 2.5.2 所示。

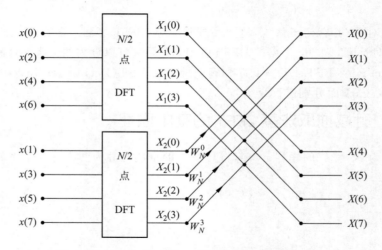

图 2.5.2 N 点 DFT 的一次时域抽取分解图($N=8$)

由图 2.5.2 可以看到,计算一个 N 点 DFT 需要计算两个 $N/2$ 点 DFT 和 $N/2$ 个蝶形运算。而计算一个 $\frac{N}{2}$ 点 DFT 需要 $\left(\frac{N}{2}\right)^2$ 次复数乘法和 $\frac{N}{2}\left(\frac{N}{2}-1\right)$ 次复数加法,因此计算 N 点 DFT 总共需要 $\left(\frac{N}{2}\right)^2 \times 2 + \frac{N}{2} = \frac{N(N+1)}{2} \approx \frac{N^2}{2}$($N \gg 1$)次复数乘法和 $N\left(\frac{N}{2}-1\right) + 2 \cdot \frac{N}{2} = \frac{N^2}{2}$ 次复数加法运算。与 N 点 DFT 相比,运算量大大缩减。

同样,上述两个 $N/2$ 点的 DFT 可进一步分别采用 $N/4$ 点的 DFT 及其蝶形运算来完成,而 4 个 $N/4$ 点的 DFT 可以分别用 $N/8$ 点的 DFT 及其蝶形运算来完成,以此类推,可以形成多级的蝶形运算。当 $N=2^M$ 时,可形成 M 级的蝶形,最底层一级的蝶形为两个单点之间的蝶形运算,而单个点的 DFT 就是自己,因此,$N=2^M$ 个点的序列的 DFT 完全可以由 M 级的蝶形运算来完成。图 2.5.3 显示了 $N=2^3$ 三级的蝶形运算图。一般情况下,当

$N=2^M$ 时,共有 M 级,每级有 $\frac{N}{2}$ 个蝶形,在第 L 级,每个蝶形两个输入数据相距 $B=2^{L-1}$ 个点,同一旋转因子 W_N^p 对应着间隔为 2^L 点的 2^{M-L} 个蝶形,共有旋转因子 2^{L-1} 个。而对于 W_N^p,取

$$p = J \cdot 2^{M-L}, \quad J = 0, 1, \cdots, 2^{L-1} - 1 \tag{2.5.8}$$

从运算量来说,对于 M 级 $\frac{N}{2}$ 个蝶形,共需 $M \cdot \frac{N}{2} = \frac{N}{2} \log_2 N$ 次复数乘法和 $M \cdot \frac{N}{2} \cdot 2 = N \cdot \log_2 N$ 次复数加法。与 N 点 DFT 相比,两者运算量的比例可表示为

$$\frac{N^2 + N(N-1)}{\frac{N}{2}\log_2 N + N\log_2 N} \tag{2.5.9}$$

当 $N=1024$ 时,运算量可以减少 200 倍。

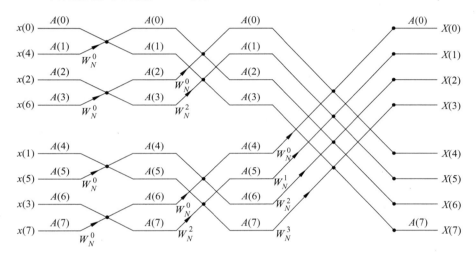

图 2.5.3 N 点 DIT-FFT 运算流图 ($N=8$)

[**例 2.5.1**] 设有限长序列 $x(n)$ 长度为 180,若用时域抽取法基 2FFT 计算 $x(n)$ 的 DFT,问:

(1) 有几级蝶形运算?

(2) 每级有几个蝶形?

(3) 第 6 级的蝶形的碟距是多少?

(4) 第 6 级有多少个不同的旋转因子 W_N^P?

(5) 写出第 3 级的蝶形运算中不同的旋转因子 W_N^P。

(6) 共有多少次复数乘法和复数加法?

解 为采用基 2FFT 算法,对序列进行补零,扩展至 $N=256=2^8$ 个点,本题采用 DIT-FFT 算法。

(1) 因为 $M=8$,所以共 8 级蝶形运算。

(2) 每级有 $\frac{N}{2}=128$ 个蝶形。

(3) 第 6 级的蝶形的蝶距为 $2^{L-1}=32$。

(4) 第 6 级有 $2^{L-1}=32$ 个不同的 W_N^p。

(5) 由题意得：
$$M=8, \quad L=3$$
$$p=J \cdot 2^{8-3}=J \cdot 2^5, \quad J=0,1,\cdots,2^{L-1}-1=0,1,2,3$$

则第 3 级蝶形运算中不同的旋转因子 W_N^p 为：$W_{256}^0, W_{256}^{32}, W_{256}^{64}, W_{256}^{96}$。

(6) 共需复数乘法 $\frac{N}{2}\log_2 N = \frac{256}{2}\log_2 256 = 1024$ 次；复数加法 $N\log_2 N = 256\log_2 256 = 2048$ 次。

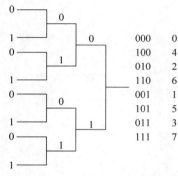

图 2.5.4 $N=8, M=3$ 的倒序过程

DIT-FFT 算法的输出 $X(k)$ 为自然顺序，但其输入序列不是按 $x(n)$ 的自然顺序排列的。这种经过 $M-1$ 次奇偶抽选后的排序称为序列 $x(n)$ 的倒序。因此，在 FFT 运算之前应先对序列 $x(n)$ 进行倒序。倒序可用如下方法进行：将 $x(n)$ 按奇偶位置分别用 0、1 表示，顺序分为 $\frac{N}{2}$ 组，再按奇偶组分别为 0、1 表示，以此类推，然后形成位置的二进制表示，再换算为十进制即对应倒序。图 2.5.4 表示了 $N=8, M=3$ 的倒序过程。

一般可按下述方法求倒序：对 $N=2^M$，将 $x(n)$ 按 $0 \sim N-1$ 顺序排列，取 M 位二进制按序号表示，再反转二进制，换算为十进制，所得的即为倒序，如表 2.5.1 所示。

表 2.5.1 $N=8, M=3$ 的倒序过程

序 号	二 进 制	倒 二 进 制	倒 序
0	000	000	0
1	001	100	4
2	010	010	2
3	011	110	6
4	100	001	1
5	101	101	5
6	110	011	3
7	111	111	7

在 MATLAB 中，可以直接调用 FFT 函数进行快速傅里叶变换的计算，下面的例题给予说明。

[**例 2.5.2**] 求长度为 32 点的序列 $x(n)=(0.8)^n$ 的傅里叶变换。

```
% MATLAB 中 FFT 函数的使用
N = 32;
n = 0:N-1;
```

```
xn = 0.8.^n;       % x(n) = 0.8^n
Xk = fft(xn,N);    % 进行 N 点 FFT
subplot(211);stem(0:N-1,xn);
xlabel('n');ylabel('x(n)');title('(a)');
subplot(212);stem(0:N-1,abs(Xk));
xlabel('k');ylabel('|X(k)|');title('(b)');
```

运行结果如图 2.5.5 所示。

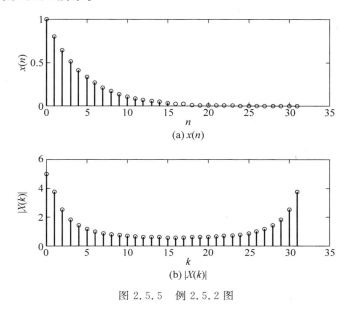

图 2.5.5 例 2.5.2 图

2.5.3 频域抽取法基 2FFT 的基本原理

设 $x(n)$ 为长度为 $N=2^M$ 的序列,将其前后对半分开,即可得到两个子序列,$x(n)$ 的 DFT 可表示为

$$X(k) = \text{DFT}[x(n)] = \sum_{n=0}^{N-1} x(n) W_N^{kn}$$

$$= \sum_{n=0}^{\frac{N}{2}-1} x(n) W_N^{kn} + \sum_{n=\frac{N}{2}}^{N-1} x(n) W_N^{kn}$$

$$= \sum_{n=0}^{\frac{N}{2}-1} x(n) W_N^{kn} + \sum_{n=0}^{\frac{N}{2}-1} x\left(n+\frac{N}{2}\right) W_N^{k\left(n+\frac{N}{2}\right)}$$

$$= \sum_{n=0}^{\frac{N}{2}-1} \left[x(n) + W_N^{kN/2} x\left(n+\frac{N}{2}\right) \right] W_N^{kn} \tag{2.5.10}$$

式中

$$W_N^{kN/2} = (-1)^k = \begin{cases} 1, & k \text{ 为偶数} \\ -1, & k \text{ 为奇数} \end{cases} \quad 0 \leqslant k \leqslant N-1$$

将 $X(k)$ 分成奇数与偶数两组,当 k 为偶数时,取 $k=2r, r=0,1,\cdots,(N/2)-1$,即

$$X(2r) = \sum_{n=0}^{\frac{N}{2}-1} \left[x(n) + x\left(n+\frac{N}{2}\right) \right] W_N^{2rn}$$

$$= \sum_{n=0}^{\frac{N}{2}-1} \left[x(n) + x\left(n+\frac{N}{2}\right) \right] W_{\frac{N}{2}}^{rn} \quad (2.5.11)$$

又若 k 为奇数,取 $k=2r+1, r=0,1,\cdots,(N/2)-1$,即

$$X(2r+1) = \sum_{n=0}^{\frac{N}{2}-1} \left[x(n) - x\left(n+\frac{N}{2}\right) \right] W_N^{n(2r+1)}$$

$$= \sum_{n=0}^{\frac{N}{2}-1} \left[x(n) - x\left(n+\frac{N}{2}\right) \right] \cdot W_{\frac{N}{2}}^{nr} \cdot W_N^{n} \quad (2.5.12)$$

令

$$x_1(n) = x(n) + x\left(n+\frac{N}{2}\right), \quad n=0,1,2,\cdots,\frac{N}{2}-1$$

$$x_2(n) = \left[x(n) - x\left(n+\frac{N}{2}\right) \right] W_N^n, \quad n=0,1,2,\cdots,\frac{N}{2}-1$$

将上面两式代入式(2.5.11)和式(2.5.12),可得到

$$X(2r) = \sum_{n=0}^{\frac{N}{2}-1} x_1(n) W_{\frac{N}{2}}^{rn} = \mathrm{DFT}[x_1(n)], \quad 0 \leqslant r \leqslant \frac{N}{2}-1 \quad (2.5.13)$$

$$X(2r+1) = \sum_{n=0}^{\frac{N}{2}-1} x_2(n) W_{\frac{N}{2}}^{nr} = \mathrm{DFT}[x_2(n)], \quad 0 \leqslant r \leqslant \frac{N}{2}-1 \quad (2.5.14)$$

即 $X(k)$ 按 k 的奇偶值可分为两组,偶数组是 $x_1(n)$ 的 $N/2$ 点 DFT,奇数组是 $x_2(n)$ 的 $N/2$ 点 DFT。图 2.5.6 用蝶形符号表示了 $x_1(n), x_2(n)$ 和 $x(n)$ 间的关系。

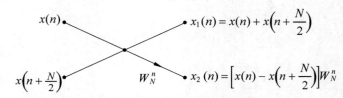

图 2.5.6 DIF-FFT 蝶形运算流图

由于 $N=2^M$,可以将 $N/2$ 点 DFT 继续分解成由两个 $N/4$ 点 DFT 构成,这样不断分解直到经过 $M-1$ 次,最后分解为 2^{M-1} 个两点 DFT,两点 DFT 就是一个基本蝶形运算流图。当 $N=8$ 时的 DIF-FFT 一次分解和完整运算流图如图 2.5.7 和图 2.5.8 所示。

对于 DIF-FFT,共有 M 级运算,每级共有 $N/2$ 个蝶形,所以与 DIT-FFT 相比,两种算法的运算次数相同。然而两者也有不同之处:

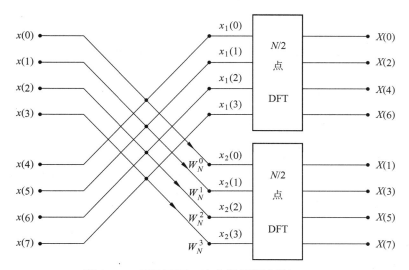

图 2.5.7　DIF-FFT 一次分解运算流图($N=8$)

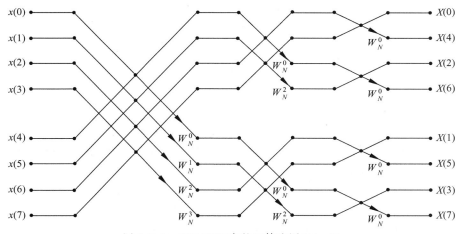

图 2.5.8　DIF-FFT 完整运算流图($N=8$)

（1）DIF-FFT 在蝶形运算中，先减后乘旋转因子。

（2）DIF-FFT 算法输入序列为自然顺序，而输出为倒序排列。DIT-FFT 算法则相反，所以，DIF-FFT 算法的输出结果需要进行倒序才能得到正确的 $X(R)$。

（3）DIF-FFT 算法每个蝶形两个输入数据相距 $B=2^{M-L}$ 个点，而 DIT-FFT 算法每个蝶形两个输入数据相距为 $B=2^{L-1}$ 个点。

（4）DIF-FFT 算法中旋转因子 W_N^p，$p=J \cdot 2^{L-1}$，其中 $J=0,1,\cdots,2^{M-L}-1$。而 DIT-FFT 算法中旋转因子 W_N^p，$p=J \cdot 2^{M-L}$，其中 $J=0,1,\cdots,2^{L-1}-1$。

上面两小节所介绍的 FFT 算法流图形式并不是唯一的，还有一些变形运算流图运用于大型数据处理系统，这里不再详述。

[**例 2.5.3**]　若 $N=2^5=32$，即 $M=5$，则运用 DIF-FFT 算法计算出来的第 11 个和第 21 个点是否应为 $X(k)$？

解　将 10 化为二进制为 01010，倒序排列得到 01010，那么对应的即为 $X(10)$；将

20 化为二进制为 10100,倒序排列得到 00101,那么对应的即为 $X(5)$。

[**例 2.5.4**] 已知有限长序列 $x(n) = \{\underline{1}, -2, 0, 2\}$,求:

(1) 画出 4 点按频率抽取的 FFT 流图,并标出各节点数值;

(2) $X(k)$ 结果;

(3) $X(k)$ 是否具有共轭对称性,并说明理由。

解 (1) 4 点按频率抽取的 FFT 流图如图 2.5.9 所示。

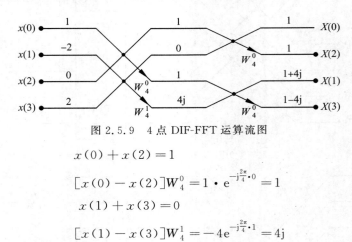

图 2.5.9 4 点 DIF-FFT 运算流图

$$x(0) + x(2) = 1$$
$$[x(0) - x(2)]W_4^0 = 1 \cdot e^{-j\frac{2\pi}{4} \cdot 0} = 1$$
$$x(1) + x(3) = 0$$
$$[x(1) - x(3)]W_4^1 = -4e^{-j\frac{2\pi}{4} \cdot 1} = 4j$$

(2) 根据上面流图所示,可以得到

$$X(k) = \{\underline{1}, 1+4j, 1, 1-4j\}$$

(3) 由于 $x(n)$ 是实序列,因此 $X(k)$ 具有共轭偶对称性。

基 2 抽取的 FFT 算法比直接 DFT 计算大大缩减了运算时间,然而,该算法还没有发掘最大的潜力。1984 年提出的分裂基快速算法的运算效率更高,由于数学信号处理的广泛应用,对实时性要求越来越高,研究各种快速算法是数字信号处理的热门话题之一。

基 2 抽取 FFT 算法是针对离散序列的数值计算方法。与模拟信号处理完全不同,从而改变了数字信号处理仅仅是模拟信号处理技术的一种近似的价值观念。这种观念的转变,对数字信号处理的发展和体系的建立有深刻的影响,FFT 的出现是数字信号处理发展史上的一个里程碑。

2.5.4 IDFT 的高效算法

DFT 反变换(IDFT)公式为

$$x(n) = \frac{1}{N} \sum_{k=0}^{N-1} X(k) W^{-kn}, \quad n = 0, 1, \cdots, N-1 \quad (2.5.15)$$

上式和 DFT 公式的区别在于 W 的指数是负的。将式(2.5.15)改写为

$$x(n) = \frac{1}{N} \left[\sum_{k=0}^{N-1} X^*(k) W^{kn} \right]^*, \quad n = 0, 1, \cdots, N-1 \quad (2.5.16)$$

式中,* 号表示取共轭,这样括号内的 W 的指数为正的,与 DFT 一样。因此利用 FFT 求 IDFT 的步骤是:

① 对 $X(k)$ 取共轭。

② 对 $X^*(k)$ 进行 FFT 变换。

③ 对变换后的序列取共轭，并乘以常数 $1/N$，即得到 $x(n)$。

这样做的好处是可以将 DFT 和 IDFT 的计算合并在一个 FFT 程序中。现在，FFT 算法的具体程序种类不少，也相当成熟，一般书籍手册中均可见到。

除上述方法计算傅里叶反变换外，MATLAB 提供了 IFFT 函数可直接计算，下面的程序将两种方法进行演示。

```
% 利用 DFT 和 IFFT 实现 IDFT 演示
N = 32;
n = 0:N-1;
xn = 0.8.^n;          % x(n) = 0.8^n
Xk = fft(xn,N);       % 进行 N 点 FFT
figure(1)
subplot(211);stem(0:N-1,xn);
xlabel('n');ylabel('x(n)');title('原序列 x(n)');
subplot(212);stem(0:N-1,abs(Xk));
xlabel('k');ylabel('|X(k)|');title('通过 FFT 后得到 X(k)');
% 分别用两种方法进行反变换
xn2 = ifft(Xk,N);     % 直接调用 IFFT
Xk = conj(Xk);        % 对 X(k)取共轭
xn3 = fft(Xk,N)./N;   % 利用 FFT 实现 IFFT
figure(2)
subplot(211);stem(0:N-1,xn2);
xlabel('n');ylabel('x_{1}(n)');title('利用 FFT 实现反变换');
subplot(212);stem(0:N-1,xn3)
xlabel('n');ylabel('x_{2}(n)');title('直接调用 IFFT 进行反变换');
```

运行结果如图 2.5.10 所示。

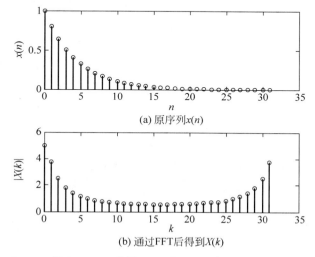

(a) 原序列 $x(n)$

(b) 通过 FFT 后得到 $X(k)$

图 2.5.10　利用 DFT 和 IFFT 实现 IDFT

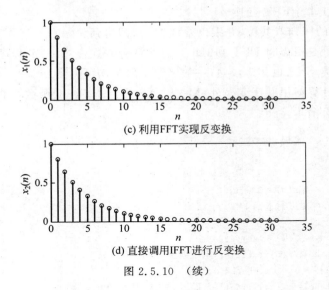

(c) 利用FFT实现反变换

(d) 直接调用IFFT进行反变换

图 2.5.10 （续）

2.5.5 大点数 FFT 算法的快速并行实现

在许多雷达、图像、深空探测等信号处理场合，需要进行一些大点数的 FFT 运算来实现某些参数测定与估计功能。当 N 较大时，单个通用 DSP 处理芯片已经无法完成这种运算。这时，便有必要将大点数 FFT 算法进行并行分解，使每路处理的运算复杂度在芯片的工作容限之内，再在末端进行有效的数据合成，以得到大点数 FFT 的各点实际数据。下面对该算法进行简要介绍。

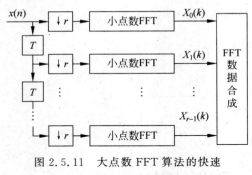

图 2.5.11　大点数 FFT 算法的快速并行实现示意图

假设要进行 N 点的 FFT，可以将数据分成 r 组（见图 2.5.11），每一组有 s 个数据。FFT 是在每一组数据上进行的，对 FFT 结果进行组合得到最终所期望的结果。原始数据用 $x(n)$ 来表示，其中 $n=0,1,\cdots,N-1$。重新分组后共有 r 组，每一组用 $x_i(n)$ 来表示，其中 $i=0,1,\cdots,r-1$。数据点 n 可以写成

$$n = lr + i, \quad i = 0,1,\cdots,r-1; \quad l = 0,1,\cdots,s-1 \tag{2.5.17}$$

这一过程称为抽取，或者叫作对输入数据做 r 倍率抽取。

下面用例子来说明这一运算过程。假定 $N=128$，数据被分成 4 组（$r=4$），每组 32 个数据（$s=32$）。在这种情况下，$i=0,1,2,3$；$l=0,1,\cdots,31$。如果 $i=0$，则该组由 $n=0,4,8,\cdots,124$ 的数据组成，对应于 $l=0,1,\cdots,31$，即有：$x_0(0)=x(0)$，$x_0(1)=x(4)$，$x_0(2)=x(8),\cdots,x_0(31)=x(124)$。与此类似，$i=1$ 的数据组是由 $n=1,5,9,13,\cdots,125$ 对应的 $x(n)$。$i=2,3$ 时的数据组依此类推即可。对上述 4 组数据做 4 次 FFT，其结果为

$$X_i(k) = \sum_{n=0}^{s-1} x_i(n) e^{-j2\pi kn/s} \tag{2.5.18}$$

式中的 n 由式(2.5.17)给定。在上述方程中,每一个 X_i 包含了 s(在本例中 $s=32$)个频率分量,或者说 k 的取值范围为 $0 \sim s-1(0 \sim 31)$,最终的 N 点 FFT 可以把式(2.5.18)得到的所有结果组合在一起来获得,即

$$X(k) = \frac{1}{r}\sum_{i=0}^{r-1} X_i(k \bmod s) \mathrm{e}^{-\mathrm{j}2\pi ki/N} \tag{2.5.19}$$

式中($k \bmod s$)表示 k 除以 s 后所得到的余数。如果 $k=68, s=32$,则 $k/s=68/32=2+4/32$,所以余数是 4。

2.6 DFT 的应用

DFT 在很多领域得到广泛应用。本节主要介绍用 DFT 计算线性卷积和进行谱分析。

2.6.1 计算线性卷积

在实际应用中,为了分析时域离散线性时不变系统或者对序列进行滤波处理等,需要计算两个序列的线性卷积。我们将讨论如何利用快速傅里叶变换 FFT 来提高计算线性卷积的运算速度。由于 DFT 只能直接进行循环卷积计算,因而应首先推导出线性卷积与循环卷积之间的关系。

假设 $h(n)$ 与 $x(n)$ 均为有限长序列,长度分别为 N_1 与 N_2,因此它们的线性卷积和循环卷积分别如下所示

$$y_l(n) = h(n) * x(n) = \sum_{m=-\infty}^{\infty} h(m)x(n-m) \tag{2.6.1}$$

$$y_c(n) = h(n) \otimes x(n) = \sum_{m=0}^{N-1} h(m)x(n-m)_N R_N(n) \tag{2.6.2}$$

其中,$N \geqslant \max[N_1, N_2]$,$x((n))_N = \sum_{q=-\infty}^{\infty} x(n+qN)$,代入后得到

$$y_c(n) = \sum_{m=-\infty}^{\infty} h(m) \sum_{q=-\infty}^{\infty} x(n-m+qN) R_N(n)$$

$$= \sum_{q=-\infty}^{\infty} \sum_{m=-\infty}^{\infty} h(m) x(n+qN-m) R_N(n)$$

与线性卷积式(2.6.1)比较,可以看出

$$y_c(n) = \sum_{q=-\infty}^{\infty} y_l(n+qL) R_N(n) \tag{2.6.3}$$

式(2.6.3)说明,$y_c(n)$ 等于 $y_l(n)$ 以 N 为周期的周期延拓序列的主值序列。而 $y_l(n)$ 的长度为 N_1+N_2-1,因此仅当循环卷积长度 $N \geqslant N_1+N_2-1$ 时,$y_l(n)$ 以 N 为周期进行周期延拓才无混叠现象。此时取主值序列满足 $y_l(n) = y_c(n)$,即循环卷积等于线性卷积的条件是 $N \geqslant N_1+N_2-1$。

[**例 2.6.1**] 设有限长序列 $x_1(n) = \{\underline{1},1,1,1\}$,$x_2(n) = \{\underline{0},3,6,5,4,3,2,1\}$,求两者的线性卷积及 $N=8, N=11, N=13$ 时的循环卷积。

解 由 $N_1+N_2-1=11$,可作图 2.6.1。即

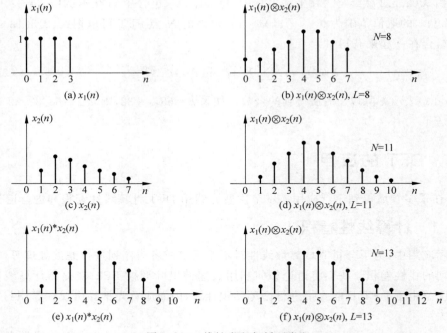

图 2.6.1 线性卷积与循环卷积

$$y_l(n) = \{\underline{0}, 3, 9, 14, 18, 18, 14, 10, 6, 3, 1\}$$

又
$$y_c(n) = x_1(n) \otimes x_2(n)$$
$$y_c(n) = \{\underline{6}, 6, 10, 14, 18, 18, 14, 10\}, \quad N = 8$$
$$y_c(n) = \{\underline{0}, 3, 9, 14, 18, 18, 14, 10, 6, 3, 1\}, \quad N = 11$$
$$y_c(n) = \{\underline{0}, 3, 9, 14, 18, 18, 14, 10, 6, 3, 1, 0, 0\}, \quad N = 13$$

$N=8$ 时,与例 2.3.9 结果一致,因此,如果取 $N=N_1+N_2-1$,可用 DFT 计算线性卷积。计算框图如图 2.6.2 所示,图中 DFT 与 IDFT 通常用快速算法 FFT 来实现,称为快速卷积。

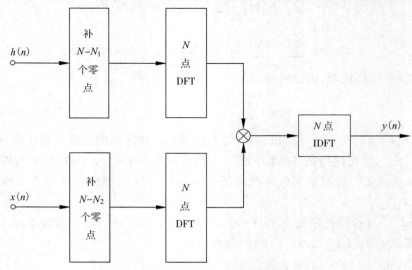

图 2.6.2 用 DFT 计算线性卷积框图

一般来说,两序列长度相差很大,即 $N_2 \gg N_1$,甚至 N_2 为无穷大。则在进行线性卷积时,需要对较短序列补充很多零点,长序列也必须全部输入计算机后才能进行快速运算。因此要求计算机存储容量大,且运算时间长,并且很难适应实时性要求高的系统,例如语音信号、地震信号等。因此,可以采取将长序列分段处理的方法来解决这个问题,即重叠相加法。

设长度为 N 的有限长序列 $h(n)$,$x(n)$ 为无限长序列。将 $x(n)$ 均匀分段,每段长为 M,则

$$x(n) = \sum_{k=0}^{\infty} x_k(n)$$

式中

$$x_k(n) = x(n) \cdot R_M(n - kM)$$

于是,$h(n)$ 与 $x(n)$ 的线性卷积为

$$y(n) = h(n) * x(n)$$
$$= h(n) * \sum_{k=0}^{\infty} x_k(n) = \sum_{k=0}^{\infty} h(n) * x_k(n)$$
$$= \sum_{k=0}^{\infty} y_k(n), \quad y_k(n) = h(n) * x_k(n) \tag{2.6.4}$$

由式(2.6.4)可知,计算 $h(n)$ 与 $x(n)$ 的线性卷积,可先进行分段卷积,再进行叠加即可,其过程如图 2.6.3 所示。

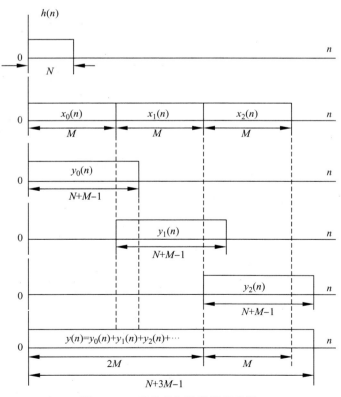

图 2.6.3 重叠相加法卷积示意图

即
$$y_0(n) = h(n) * x_0(n)$$
$$y_1(n) = h(n) * x_1(n)$$
$$\vdots$$
$$y_k(n) = h(n) * x_k(n)$$

则
$$y(n) = y_0(n) + y_1(n) + \cdots + y_k(n) + \cdots$$

每一分段卷积 $y_k(n)$ 的长度为 $N+M-1$，因此 $y_k(n)$ 与 $y_{k+1}(n)$ 有 $N-1$ 个点重叠，必须把重叠的部分相加，才能得到完整的序列 $y(n)$。由此，可以用快速卷积法进行分段卷积，快速卷积的计算区间为 $L=N+M-1$。当第二个分段卷积 $y_1(k)$ 计算完后，叠加重叠点便可得到输出序列的前 $2M$ 个值，同理可得，分段卷积 $y_i(n)$ 计算完成后，就可得到 $y(n)$ 第 i 段的 M 个序列值。可见，这种方法无需很大的存储容量，运算量也大大减少。

[例 2.6.2] 设序列 $h(n) = \{1, 2\}$，$x(n) = \{\underline{1}, 1, 1, 1, 1, 1, 1, 1, 1, \cdots\}$，取 $M=3$。求解 $y(n) = h(n) * x(n)$。

解 $N=2, M=3$，则 $L=N+M-1=4$，计算过程如下：

```
1  3  3  2
         1  3  3  2
                  1  3  3  2
                           ⋮
─────────────────────────────────
1  3  3  3  3  3  3  3  3  3  ⋯
```

$y(n) = \{\underline{1}, 3, 3, 3, 3, 3, 3, 3, 3, 3, 3, 3, 3, \cdots\}$。

重叠相加法在 MATLAB 中可以直接按 $y = \text{fftfilt}(h, x)$ 或 $y = \text{fftfilt}(h, x, N)$ 进行调用。

[例 2.6.3] 已知 $y(n)$ 是一个稳定 LSI 系统的输出，系统函数为 $H(z) = \dfrac{\beta}{1-\alpha z^{-1}}$，输入 $x(n)$ 完全未知，试利用 DFT 由 $y(n)$ 恢复出 $x(n)$。

解 因为 $Y(z) = H(z)X(z)$，有 $X(z) = G(z)Y(z)$，$G(z) = H^{-1}(z) = \dfrac{1}{\beta}(1-\alpha z^{-1})$，因此，$x(n) = g(n) * y(n)$，可精确地恢复出来，这里 $g(n) = \dfrac{1}{\beta}[\delta(n) - \alpha\delta(n-1)]$。现通过 DFT 计算线性卷积，令

$$v(n) = g(n) \otimes y(n)$$

其中 $g(n)$ 长度 $L=2$。

$$V(k) = \frac{1}{\beta}[1 - \alpha W_N^k]Y(k), \quad 0 \leqslant k \leqslant N-1$$

对 $V(k)$ 作 IDFT 得到 $v(n) = \text{IDFT}\{V(k)\}$。在 $1 \leqslant n \leqslant N-1$ 时 $v(n)$ 等于 $x(n)$。

从 $y(n)$ 中恢复出部分 $x(n)$ 的步骤如下：

(1) 用 $y(n)$ 的 N 个值，$0 \leqslant n < N$，计算 N 点 DFT，$Y(k) = \text{DFT}\{y(n)\}$。

(2) 构成序列 $V(k) = \dfrac{1}{\beta}[1 - \alpha W_N^k]Y(k)$。

(3) 对 $V(k)$ 作 IDFT 得到 $v(n)$

$$v(n) = \text{IDFT}\{V(k)\}$$

在 $n=1,2,\cdots,N-1$ 范围内，$x(n)=v(n)$。

2.6.2 信号的谱分析

对信号进行谱分析，就是计算信号的傅里叶变换。由于连续信号与系统的傅里叶分析不能直接用于计算机，使其应用受到限制。但可以通过时域采样，像处理离散信号一样进行变换，数值运算，应用 DFT 进行近似谱分析。下面分别介绍用 DFT 对连续信号和离散信号（序列）进行谱分析的基本原理和方法。

1. 用 DFT 对连续信号进行谱分析

在实际应用中，一般连续信号 $x_a(t)$ 的频谱函数 $X_a(e^{j\omega})$ 也是连续的。为了使用 DFT 对 $x_a(t)$ 进行频谱分析，先对 $x_a(t)$ 进行时域采样，得到 $x(n)=x_a(nT)$，再对 $x(n)$ 进行 DFT，得到的 $X(k)$ 则是 $x(n)$ 的傅里叶变换 $X(e^{j\omega})$ 在频率区间 $[0,2\pi]$ 上的 N 点等间隔采样。这里的 $x(n)$ 和 $X(k)$ 都是有限长序列。根据傅里叶变换理论，有限长信号的频谱无限宽；而若信号频谱有限宽，则其持续时间无限长。实际上对频谱很宽的信号，可用预滤波法去除幅度较小的高频成分，来防止时域采样后产生的频谱混叠失真，使连续信号的带宽小于采样频率的一半 ($f_s \geqslant 2f_c$)；而对于持续时间很长的信号，进行采样时采样点数太多导致无法存储和计算，只好截取有限点进行 DFT。将 DFT 应用于连续信号 $x_a(t)$ 的谱分析方法如图 2.6.4 所示。

图 2.6.4 将 DFT 应用于连续信号 $x_a(t)$ 的谱分析方法示意图

这样，用 DFT 对连续信号进行谱分析必然是近似的。近似程度与截取长度、信号带宽和采样频率等有关。而一般来说，滤除幅度很小的高频成分是允许的。因此，以下分析的连续信号 $x_a(t)$ 若不特别说明，均是经过预滤波和截取的有限长带限信号。

设连续信号 $x_a(t)$ 持续时间为 T_p，最高频率为 f_c，其傅里叶变换为

$$X_a(jf) = \text{FT}[x_a(t)] = \int_{-\infty}^{\infty} x_a(t) e^{-j2\pi ft} dt$$

对 $x_a(t)$ 进行采样

$$f_s = \frac{1}{T} \geqslant 2f_c$$

则

$$x(n) = x_a(nT)$$

若共采样 N 点，并对 $X_a(jf)$ 作零阶近似 ($t=nT, dt=T$)，可以得到

$$X_a(jf) \approx X(jf) = T \sum_{n=0}^{N-1} x_a(nT) e^{-j2\pi fnT}$$

可见，$X_a(jf)$ 是 f 的周期函数。对 $X(jf)$ 在区间 $[0,f_s]$ 上进行等间隔 N 点采样，采样间隔满足

$$F = \frac{f_s}{N} = \frac{1}{NT} = \frac{1}{T_p} \tag{2.6.5}$$

因为 $f = kF$，我们可以得到

$$X(jkF) = T \sum_{n=0}^{N-1} x_a(nT) e^{-j\frac{2\pi}{N}kn}, \quad 0 \leqslant k \leqslant N-1$$

定义 $X(jkF) = X_a(k)$，$x(n) = x_a(nT)$，则上式可写成

$$X_a(k) = T \sum_{n=0}^{N-1} x(n) e^{-j\frac{2\pi}{N}kn} = T \cdot \text{DFT}[x(n)] \tag{2.6.6}$$

即连续信号的频谱特性可以通过对连续信号采样并进行 DFT 再乘以 T 的近似方法得到。反之

$$x(n) = \frac{1}{T} \text{IDFT}[X_a(k)] \tag{2.6.7}$$

即可以由 $X_a(k)$ 恢复 $X_a(jf)$ 和 $x_a(t)$，但直接由分析结果 $X_a(k)$ 看不到 $X_a(jf)$ 的全部频谱特性，而只能看到 N 个离散采样点的谱特性，这就是所谓的栅栏效应。若频率采样间隔 F 越小，则离散谱越接近 $X_a(jf)$，此时称为频率分辨率较高。若 $x_a(t)$ 持续时间过长，上述分析必须采取截断处理，所以会使谱分析引入误差，包括谱间干扰和泄露现象，在后面我们将详细叙述。

因为 $F = \frac{f_s}{N}$，又采样定理要求 $f_s \geqslant 2f_c$，因此若 N 不变，可以通过减小 f_c 或 f_s，使 F 减小，达到提高分辨率的目的；若保持采样频率 f_s 不变，则可以通过增加观测时间 T_p 来增加采样点数 N，使 F 减小，达到提高分辨率的目的。T_p 和 N 可以按照下面两式进行选择

$$N \geqslant \frac{2f_c}{F} \tag{2.6.8}$$

$$T_p \geqslant \frac{1}{F} \tag{2.6.9}$$

[**例 2.6.4**] 对实际信号进行谱分析，要求谱分辨率 $F \leqslant 10\text{Hz}$，信号最高频率 $f_c = 2.5\text{kHz}$，试确定最小记录时间 $T_{p\min}$，最大的采样间隔 $T_{\max}$，最少的采样点数 $N_{\min}$。如果 f_c 不变，要求谱分辨率增加 1 倍，最少的采样点数和最小的记录时间是多少？

解
$$T_p \geqslant \frac{1}{F} = \frac{1}{10} = 0.1\text{s}$$

因此 $T_{p\min} = 0.1\text{s}$，因为要求 $f_s \geqslant 2f_c$，所以

$$T_{\max} = \frac{1}{2f_c} = \frac{1}{2 \times 2500} = 0.2 \times 10^{-3}\text{s}$$

$$N_{\min} = \frac{2f_c}{F} = \frac{2 \times 2500}{10} = 500$$

为使频率分辨率提高 1 倍，$F = 5\text{Hz}$，要求

$$N_{\min} = \frac{2 \times 2500}{5} = 1000$$

$$T_{\text{pmin}} = \frac{1}{5} = 0.2\text{s}$$

为使用 DFT 的快速算法 FFT,希望 N 符合 2 的整数幂,为此使用 $N=1024$ 点。

[**例 2.6.5**] 利用 DFT 对连续时间信号进行近似谱分析,现有一个 FFT 处理器,用来估算实际信号的频谱,要求指标如下:

(1) 频率间的分辨率为 $F \leqslant 5\text{Hz}$;
(2) 信号的最高频率 $f_{\max} \leqslant 1.25\text{kHz}$;
(3) FFT 的点数 N 必须为 2 的整数次幂。

试确定:

(1) 信号记录长度 T_p;
(2) 采样点间的时间间隔 T;
(3) 一个记录过程的点数 N。

解 由采样定理

$$f_s \geqslant 2f_{\max} = 2 \times 1.25\text{kHz} = 2.5\text{kHz}$$

因此

$$T_s = \frac{1}{f_s} = 0.4\text{ms}$$

$$N \geqslant \frac{2f_c}{F} = \frac{2 \times 1.25\text{kHz}}{5\text{Hz}} = 500$$

又由于 N 为 2 的整数次幂,所以 $N=512$

$$T_p = NT_s = 512 \times 0.4\text{ms} = 204.8\text{ms}$$

通过以上讨论可知,频谱分辨率只与实际提供的有效数据的长度有关。换句话说,补零不能提高实际的频谱分辨率。这一点可以从下面 MATLAB 演示中看出。

[**例 2.6.6**] 设一序列中含有三种频率成分,$f_1 = 2\text{Hz}$,$f_2 = 2.05\text{Hz}$,$f_3 = 1.9\text{Hz}$,采样频率为 $f_s = 10\text{Hz}$,即

$$x(n) = \sin\left(\frac{2\pi f_1 n}{f_s}\right) + \sin\left(\frac{2\pi f_2 n}{f_s}\right) + \sin\left(\frac{2\pi f_3 n}{f_s}\right)$$

$$= \sin(2\pi \times 0.2n) + \sin(2\pi \times 0.205n) + \sin(2\pi \times 0.19n)$$

分别取 $N_1(=128)$ 及 $N_2(=512)$ 点的有效数据做频谱特性分析,演示程序如下:

```
%补零与分辨率关系演示程序
N1 = 128;N2 = 512;
fs = 10;f1 = 2;f2 = 2.05;f3 = 1.9;
n1 = 0:N1 - 1;n2 = 0:N2 - 1;
xn1 = sin(2 * pi * f1 * n1/fs) + sin(2 * pi * f2 * n1/fs) + sin(2 * pi * f3 * n1/fs);
%128 点有效 x(n)数据

%在 128 点有效数据不补零情况下的分辨率演示
xk11 = fft(xn1,N1);
mxk11 = abs(xk11(1:N1/2));
figure(1);
subplot(211);plot(n1,xn1);
```

```
xlabel('n');ylabel('x(n)');title('x(n)  0\leqn\leq127');axis([0,128,-3,3]);
k1 = (0:N1/2-1)*fs/N1;
subplot(212);plot(k1,mxk11);
xlabel('f/Hz');ylabel('|X(jf)|');title('X(k)的幅度谱');

%在128点有效数据且补零至512点情况下分辨率演示
xn2 = [xn1,zeros(1,N2-N1)];
xk12 = fft(xn2,N2);
mxk12 = abs(xk12(1:N2/2));
figure(2);
subplot(211);plot(n2,xn2);
xlabel('n');ylabel('x(n)');title('x(n)  0\leqn\leq511');axis([0,512,-3,3]);
k2 = (0:N2/2-1)*fs/N2;
subplot(212);plot(k2,mxk12);
xlabel('f/Hz');ylabel('|X(jf)|');title('X(k)补零后的幅度谱');

%在512点有效数据下分辨率演示
xn3 = sin(2*pi*f1*n2/fs) + sin(2*pi*f2*n2/fs) + sin(2*pi*f3*n2/fs);
%512点有效x(n)数据
xk2 = fft(xn3,N2);
mxk3 = abs(xk2(1:N2/2));
figure(3);
subplot(211);plot(n2,xn3);
xlabel('n');ylabel('x(n)');title('x(n)  0\leqn\leq511');axis([0,512,-3,3]);
k3 = (0:N2/2-1)*fs/N2;
subplot(212);plot(k3,mxk3);
xlabel('f/Hz');ylabel('|X(jf)|');title('512点有效数据的幅度谱');
```

运行结果如图2.6.5所示。

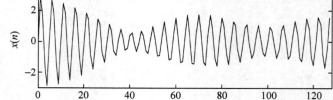
(a) $x(n)$ $0 \leq n \leq 127$

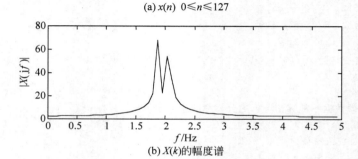
(b) $X(k)$的幅度谱

图2.6.5 例2.6.6图

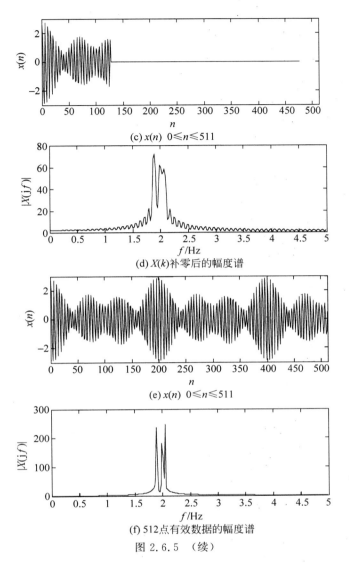

(c) $x(n)$ $0 \leq n \leq 511$

(d) $X(k)$ 补零后的幅度谱

(e) $x(n)$ $0 \leq n \leq 511$

(f) 512点有效数据的幅度谱

图 2.6.5 （续）

2. 用 DFT 进行谱分析的误差问题

对连续信号进行 DFT 分析，会使谱分析引入误差。包括：

1) 混叠现象

对连续信号进行谱分析时，首先要对其进行采样，变成时域离散信号后才能用 DFT/FFT 进行谱分析。根据采样定理，要求 $f_s \geq 2f_c$，否则在 $\dfrac{f_s}{2}$ 处会产生频率混叠，谱分析误差较大。实际应用中，一般取 $f_s = (3 \sim 5)f_c$。

2) 栅栏效应

N 点 DFT 是在频率区间 $[0, 2\pi]$ 上进行 N 点等间隔采样得到的 N 个离散点 $X(k)$，且它们只限制为基频 F 的整数倍，这就好像在栅栏的一边通过缝隙中观看另一边的景象一样，只能在离散点的地方看到真实的景象，其余部分的频率成分被遮挡，称之为栅栏效应。

为减小栅栏效应,可采用原序列尾部补零的方法,加大序列长度 N 来解决这个问题。在保持原来频谱形式不变的情况下,使谱线变密,也就使频域采样点数增加,原来漏掉的某些频谱分量就有可能被检测出来。

3) 截断效应

当序列 $x(n)$ 无限长,用 DFT 对其进行谱分析时,必须截断形成有限长序列 $y(n) = x(n) \cdot R_N(n)$。若 $x(n) = \cos\omega_0 n, \omega_0 = \dfrac{\pi}{4}$,其频谱为

$$X(e^{j\omega}) = \text{DTFT}[x(n)] = \pi \sum_{l=-\infty}^{\infty} \left[\delta\left(\omega - \dfrac{\pi}{4} - 2\pi l\right) + \delta\left(\omega + \dfrac{\pi}{4} - 2\pi\right) \right]$$

又

$$R_N(e^{j\omega}) = \text{DTFT}[R_N(n)] = e^{-j\omega \frac{N-1}{2}} \dfrac{\sin(\omega N/2)}{\sin(\omega/2)} = R_N(\omega) e^{j\Phi(\omega)}$$

$R_N(e^{j\omega})$ 及 $x(n)$ 加窗前后的频谱 $X(e^{j\omega})$ 如图 2.6.6 和图 2.6.7 所示。

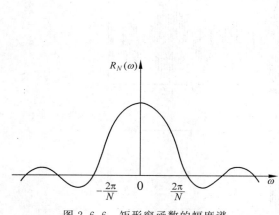

图 2.6.6 矩形窗函数的幅度谱

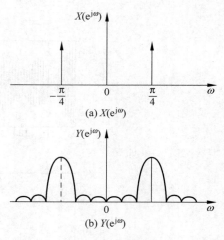

图 2.6.7 $\cos\left(\dfrac{\pi}{4}n\right)$ 加矩形窗前、后的频谱

可见,截断后的序列频谱 $Y(e^{j\omega})$ 与原序列的频谱 $X(e^{j\omega})$ 有所差别,这种差别对谱分析的影响主要表现在如下两个方面。

1) 泄露

如图 2.6.7 所示,原来序列 $x(n)$ 的谱线为离散谱线时,经截断后,使原来的离散谱线向两旁展宽,这种展宽通常称为泄露。泄露使得频谱变模糊,谱分辨率降低。

2) 谱间干扰

在主谱线两边形成很多旁瓣,引起不同频率分量间的干扰,即谱间干扰。谱间干扰会影响频谱分辨率,强信号谱的旁瓣可能淹没弱信号的主谱线,或把强信号谱的旁瓣误认为是另一信号的谱线,使谱分析产生较大误差。

由于上述两种影响是由对序列截断引起的,所以称之为截断效应。可以通过增加 N 使 $R_N(e^{j\omega})$ 主瓣变窄,提高频率分辨率。或通过改变窗函数的形状来减小谱间干扰。但当 N 一定,旁瓣越小的窗函数,主瓣越宽。因此,当 N 一定时,只能以降低谱分辨率为代价,换取谱间干扰的减小。

由图 2.6.6 和图 2.6.7 所示的结果可知,泄露和谱间干扰主要是由于采用矩形窗 $w(n)=R_N(n)$ 时过高的旁瓣所引起的,一种很自然的想法是将用具有较低旁瓣的窗函数来改善这种效应。这个问题在 FIR 滤波器设计中将进一步深入学习,这里仅以汉明窗为例来演示一下这种改善结果。

```
% 加汉明窗改善泄露与谱间干扰演示程序
N = 512;
fs = 10;f1 = 2;f2 = 2.05;f3 = 1.9;
n = 0:N - 1;
xn1 = sin(2 * pi * f1 * n/fs) + sin(2 * pi * f2 * n/fs) + sin(2 * pi * f3 * n/fs);
% 矩形窗截断序列
% 在 128 点有效数据不补零情况下的分辨率演示
xk1 = fft(xn1,N);
mxk1 = abs(xk1(1:N/2));
k = (0:N/2 - 1) * fs/N;
wn = 0.54 - 0.46 * cos(2 * pi * n/(N - 1));       % 构造汉明窗
xn2 = xn1. * wn;                                    % 汉明窗截断序列
xk2 = fft(xn2,N);
mxk2 = abs(xk2(1:N/2));
subplot(211);plot(k,mxk1);
xlabel('f/Hz');ylabel('X(jf)');title('矩形窗截断后的幅度谱');
subplot(212);plot(k,mxk2);
xlabel('f/Hz');ylabel('X(jf)');title('汉明窗截断后的幅度谱');
```

运行结果如图 2.6.8 所示。

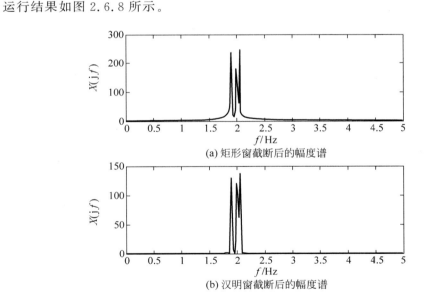

(a) 矩形窗截断后的幅度谱

(b) 汉明窗截断后的幅度谱

图 2.6.8　加汉明窗改善泄露与谱间干扰

3. 用 DFT 对序列进行谱分析

对于序列 $x(n)$ 在单位圆上的 Z 变换为 $X(e^{j\omega})$,即

$$X(z)\mid_{z=e^{j\omega}} = X(e^{j\omega})$$

$X(\mathrm{e}^{\mathrm{j}\omega})$ 是 ω 的连续函数。若对序列 $x(n)$ 进行 N 点 DFT,可以获得 $X(k)$,$X(k)$ 是在区间 $[0,2\pi]$ 上对 $X(\mathrm{e}^{\mathrm{j}\omega})$ 的 N 点等间隔采样。因此可以通过 DFT 来计算序列的傅里叶变换,用 $X(k)$ 来近似 $X(\mathrm{e}^{\mathrm{j}\omega})$。

对周期为 N 的周期序列 $\tilde{x}(n)$,它的傅里叶变换为

$$X(\mathrm{e}^{\mathrm{j}\omega}) = \mathrm{DTFT}[\tilde{x}(n)] = \frac{2\pi}{N} \sum_{k=-\infty}^{\infty} \tilde{X}(k)\delta\left(\omega - \frac{2\pi}{N}k\right) \tag{2.6.10}$$

其中
$$\tilde{X}(k) = \mathrm{DFS}[\tilde{x}(n)] = \sum_{n=0}^{N-1} \tilde{x}(n)\mathrm{e}^{-\mathrm{j}\frac{2\pi}{N}kn}$$

显然,$\tilde{X}(k)$ 也是以 N 为周期的周期序列,因此取其主值序列

$$x(n) = \tilde{x}(n) R_N(k)$$

$$X(k) = \tilde{X}(k) R_N(k)$$

即

$$X(k) = \mathrm{DFT}[x(n)] = \mathrm{DFT}[\tilde{x}(n) R_N(n)] = \tilde{X}(k) R_N(k) \tag{2.6.11}$$

所以可以用 $X(k)$ 表示 $\tilde{x}(n)$ 的频谱结构。

如果截取长度 M 为 $\tilde{x}(n)$ 的整数个周期,即 $M = mN$,m 为正整数,则

$$x_M(n) = \tilde{x}(n) \cdot R_M(n)$$

并且
$$X_M(k) = \mathrm{DFT}[x_M(n)] = \sum_{n=0}^{M-1} \tilde{x}(n)\mathrm{e}^{-\mathrm{j}\frac{2\pi}{M}kn}$$

$$= \sum_{n=0}^{mN-1} \tilde{x}(n)\mathrm{e}^{-\mathrm{j}\frac{2\pi}{mN}kn}, \quad k = 0, 1, \cdots, mN-1$$

令 $n = n' + rN$;$r = 0, 1, \cdots, m-1$;$n' = 0, 1, \cdots, N-1$,则

$$X_M(k) = \sum_{r=0}^{m-1} \sum_{n'=0}^{N-1} \tilde{x}(n' + rN) \mathrm{e}^{-\mathrm{j}\frac{2\pi(n'+rN)}{mN}}$$

$$= \sum_{r=0}^{m-1} \left[\sum_{n=0}^{N-1} x(n) \mathrm{e}^{-\mathrm{j}\frac{2\pi n}{mN}k}\right] \mathrm{e}^{-\mathrm{j}\frac{2\pi}{m}rk}$$

$$= \sum_{r=0}^{m-1} \tilde{X}\left(\frac{k}{m}\right) \mathrm{e}^{-\mathrm{j}\frac{2\pi}{m}rk} = \tilde{X}\left(\frac{k}{m}\right) \sum_{r=0}^{m-1} \mathrm{e}^{-\mathrm{j}\frac{2\pi}{m}rk}$$

又因为
$$\sum_{r=0}^{m-1} \mathrm{e}^{-\mathrm{j}\frac{2\pi}{m}kr} = \begin{cases} m, & k/m = \text{整数} \\ 0, & k/m \neq \text{整数} \end{cases}$$

所以
$$X_M(k) = \begin{cases} m\tilde{X}\left(\frac{k}{m}\right), & k/m = \text{整数} \\ 0, & k/m \neq \text{整数} \end{cases}$$

可以看到,$X_M(k)$ 也能表示 $\tilde{x}(n)$ 的频谱结构。

当 $k = rm$ 时,$X_M(rm) = m\tilde{X}(r)$,而当 k 为其他取值时,均为 $X_M(k) = 0$。因此,只要截取 $\tilde{x}(n)$ 的整数个周期进行 DFT,就可以得到 $X(k)$,进行谱分析。

在实际应用中,周期序列 $\tilde{x}(n)$ 的周期 N 可能未知。可以先截取 M 点进行 DFT,再将截取长度扩大一倍,比较获得的 $X_M(k)$ 和 $X_{2M}(k)$,如果两者的主谱差别在分析误差的允许范围之内,则将 $X_M(k)$ 或 $X_{2M}(k)$ 近似表示 $\tilde{x}(n)$ 的频谱;若不满足,继续将截取长度加

倍,直到前后两次的主谱差别在分析误差的允许范围之内。

更特殊地,取点 $X(z)$ 不在单位圆上,可使采样点轨迹沿一条接近极点的弧线或圆周进行,获得类似于单位圆上的谱分析。

4. Chirp-Z 变换

若序列 $x(n)$ 长度为 N,设其在 Z 平面上有 M 点频谱采样值,分析点为 z_k, $k=0,1,\cdots,M-1$,并且

$$z_k = AW^{-k}, \quad 0 \leqslant k \leqslant M-1$$

其中 A 和 W 为复数,即

$$A = A_0 e^{j\theta_0}, \quad W = W_0 e^{-j\varphi_0} \tag{2.6.12}$$

$$Z_k = A_0 e^{j\theta_0} W_0^{-k} e^{jk\varphi_0} \tag{2.6.13}$$

这里,A_0 和 W_0 为实数。且当 $k=0$ 时,$Z_0 = A_0 e^{j\theta_0}$。将式(2.6.12)和式(2.6.13)代入 Z 变换公式,得到

$$X(z_k) = \sum_{n=0}^{N-1} x(n)[AW^{-k}]^{-n} = \sum_{n=0}^{N-1} x(n) A^{-n} W^{kn}$$

$$= W^{\frac{k^2}{2}} \sum_{n=0}^{N-1} y(n) h(k-n), \quad 0 \leqslant k \leqslant M-1 \tag{2.6.14}$$

式中

$$y(n) = x(n) A^{-n} W^{\frac{n^2}{2}}, \quad h(n) = W^{-\frac{n^2}{2}}$$

式(2.6.14)说明,长度为 N 的序列 $x(n)$ 的 M 点谱分析可通过预乘得到 $y(n)$,再将其与 $h(n)$ 作卷积,最后乘以 $W^{k^2/2}$ 三个步骤得到。计算方框图如图 2.6.9 所示。

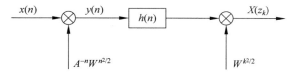

图 2.6.9 Chirp-Z 变换计算方框图

图中数字网络的单位脉冲响应为 $h(n) = W^{-\frac{n^2}{2}}$。

取 $W_0 = 1$ 时,$h(n) = e^{-j\frac{1}{2}n^2\varphi_0}$,其类似为频率随线性增长的复指数序列。在雷达系统中,这样的信号称作线性调频信号,并用 Chirp 表示,因此称以上变换为线性调频 Z 变换,简称 Chirp-Z 变换(CZT)。

另外,可以运用 FFT 计算 Chirp-Z 变换,来减少运算量。

[例 2.6.7] 已知信号

$$x(n) = \begin{cases} 0.5^n, & 0 \leqslant n \leqslant 9 \\ 0, & \text{其他} \end{cases}$$

用 CZT 求其前 32 点的复频谱 $X(z_k)$,给定 $A_0 = 0.8, W_0 = 1.2, \theta_0 = \pi/3, \varphi_0 = 2\pi/15$。

```
% Chirp-Z 变换演示程序
M = 32;
```

```
N = 10;n = 0:N-1;k = 0:M-1;
xn = 0.5.^n;
A = 0.8*exp(j*pi/3);
W = 1.2*exp(-j*pi/15);
zk = A*(W.^(-(0:M-1)));    % 完成对采样点位置的确定
z = czt(xn,M,W,A);          % 进行 Chirp-Z 变换
y = fft(xn,M);
figure(1)
zplane(zk,1);
figure(2)
subplot(211);stem(k,abs(z));xlabel('k');title('CZT');
subplot(212);stem(k,abs(y));xlabel('k');title('FFT');
```

运行结果如图 2.6.10 所示。

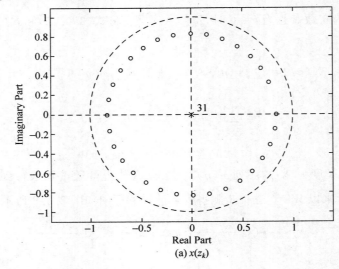

(a) $x(z_k)$

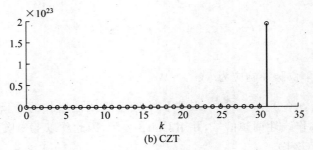

(b) CZT

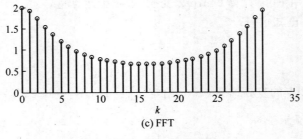

(c) FFT

图 2.6.10 例 2.6.7 图

2.6.3 实际应用举例

如前所述,信号的谱分析的目的就是要寻找信号的特征,用于检测、诊断和控制各种应用系统。频谱分析已广泛应用于所有工程实际。这里举几个简单例子进行说明。

1. 男女声辨别

男女声由于音高不同,其频谱属于不同频段范围,因此,可以利用 FFT 进行信号的谱分析,来实现男女声辨别。下面即是一个典型例子。

图 2.6.11 中已将直流分量置于中间,明显男声低频分量较多,而女声高频分量较多。

```
% 男女声辨别演示程序
N = 5000;
a = wavread('female.wav',N);
b = wavread('male.wav',N);
A = fftshift(fft(a));
B = fftshift(fft(b));
subplot(121);
plot(abs(A));
subplot(122);
plot(abs(B));
```

运行结果如图 2.6.11 所示。

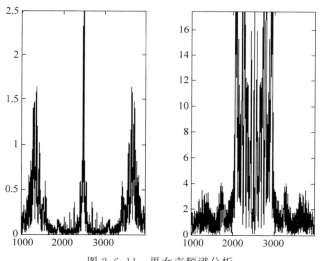

图 2.6.11 男女声频谱分析

2. 信号消噪

设有一个传输编码信号为

$$x(t) = \cos(2\pi \cdot f_0 t)\left[e^{-p\left(t-\frac{1}{8}\right)^2} + e^{-p\left(t-\frac{3}{8}\right)^2} + e^{-p\left(t-\frac{4}{8}\right)^2} + e^{-p\left(t-\frac{6}{8}\right)^2} + e^{-p\left(t-\frac{7}{8}\right)^2}\right]$$

这里,假设载波频率为 $f_0 = 280\text{Hz}$,常数 $p = 640\pi$。如图 2.6.12(a)所示,图 2.6.12(b)是其频谱图。

假设传输通道中,有一个频带在 0~200Hz 的噪声干扰叠加在信号上,因此在接收端得到的信号如图 2.6.12(c),可见由于噪声干扰,信号难以辨识。现用 FFT 方法消噪。

用 FFT 方法消噪就是对含噪信号的频谱(图 2.6.12(d))进行处理,即将频率为 0～200Hz 的 $X(k)$ 全置 0,得到图 2.6.12(f),即消噪后的频谱,再对其进行反变换,重构原信号,如图 2.6.12(e)所示。比较图 2.6.12(a)和图 2.6.12(e),可见消噪效果明显。MATLAB 演示程序如下:

```
% 用 FFT 方法消噪演示程序
N = 1024;
t = 1:N;
f = 280;
e = zeros(1,N);
coeff = [1 3 4 6 7];
for i = 1:5
    e = e + exp(-640 * pi * (t./N - coeff(i)/8).^2);
end
x = cos(2 * pi * f * t/N).* e;
subplot(321);plot(t,x);axis([0,1024,-2,2]);
xlabel('n');ylabel('x(n)');title('(a)');
X = fft(x);
subplot(322);plot(t,abs(X));axis([0,500,0,150]);
xlabel('k');ylabel('|X(k)|');title('(b)');

W = 100 * randn(size(1:200));
X(1:200) = X(1:200) + W;
x = ifft(X);
x = real(x);
subplot(323);plot(t,x);axis([0,1024,-2,2]);
xlabel('n');ylabel('x(n)');title('(c)');
subplot(324);plot(t,abs(X));axis([0,500,0,150]);
xlabel('k');ylabel('|X(k)|');title('(d)');

X(1:200) = zeros(size(1:200));
x = ifft(X);
x = real(x);
subplot(325);plot(t,x);axis([0,1024,-2,2]);
xlabel('n');ylabel('x(n)');title('(e)');
subplot(326);plot(t,abs(X));axis([0,500,0,150]);
xlabel('k');ylabel('|X(k)|');title('(f)');
```

运行结果如图 2.6.12 所示。

3. 图像去噪

上例的信号消噪原理同样可以用于图像去噪,图 2.6.13 为一图像实例。图像受到高斯噪声干扰,严重影响图像质量,如图 2.6.13(a)所示,用 FFT 对其进行消噪,效果如图 2.6.13(b)所示,图像质量有所改善。图 2.6.14(a)则是图像受到椒盐噪声干扰,用 FFT 消噪后获得的效果图 2.6.14(b)。

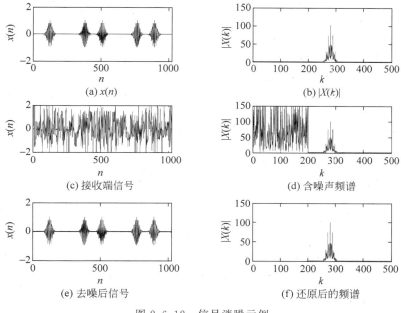

图 2.6.12 信号消噪示例

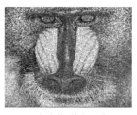
(a) 含高斯噪声图像

(b) 用FFT消噪图像

图 2.6.13 FFT 图像去噪示例一

(a) 含椒盐噪声图像

(b) 用FFT消噪图像

图 2.6.14 FFT 图像去噪示例二

4. 放大镜式 FFT（Zoom FFT）

FFT 的分辨率即信号的谱线间隔为 $\Delta f_N = f_s/N$，其中 $f_s = \omega_s/2\pi$ 为采样频率，N 为采样点数。由于 FFT 只能分析从零频开始的一个低通频带，并且频带越窄分辨率越高。Zoom FFT 方法就是设法将感兴趣的那段窄带谱移到零频附近，再进行常规的 FFT 运算。具体实现如图 2.6.15 所示。

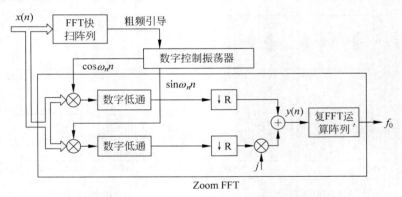

图 2.6.15　基于 Zoom FFT 的测频方案

设希望对这个频谱中 ω_n 的两边 $\omega_B/2$ 的一段频率范围进行精细观察。以复指数 $\mathrm{e}^{-\mathrm{j}n\omega_n/f_s} = \mathrm{e}^{-\mathrm{j}n\omega_n^T}$ 信号对 $x(n)$ 进行调制，就把 $x(n)$ 的频谱 $X(k)$ 平移了 ω_n，此时 $\omega=\omega_n$ 的分量移至零频；再经过一个带宽为 ω_B 的理想数字低通滤波器，则输出序列 $y'(n)$ 只含有 $x(n)$ 在 $\omega_n \pm \omega_B/2$ 范围内的频率成分。如果 $\omega_s/\omega_B = R$（R 为放大因子），则频率范围缩小了 R 倍；再以 $f_{sM} = f_s/R$ 对 $y'(n)$ 进行减采样得到序列 $y(n)$。由于频率范围缩小了 R 倍，因此减采样不会发生混叠。如果对 $y(n)$ 进行 M 点 FFT，则它的分辨率为 $\Delta f_M = f_{sM}/M = f_s/(R \cdot M)$。若 $M=N$，则 $\Delta f_M = \Delta f_N/R$，即 $y(n)$ 的 FFT 比 $x(n)$ 的 N 点 FFT 分辨率提高了 R 倍。图 2.6.16 即为上述过程的频谱图。$x(n)$ 的频谱如图 2.6.16(a) 所示，经频移因子把 $x(n)$ 的频谱搬移 ω_n 后，如图 2.6.16(b) 所示，经过低通滤波器的 $y'(n)$ 的频谱如图 2.6.16(c) 所示，减采样后得到的 $y(n)$ 的频谱如图 2.6.16(d) 所示，再经过 FFT 得到的频谱谱线 $Y(k)$ 如图 2.6.16(e) 所示。

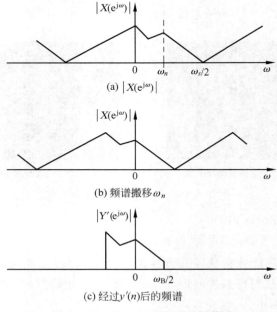

图 2.6.16　Zoom FFT 过程频谱图

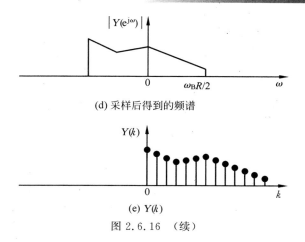

(d) 采样后得到的频谱

(e) $Y(k)$

图 2.6.16 （续）

正是由于 Zoom FFT 的频谱细化能力，该算法已经在数字频谱分析仪和某些信号的非实时谱分析中得到了广泛利用。

5．正交频分复用系统

OFDM（Orthogonal Frequency Division Multiplexing，正交频分复用）是一种无线环境下的高速传输技术，其具体实现如图 2.6.17 所示。

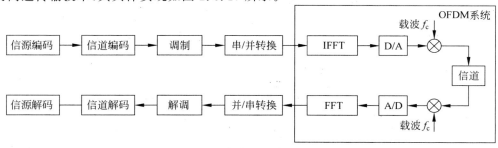

图 2.6.17　数字 OFDM 系统结构

无线信道的频率响应大多是非平坦的，而 OFDM 技术的主要思想是在频域内将所给信道分成许多正交子信道，在每个子信道上使用一个子载波进行调制，并且各子载波平行传输，故每个子信道是相对平坦的。且在每个子信道上的窄带传输可以有效消除符号间干扰 ISI。这种正交性子信道分解方法使得 OFDM 具有较高的频带利用率。IFFT 和 FFT 在这里分别完成子信道调制与解调功能。

2.7　本章小结

本章详细讨论了离散时间序列的 DTFT、DFS、DFT 及其快速算法 FFT 的基本定义、性质，并利用 DFT 的隐含周期性和离散时间序列的频域采样理论深刻而又形象的揭示了它们之间的关系。对 FFT 只讨论了基 2 时域（频域）抽取算法。绝大多数的 FFT 应用都是以这种最基本的抽取算法为基础的，目前也发展了许多其他的更为有效的算法。最后，利用 FFT 来研究一种称为循环卷积的高效卷积算法与普通线性卷积之间的关系。研究的结果在实际应用中具有非常重要的价值。信号的频谱分析是本章 MATLAB 实践的难点和综合

习题

2-1 试求如下序列的傅里叶变换：

(1) $x_1(n)=\delta(n-n_0)$

(2) $x_2(n)=\frac{1}{2}\delta(n+1)+\delta(n)-\frac{1}{2}\delta(n-1)$

(3) $x_3(n)=a^n u(n+2)$，$0<a<1$

(4) $x_4(n)=u(n+3)-u(n-4)$

(5) $x_5(n)=\sum_{k=0}^{\infty}\left(\frac{1}{4}\right)^n \delta(n-3k)$

(6) $x_6(n)=\begin{cases}\cos(\pi n/3), & -4\leqslant n\leqslant 4 \\ 0, & \text{其他}\end{cases}$

2-2 设信号 $x(n)=\{-1,2,\underline{-3},2,-1\}$，它的傅里叶变换为 $X(e^{j\omega})$，试计算

(1) $X(e^{j0})$

(2) $\int_{-\pi}^{\pi} X(e^{j\omega})d\omega$

(3) $\int_{-\pi}^{\pi} |X(e^{j\omega})|^2 d\omega$

2-3 已知

$$X(e^{j\omega})=\begin{cases}1, & |\omega|<\omega_0 \\ 0, & \omega_0<|\omega|\leqslant\pi\end{cases}$$

求 $X(e^{j\omega})$ 的傅里叶反变换 $x(n)$。

2-4 设 $X(e^{j\omega})$ 和 $Y(e^{j\omega})$ 分别是 $x(n)$ 和 $y(n)$ 的傅里叶变换，试求下面序列的傅里叶变换。

(1) $x(n-n_0)$　　　　　(2) $x^*(n)$

(3) $x(-n)$　　　　　　(4) $nx(n)$

2-5 已知序列 $x(n)=2^n u(-n)$，求其傅里叶变换 DTFT。

2-6 设 $x(n)=R_4(n)$，试求 $x(n)$ 的共轭对称序列 $x_e(n)$ 和共轭反对称序列 $x_o(n)$；并分别用图表示。

2-7 设系统的单位脉冲响应 $h(n)=2a^n u(n)$，$0<a<1$，输入序列为

$$x(n)=2\delta(n)+\delta(n-1)$$

完成下面各题：

(1) 求系统输出序列 $y(n)$；

(2) 求 $x(n)$、$h(n)$ 和 $y(n)$ 的傅里叶变换。

2-8 若序列 $h(n)$ 是实因果序列，其傅里叶变换的实部如下式：

$$H_r(e^{j\omega})=1+\cos\omega$$

求序列 $h(n)$ 及其傅里叶变换 $H(e^{j\omega})$。

2-9 试用定义计算周期为 5，且一个周期内 $x(n)=\{\underline{2},1,3,0,4\}$ 的序列 $\tilde{x}(n)$ 的 DFS。

2-10 求出周期序列 $\tilde{x}(n)=\{\cdots 0,1,2,3,\underline{0},1,2,3,0,1,2,3,\cdots\}$ 的 DFS。

2-11 已知周期为 N 的信号 $x(n)$，其 DFS 为 $\tilde{X}(k)$，证明 DFS 的调制特性 $\mathrm{DFS}[W_N^{ml}\tilde{x}(n)]=\tilde{X}(k+l)$。$(W_N=\mathrm{e}^{-\mathrm{j}\frac{2\pi}{N}})$

2-12 设
$$x(n)=\begin{cases}1, & n=0,1\\ 0, & \text{其他}\end{cases}$$
将 $x(n)$ 以 4 为周期进行周期延拓，形成周期序列 $\tilde{x}(n)$，画出 $x(n)$ 和 $\tilde{x}(n)$ 的波形，求出 $\tilde{x}(n)$ 的离散傅里叶级数 $\tilde{X}(k)$ 和傅里叶变换。

2-13 如果 $\tilde{x}(n)$ 是一个周期为 N 的周期序列，其 DFS 为 $\tilde{X}_1(k)$，将 $\tilde{x}(n)$ 看作周期为 $2N$ 的周期序列，其 DFS 为 $\tilde{X}_2(k)$。试利用 $\tilde{X}_1(k)$ 确定 $\tilde{X}_2(k)$。

2-14 根据下列离散时间信号的傅里叶变换，确定各对应的信号 $x(n)$。

(1) $X(\mathrm{e}^{\mathrm{j}\omega})=\dfrac{\mathrm{e}^{-\mathrm{j}\omega}}{1+\dfrac{1}{6}\mathrm{e}^{-\mathrm{j}\omega}-\dfrac{1}{6}\mathrm{e}^{-2\mathrm{j}\omega}}$

(2) $X(\mathrm{e}^{\mathrm{j}\omega})=\displaystyle\sum_{k=-\infty}^{\infty}(-1)^k\delta\left(\omega-\dfrac{\pi k}{2}\right)$

2-15 计算以下诸序列的 N 点 DFT，在变换区间 $0\leqslant n\leqslant N-1$ 内，序列定义为

(1) $x(n)=1$ 　　　　　　　　(2) $x(n)=R_m(n),0<m<N$

(3) $x(n)=\mathrm{e}^{\mathrm{j}\frac{2\pi}{N}mn},0<m<N$ 　　(4) $x(n)=\delta(n-n_0)$，　其中 $0<n_0<N$

(5) $x(n)=u(n)-u(n-n_0)$，其中 $0\leqslant n_0<N$。

2-16 已知 $x(n)=\mathrm{e}^{\mathrm{j}\frac{2\pi}{N}mn},0<m<N$，求其 N 点 DFT。

2-17 设 $X(k)=1+2\delta(k),0\leqslant k\leqslant 9$。求其原序列 $x(n)=\mathrm{IDFT}[X(k)]$。

2-18 已知下列 $X(k),0\leqslant k<N-1$，求 $x(n)=\mathrm{IDFT}[X(k)]$，其中
$$X(k)=\begin{cases}\dfrac{N}{2}\mathrm{e}^{\mathrm{j}\theta}, & k=m,0<m<N\\ \dfrac{N}{2}\mathrm{e}^{-\mathrm{j}\theta}, & k=N-m,0<m<N\\ 0, & \text{其他}\end{cases}$$

2-19 已知序列 $x(n)$ 的 4 点离散傅里叶变换为 $X(k)=\{\underline{2+\mathrm{j}},3,2-\mathrm{j},1\}$，求其复共轭序列 $x^*(n)$ 的离散傅里叶变换 $X_1(k)$。

2-20 证明 DFT 的对称定理，即假设
$$X(k)=\mathrm{DFT}[x(n)]$$
证明：
$$\mathrm{DFT}[X(n)]=Nx(N-k)$$

2-21 如果 $X(k)=\mathrm{DFT}[x(n)]$，证明 DFT 的初值定理

$$x(0) = \frac{1}{N}\sum_{k=0}^{N-1} X(k)$$

2-22 证明离散帕斯维尔定理。若 $X(k) = \text{DFT}[x(n)]$,则

$$\sum_{n=0}^{N-1} |x(n)|^2 = \frac{1}{N}\sum_{k=0}^{N-1} |X(k)|^2$$

2-23 令 $X(k)$ 表示 N 点序列 $x(n)$ 的 N 点离散傅里叶变换。$X(k)$ 本身也是个 N 点序列,如果计算 $X(k)$ 的离散傅里叶变换得一序列 $x_1(n)$,试用 $x(n)$ 求 $x_1(n)$。

2-24 一个长度为 8 的有限时宽序列的 8 点离散傅里叶变换 $X(k)$,如题 2-24 图所示。

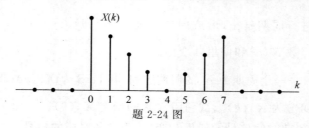

题 2-24 图

令 $y(n) = \begin{cases} x\left(\dfrac{n}{2}\right), & n \text{ 为偶数} \\ 0, & n \text{ 为奇数} \end{cases}$

求 $y(n)$ 的 16 点 DFT,并画出其图形。

2-25 已知序列

$$x(n) = 4\delta(n) + 3\delta(n-1) + 2\delta(n-2) + \delta(n-3)$$

$X(k)$ 是 $x(n)$ 的 6 点 DFT。

(1) 若有限长序列 $y(n)$ 的 6 点 DFT 是 $Y(k) = W_6^{4k} X(k)$,求 $y(n)$。

(2) 若有限长序列 $q(n)$ 的 3 点 DFT 满足,$Q(k) = X(2k)$,$k = 0,1,2$,求 $q(n)$。

2-26 在很多实际应用中都需要将一个序列与窗函数 $w(n)$ 相乘。设 $x(n)$ 是一个 N 点的序列,$w(n)$ 是汉明窗

$$w(n) = \frac{1}{2} + \frac{1}{2}\cos\left[\frac{2\pi}{N}\left(n - \frac{N}{2}\right)\right]$$

试用 $x(n)$ 的 DFT 求加窗序列 $x(n)w(n)$ 的 DFT。

2-27 已知 $x_1(n) = \{\underline{0},1,-1,2\}$,$x_2(n) = \{\underline{0},1\}$,求 $y_1(n) = x_1(n) * x_2(n)$ 和 $y(n) = x_1(n) \otimes x_2(n)$;欲使两卷积相同,则循环卷积的长度 N 的最小值应为多少?

2-28 已知序列 $x(n) = \delta(n) + 2\delta(n-2) + \delta(n-3)$,若 $y(n)$ 是 $x(n)$ 与它本身的 4 点循环卷积,求 $y(n)$ 及其 4 点 DFT $Y(k)$。

2-29 $x(n)$ 和 $h(n)$ 都是长度为 6 点的有限长序列,$X(k)$ 和 $H(k)$ 分别是 $x(n)$ 和 $h(n)$ 的 8 点 DFT。若组成乘积 $Y(k) = X(k)H(k)$,对 $Y(k)$ 作 8 点 IDFT 得到序列 $y(n)$,问 $y(n)$ 在哪些点上等于以下线性卷积

$$z(n) = \sum_{k=-\infty}^{\infty} x(k) h(n-k)$$

2-30 序列为

$$x(n) = \delta(n) + 2\delta(n-2) + \delta(n-3)$$

(1) 求 $x(n)$ 的 4 点 DFT；

(2) 若 $y(n)$ 是 $x(n)$ 与它本身的 4 点循环卷积，求 $y(n)$ 及其 4 点 DFT $Y(k)$；

(3) $h(n) = \delta(n) + \delta(n-1) + 2\delta(n-3)$，求 $x(n)$ 与 $h(n)$ 的 4 点循环卷积。

2-31 序列 $x(n)$ 为
$$x(n) = 2\delta(n) + \delta(n-1) + \delta(n-3)$$
计算 $x(n)$ 的 5 点 DFT，然后对得到的序列求平方。
$$Y(k) = X^2(k)$$
求 $Y(k)$ 的 5 点 DFT 反变换 $y(n)$。

2-32 考虑两个序列
$$x(n) = 4\delta(n) + 3\delta(n-1) + 3\delta(n-2) + 2\delta(n-3)$$
$$h(n) = \delta(n) + \delta(n-1) + \delta(n-2) + \delta(n-3)$$
若组成 $Y(k) = X(k)H(k)$，其中 $X(k)$、$H(k)$ 分别是 $x(n)$ 和 $h(n)$ 的 5 点 DFT，对 $Y(k)$ 作 DFT 反变换得到序列 $y(n)$，求序列 $y(n)$。

2-33 两个有限长序列 $x(n)$ 和 $y(n)$ 的零值区间为 $x(n) = 0, n<0, n \geq 8$；$y(n) = 0, n<0, n \geq 20$，对每个序列作 20 点 DFT，得 $X(k)$ 和 $Y(k)$。如果 $F(k) = X(k) \cdot Y(k)$，$k = 0, 1, \cdots, 19$。$f(n) = \text{IDFT}[F(k)], n = 0, 1, \cdots, 19$。试问在哪些点上 $f(n) = x(n) * y(n)$？为什么？

2-34 两个有限长序列 $x_1(n)$ 和 $x_2(n)$，若 $x_1(n)$ 仅在 $10 \leq n \leq 39$ 时有非零值，$x_2(n)$ 在区间 $[0,99]$ 以外的值为 0，两个序列 100 点的圆周卷积后得到的新序列 $y(n)$ 为
$$y(n) = x_1(n) \otimes x_2(n)$$
请确定 n 为哪些值时，$y(n)$ 等于 $x_1(n)$ 和 $x_2(n)$ 的线性卷积的值。

2-35 求证循环卷积定理。设有限长序列 $x_1(n)$ 和 $x_2(n)$ 的长度分别为 N_1 和 N_2，取 $N = \max[N_1, N_2]$，且 $X_1(k)$ 和 $X_2(k)$ 分别是两个序列的 N 点 DFT。

(1) 若 $X(k) = X_1(k) \cdot X_2(k)$，求证 $x(n) = \text{IDFT}[X(K)] = x_1(n) \otimes x_2(n)$；

(2) 若 $x(n) = x_1(n) \cdot x_2(n)$，求证：$X(k) = \text{DFT}[x(n)] = \dfrac{1}{N} X_1(k) \otimes X_2(k)$。

2-36 若 $x_1(n)$ 和 $x_2(n)$ 都是长为 N 点的序列，$X_1(k)$ 和 $X_2(k)$ 分别是两个序列的 N 点 DFT。证明：$\sum\limits_{n=0}^{N-1} x_1(n) x_2^*(n) = \dfrac{1}{N} \sum\limits_{k=0}^{N-1} X_1(k) X_2^*(k)$。

2-37 已知实序列 $x(n)$ 的 8 点 DFT 前 5 个值为 $0.25, 0.125 - \text{j}0.3, 0, 0.125 - \text{j}0.05, 0$。求 $X(k)$ 其余三点的值。

2-38 已知 $x(n)$、$y(n)$ 是长度为 4 的实序列，$f(n) = x(n) + \text{j}y(n)$，$F(k) = \text{DFT}[f(n)] = \{1, 1+4\text{j}, 1-4\text{j}, 1\}$，求序列 $x(n), y(n)$。

2-39 已知序列
$$x(n) = 4\delta(n) + 3\delta(n-1) + 2\delta(n-2) + \delta(n-3)$$
$X(k)$ 是 $x(n)$ 的 6 点 DFT，若有限长序列 $w(n)$ 的 6 点 DFT 等于 $X(k)$ 的实部，即 $W(k) = \text{Re}\{X(k)\}$，求 $w(n)$。

2-40 如何用一个 N 点 DFT 变换计算两个实序列 $x_1(n)$ 和 $x_2(n)$ 的 N 点 DFT 变换？写出流程并举例用 MATLAB 实现。

2-41 一个有限长序列 $x(n) = [1,1,1,1,1,1]$，设其 Z 变换为 $X(z)$。如果在 $z_k = \exp\left(j\frac{2\pi}{4}k\right)$，$k = 0,1,2,3$ 点上对 $X(z)$ 采样，就得到一组 DFT 系数 $X(k)$。求 4 点 DFT 等于这些采样值的序列 $y(n)$。

2-42 设 $x(n) = \{1-2j, 3, 1+2j, 1\}$，试画出时域基 2FFT 流图，并根据流图计算每个碟形运算的结果，最后写出 $X(k) = \text{DFT}[x(n)]$ 的序列值。

2-43 已知序列 $x(n) = \{0,1,0,1,1,1,0,0\}$，用 FFT 蝶形运算方法计算其 8 点的 DFT。画出计算流图，标出各节点数值。

2-44 设序列 $x(n)$ 的长度为 200，对其用时域基 2FFT 来计算 DFT，请写出第三级蝶形中不同的旋转因子。

2-45 如果通用计算机的速度为平均每次复数乘需要 $5\mu s$，每次复数加需要 $1\mu s$，用来计算 $N = 1024$ 点 DFT，问直接计算需要多少时间。用 FFT 计算呢？照这样计算，用 FFT 进行快速卷积对信号进行处理时，估算可实现实时处理的信号最高频率。

2-46 序列 $x(n)$ 长 240 点，$h(n)$ 长 10 点。当采用直接计算法和快速卷积法（用基 2FFT）求它们的线性卷积 $y(n) = x(n) * h(n)$ 时，各需要多少次乘法？

2-47 设有限长序列 $x(n)$ 的 DFT 为 $X(k)$，可使用 FFT 来完成该运算。现假设已知 $X(k)$，$k = 0, 1, \cdots, N-1$，如何利用 FFT 求原序列 $x(n) = \text{IDFT}[X(k)]$。

2-48 已知 $X(k)$ 和 $Y(k)$ 是两个 N 点实序列 $x(n)$ 和 $y(n)$ 的 DFT，若要从 $X(k)$ 和 $Y(k)$ 求 $x(n)$ 和 $y(n)$，为提高运算效率，试设计用一次 N 点 IFFT 来完成。

2-49 设 $x(n)$ 是长度为 $2N$ 的有限长实序列，$X(k)$ 为 $x(n)$ 的 $2N$ 点 DFT。

(1) 试设计用一次 N 点 DFT 完成计算 $X(k)$ 的高效算法。

(2) 若已知 $X(k)$，试设计用一次 N 点 IDFT 实现求 $x(n)$ 的 $2N$ 点 IDFT 运算。

2-50 一个 3000 点的序列输入一个线性时不变系统，该系统的单位脉冲响应长度为 60。为了利用快速傅里叶变换算法的计算效率，该系统用 128 点的离散傅里叶变换和离散傅里叶反变换实现。如果采用重叠相加法，为了完成滤波器运算，需要多少 DFT？

2-51 已知信号 $x(t) = e^{-\frac{t}{10}}[\cos(10t) + \cos(12t)]u(t)$，用 DFT 分析信号的频谱。

2-52 设模拟信号 $x_a(t) = \cos(2\pi \times 1000t + \theta)$，以时间间隔 $T_s = 0.25\text{ms}$ 进行均匀采样，假设从 $t = 0$ 开始采样，共采样 N 点。

(1) 求采样后序列 $x(n)$ 的表达式和对应的数字频率；

(2) 在此采样下，θ 值是否对采样失真有影响；

(3) 对 $x(n)$ 进行 N 点 DFT，说明 N 取哪些值时，DFT 的结果能精确地反映 $x(n)$ 的频谱；

(4) 若要求 DFT 的分辨率达到 1Hz，应该采样多长时间的数据？

2-53 用微处理机对实数序列做谱分析，要求谱分辨率 $F \leq 50\text{Hz}$，信号最高频率为 1kHz，试确定以下各参数：

(1) 最小记录时间 $T_{p,\min}$；

(2) 最大采样间隔 $T_{\max}$；

(3) 最少采样点数 $N_{\min}$；

(4) 在频带宽度不变的情况下，将频率分辨率提高一倍的 N 值。

2-54 以 20kHz 的采样率对最高频率为 10kHz 的带限信号 $x_a(t)$ 采样,然后计算 $x(n)$ 的 $N=1000$ 个采样点的 DFT,即

$$X(k) = \sum_{n=0}^{N-1} x(n) e^{-j\frac{2\pi}{N}nk}, \quad N=1000$$

(1) $k=150, 800$ 时分别对应的模拟频率是多少?
(2) 频谱采样点之间的间隔是多少?

第 3 章 数字滤波器设计

CHAPTER 3

主要内容
- 数字滤波系统的基本网络结构；
- 数字滤波器的基本概念与分类；
- IIR 型滤波器的设计；
- FIR 型滤波器的设计；
- 有限字长效应分析。

3.1 数字滤波系统的基本网络结构

线性时不变系统一个最广泛的应用就是滤波。一般来说，滤波是指改变信号中各个频率分量的相对大小，或者抑制，甚至全部滤除某些频率分量的过程。完成滤波功能的系统称为滤波器，适当地选择或设计系统的频率响应，就可以实现各种不同要求的滤波功能。

3.1.1 数字滤波系统的基本概念

一般地，一个线性时不变(LTI)离散系统可用如下差分方程来表示

$$y(n) = \sum_{i=0}^{N-1} b_i x(n-i) + \sum_{j=1}^{M} a_j y(n-j) \tag{3.1.1}$$

则其系统函数 $H(z)$ 为

$$H(z) = \frac{Y(z)}{X(z)} = \frac{\sum_{i=0}^{N-1} b_i z^{-i}}{1 - \sum_{j=1}^{M} a_j z^{-j}} \tag{3.1.2}$$

对于式(3.1.1)或式(3.1.2)表示的系统，如果 $a_j = 0, j=1,2,\cdots,M$，则

$$y(n) = \sum_{i=0}^{N-1} b_i x(n-i) \tag{3.1.3}$$

其系统函数为 $H(z) = \sum_{i=0}^{N-1} b_i z^{-i}$，单位脉冲响应 $h(n)$ 可表示为

$$h(n) = \begin{cases} b_n, & 0 \leq n \leq N-1 \\ 0, & \text{其他 } n \end{cases} \tag{3.1.4}$$

由于 $h(n)$ 是有限长的序列,故称该系统为有限脉冲响应(FIR)系统。这种形式的滤波器称为 FIR 滤波器。FIR 系统中不存在输出对输入的反馈支路,没有不为零的极点。若不是 FIR 系统,则由于系统中存在反馈支路,其单位脉冲响应 $h(n)$ 为无限长序列,故称该系统为无限脉冲响应(IIR)系统,这种形式的滤波器称为 IIR 滤波器。这两类系统(滤波器)具有不同的特点,其网络结构也各不相同。

3.1.2 IIR 滤波系统的基本网络结构

IIR 网络的特点是信号流图中含有反馈支路,即含有环路,其单位脉冲响应是无限长的。基本网络结构有三种,即直接型、级联型和并联型。其中直接型包括直接 I 型和直接 II 型,它们各自实现所获得的稳定性和计算误差性能各不相同。

1. 直接 I 型

考虑如下 N 阶差分方程

$$y(n) = \sum_{i=0}^{N-1} b_i x(n-i) + \sum_{j=1}^{M} a_j y(n-j) \tag{3.1.5}$$

$y(n)$ 由两部分相加而成,其一部分

$$\sum_{j=1}^{M} a_j y(n-j)$$

是对 $y(n)$ 依次延迟反馈 $M-1$ 个单元的加权和。另一部分

$$\sum_{i=0}^{N-1} b_i x(n-i)$$

是对 $x(n)$ 依次延迟 N 个单元的加权和。两者都可用一个链式延迟结构来构成,两部分网络分别实现零点和极点,且一共需要 $N+M-1$ 个延迟单元和相应的乘法器及一个加法器。直接 I 型网络的优点是物理概念清晰,缺点是使用的延迟单元太多。一般使用如下的直接 II 型。

2. 直接 II 型

直接 II 型又称之为典范型(canonic structure),将式(3.1.2)稍做变化,有

$$H(z) = \frac{\sum_{i=0}^{N-1} b_i z^{-i}}{1 - \sum_{j=1}^{M} a_j z^{-j}} = H_1(z) \cdot H_2(z) \tag{3.1.6}$$

式中

$$H_1(z) = \frac{1}{1 - \sum_{j=1}^{M} a_j z^{-j}}$$

其相应的差分方程为

$$w(n) = x(n) + \sum_{j=1}^{M} a_j w(n-j)$$

其中 $w(n)$ 为中间序列。

$$H_2(z) = \sum_{i=0}^{N-1} b_i z^{-i}$$

其对应的差分方程为

$$y(n) = \sum_{i=0}^{N-1} b_i w(n-i)$$

它可由两个链式延迟结构级联而成，第一个实现系统函数的极点，第二个实现系统函数的零点。两行串行延时支路都对时间序列 $w(n)$ 进行延迟，因此可予以合并，以节省一半的延迟单元。与直接 I 型相比，除了节省了一半延迟单元外，这种结构参与反馈环路的噪声源减少了一半，可以得到较直接 I 型略小一些的误差，但仍然没有从根本上克服其缺点。下面通过例子来说明直接 II 型网络结构。

[例 3.1.1] 设 IIR 数字滤波系统的系统函数 $H(z)$ 为

$$H(z) = \frac{8 - 4z^{-1} + 11z^{-2} - 2z^{-3}}{1 - \frac{5}{4}z^{-1} + \frac{3}{4}z^{-2} - \frac{1}{8}z^{-3}}$$

画出该滤波器的直接 II 型结构。

解 由 $H(z)$ 写出差分方程如下

$$y(n) = \frac{5}{4}y(n-1) - \frac{3}{4}y(n-2) + \frac{1}{8}y(n-3)$$
$$+ 8x(n) - 4x(n-1) + 11x(n-2) - 2x(n-3)$$

按照差分方程画出如图 3.1.1 所示的直接型网络结构。

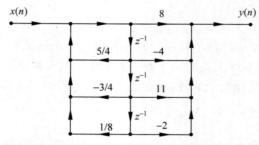

图 3.1.1 例 3.1.1 图

3. 级联型

级联型是以系统函数 $H(z)$ 经因式分解后的零点 c_r 和极点 d_k 为主要依据的数字滤波系统结构形式，用零点、极点表示的 $H(z)$ 为

$$H(z) = A \frac{\prod_{i=1}^{N-1}(1 - c_i z^{-1})}{\prod_{j=1}^{M}(1 - d_j z^{-1})} \quad (3.1.7)$$

式中，A 是常数，c_i 和 d_j 分别表示零点和极点。由于多项式的系数是实数，c_i 和 d_j 是实数或者是共轭成对的复数，将共轭成对的零点(极点)放在一起，形成一个二阶多项式，其系数仍为实数；再将分子、分母均为实系数的二阶多项式放在一起，形成一个二阶网络 $H_j(z)$。

$$H_j(z) = \frac{\beta_{0j} + \beta_{1j}z^{-1} + \beta_{2j}z^{-2}}{1 - \alpha_{1j}z^{-1} - \alpha_{2j}z^{-2}} \quad (3.1.8)$$

式中 β_{0j}、β_{1j}、β_{2j}、α_{1j} 和 α_{2j} 均为实数。这样 $H(z)$ 就分解为一些一阶或二阶数字网络的级联

形式
$$H(z) = H_1(z)H_2(z)\cdots H_k(z) \tag{3.1.9}$$
式中 $H_i(z)$ 表示一个一阶或二阶的数字网络的系统函数，每个 $H_i(z)$ 的网络结构均采用直接型网络结构。

[**例 3.1.2**] 设系统函数为 $H(z) = \dfrac{8-4z^{-1}+11z^{-2}-2z^{-3}}{1-\dfrac{5}{4}z^{-1}+\dfrac{3}{4}z^{-2}-\dfrac{1}{8}z^{-3}}$，试画出其级联型网络结构。

解 将 $H(z)$ 的分子和分母进行因式分解，得到
$$H(z) = \frac{(2-0.379z^{-1})(4-1.24z^{-1}+5.264z^{-2})}{(1-0.25z^{-1})(1-z^{-1}+0.5z^{-2})}$$
为减少单位延迟的数目，将一阶的分子、分母多项式组成一个一阶网络，二阶的分子、分母多项式组成一个二阶网络，画出结构图如图 3.1.2 所示。

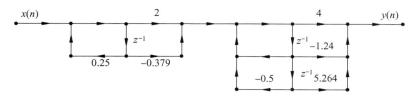

图 3.1.2 例 3.1.2 图

由式(3.1.9)可知，$H(z)$ 得各个因子 $H_i(z)(i=1,2,\cdots,k)$ 可以互换位置，因而可以得到不同的结构形式，这将对误差有不同的影响，这里存在一个优化的问题，恰当地选择组合形式，会显著地降低计算误差。

级联型结构中每一个一阶网络决定一个零点、一个极点，每一个二阶网络决定一对零点、一对极点。在式(3.1.8)中，调整 β_{0j}、β_{1j} 和 β_{2j} 三个系数可以改变一对零点的位置，调整 α_{1j} 和 α_{2j} 可以改变一对极点的位置。因此，相对直接型结构，调整方便是优点。对于硬件实现来说，还可以用一个二阶环节进行分时复用。此外，级联结构中后面的网络输出不会再流到前面，运算误差的积累相对直接型也小。

4. 并联型

对式(3.1.2)作另外一种展开，则得到 IIR 并联型结构。
$$H(z) = H_1(z) + H_2(z) + \cdots + H_k(z) \tag{3.1.10}$$
式中，$H_i(z)$ 通常为一阶网络或二阶网络，网络系均为实数，其输出 $Y(z)$ 表示为
$$Y(z) = H_1(z)X(z) + H_2(z)X(z) + \cdots + H_k(z)X(z) \tag{3.1.11}$$
式(3.1.11)表明将 $x(n)$ 送入每个二阶(包括一阶)网络后，将所有输出加起来得到输出 $y(n)$。

[**例 3.1.3**] 试画出例题 3.1.2 中的 $H(z)$ 的并联型结构。

解 将例 3.1.2 中 $H(z)$ 展成部分分式形式
$$H(z) = 16 + \frac{8}{1-0.5z^{-1}} + \frac{-16+20z^{-1}}{1-z^{-1}+0.5z^{-2}}$$
将每一部分用直接型结构实现，其并联型网络结构如图 3.1.3 所示。

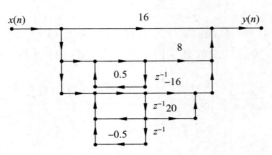

图 3.1.3　例 3.1.3 图

在这种并联型结构中,每一个一阶网络决定一个实数极点,每一个二阶网络决定一对共轭极点,因此调整极点位置方便,但调整零点位置不如级联型方便。由于基本网络并联,可同时对输入信号进行运算,因此并联型结构与直接型和级联型比较,其运算速度最高。对于许多高速数字信号处理系统来说,这种并联思想已经延拓成了"并行"思想,将一个优秀的信号处理算法进行有效的并行分解,使各并行支路的处理速率在性价比高的处理芯片的工作容许范围内也是数字信号处理发展的一个主要方向之一。

3.1.3　FIR 滤波系统的基本网络结构

FIR 系统可由下面的系统函数或差分方程来表示

$$H(z) = \sum_{n=0}^{N-1} h(n) z^{-n} \tag{3.1.12}$$

$$y(n) = \sum_{i=0}^{N-1} h(i) x(n-i) \tag{3.1.13}$$

式(3.1.12)中的系统的脉冲响应 $h(n)$ 与式(3.1.2)中的 b_i 是直接相关的,即 $b_i = h(i)$,其主要实现结构包括直接型与级联型这两种。

1. 直接型

按照 $H(z)$ 或者差分方程直接画出结构图如图 3.1.4 所示。这种结构称为直接型网络结构或者称为横向卷积型结构。

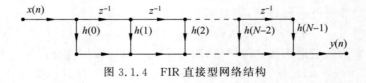

图 3.1.4　FIR 直接型网络结构

2. 级联型

通常 $h(n)$ 为实数,$H(z)$ 的零点有两种可能:即为实数或共轭对复数,每一对共轭零点可以合成一个二阶系统,这样级联型网络结构就是由一阶或二阶因子构成的级联结构,其中每一个因式都用直接型实现。

[例 3.1.4]　设 FIR 网络系统函数 $H(z)$ 如下式

$$H(z) = 1 - 0.4142 z^{-1} - 0.4142 z^{-2} + z^{-3}$$

画出 $H(z)$ 的直接型结构和级联型结构。

解 将 $H(z)$ 进行因式分解,得到
$$H(z)=(1+z^{-1})(1-1.4142z^{-1}+z^{-2})$$
其级联型结构和直接型结构如图 3.1.5 所示。

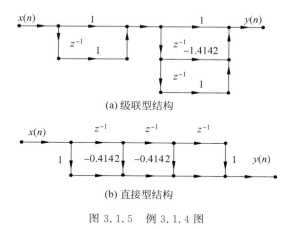

图 3.1.5 例 3.1.4 图

级联型结构每一个一阶因子控制一个零点,每一个二阶因子控制一对共轭零点,因此调整零点位置比直接型方便,但 $H(z)$ 中的系数比直接型多,因而需要更多的乘法器。

3. 广义线性相位 FIR 系统网络结构

对于长度为 N 的 FIR 系统单位脉冲响应 $h(n)$,传输函数为
$$H(\mathrm{e}^{\mathrm{j}\omega})=\sum_{n=0}^{N-1}h(n)\mathrm{e}^{-\mathrm{j}\omega n}=H(\omega)\mathrm{e}^{\mathrm{j}\theta(\omega)} \tag{3.1.14}$$

式中,$H(\omega)$ 称为幅度特性,$\theta(\omega)$ 称为相位特性。$H(\omega)$ 为 ω 的实函数,可能为负数。$H(\mathrm{e}^{\mathrm{j}\omega})$ 线性相位是指 $\theta(\omega)$ 是 ω 的线性函数,即
$$\theta(\omega)=-\tau\omega, \quad \tau \text{ 为常数} \tag{3.1.15}$$
如果 $\theta(\omega)$ 满足下式
$$\theta(\omega)=\theta_0-\tau\omega, \quad \theta_0 \text{ 是起始相位} \tag{3.1.16}$$
严格地说,此时 $\theta(\omega)$ 不具有线性相位,但以上两种情况都满足群时延是一个常数,即
$$\frac{\mathrm{d}\theta(\omega)}{\mathrm{d}\omega}=-\tau \tag{3.1.17}$$
也称这种情况为广义线性相位。一般地,满足式(3.1.15)为第一类线性相位;满足式(3.1.16)为第二类线性相位。

可以证明,线性相位 FIR 系统的单位脉冲响应 $h(n)$ 应满足下面条件:$h(n)$ 为实序列,且满足 $h(n)=\pm h(N-1-n)$,N 为长度,即,$h(n)$ 关于 $\dfrac{N-1}{2}$ 偶对称或奇对称。

分析 $h(n)=h(N-1-n)$ 情况:

N 为偶数时

$$H(z) = \sum_{n=0}^{N-1} h(n)z^{-n} = \sum_{n=0}^{N/2-1} h(n)z^{-n} + \sum_{n=N/2}^{N-1} h(n)z^{-n} (令 m = N-1-n)$$

$$= \sum_{n=0}^{N/2-1} h(n)z^{-n} + \sum_{m=0}^{N/2-1} h(N-1-m)z^{-(N-1-m)}$$

$$= \sum_{n=0}^{N/2-1} h(n)[z^{-n} + z^{-(N-1-n)}] \tag{3.1.18}$$

N 为奇数时

$$H(z) = \sum_{n=0}^{\frac{N-3}{2}} h(n)[z^{-n} + z^{-(N-1-n)}] + h\left(\frac{N-1}{2}\right) z^{-\left(\frac{N-1}{2}\right)} \tag{3.1.19}$$

分析 $h(n) = -h(N-1-n)$ 情况：

N 为偶数时

$$H(z) = \sum_{n=0}^{N/2-1} h(n)[z^{-n} - z^{-(N-1-n)}] \tag{3.1.20}$$

N 为奇数时

$$H(z) = \sum_{n=0}^{\frac{N-3}{2}} h(n)[z^{-n} - z^{-(N-1-n)}] + h\left(\frac{N-1}{2}\right) z^{-\left(\frac{N-1}{2}\right)}$$

但由于 $h(n) = -h(N-1-n)$，有 $h\left(\frac{N-1}{2}\right) = 0$，因此

$$H(z) = \sum_{n=0}^{N/2-3} h(n)[z^{-n} - z^{-(N-1-n)}] \tag{3.1.21}$$

第一类的 N 为偶数、N 为奇数两种情况的网络结构如图 3.1.6 所示，第二类的网络结构如图 3.1.7 所示。

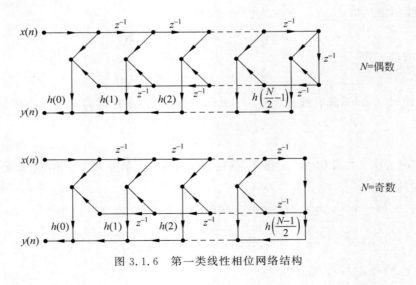

图 3.1.6　第一类线性相位网络结构

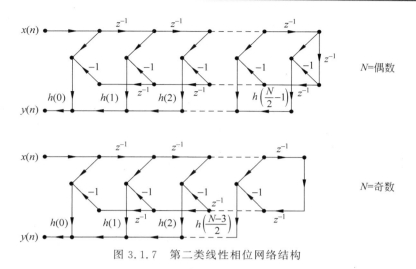

图 3.1.7 第二类线性相位网络结构

[**例 3.1.5**] 已知 $H(z)=1.918(1-3.5z^{-1}+7.75z^{-2}-7.75z^{-3}+3.5z^{-4}-z^{-5})$,画出该 FIR 滤波器的线性相位结构。

解 由第二类线性相位结构可作出如图 3.1.8 网络结构。

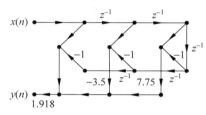

图 3.1.8 例 3.1.5 图

3.1.4 线性相位 FIR 滤波器零点分布特点

第一类和第二类线性相位的系统函数综合起来满足下式

$$H(z)=\pm z^{-(N-1)}H(z^{-1}) \tag{3.1.22}$$

线性相位零点分布共有如下 4 种情况:

(1) 如果 $z=z_1$ 是 $H(z)$ 的不在单位圆上零点,其倒数 z_i^{-1} 也必然是其零点;又因为 $h(n)$ 是实序列,$H(z)$ 的零点必定共轭成对,因此 z_1^* 和 $(z_i^{-1})^*$ 也是其零点。这样,线性相位 FIR 滤波器零点分布特点是零点是互为倒数的共轭对,确定其中一个 z_1,另外三个零点 z_1^*、$(z_1^*)^{-1}$ 和 $(z_1)^{-1}$ 也就确定了。

(2) 如果零点是实数,则只有两个零点,即图中 z_2 和 z_2^{-1} 情况。

(3) 如果零点是纯虚数且在单位圆上,则是图中 z_3 和 z_3^* 情况。

(4) 如果零点在单位圆上且是实数即为 1 或 -1,则没有其他零点与该零点对应,如图 3.1.9 中 z_4 情况。

因此,FIR 系统的转移函数 $H(z)$ 用级联形式的结构实现时,可分别用一阶、二阶、四阶子系统级联而成。每一个子系统都是线性相位的。由此级联而成的整个系统也必定保持线性相位特性。

线性相位 FIR 系统的另一个特点是,即使其滤波器系数 $h(n)$ 只经过极为粗糙的量化处理,其线性相位特性

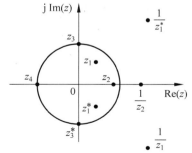

图 3.1.9 线性相位 FIR 滤波器零点分布

[**例 3.1.6**]　已知一个 FIR 系统的转移函数为
$$H(z)=1-2.05z^{-1}+3.2025z^{-2}-1.05z^{-3}-1.05z^{-4}+3.2025z^{-5}-2.05z^{-6}+z^{-7}$$
分析其零点分布,画出用级联形式实现的网络结构。

解　由转移函数可知,$N=8$,且 $h(n)$ 为实序列,且偶对称,故为线性相位系统,共有 7 个零点,为 7 阶系统,因而必存在一个一阶系统,即 $z=1$ 或 $z=-1$ 为系统的零点。而最高阶 z^{-7} 的系数为 $+1$,所以 $z=-1$ 为其零点。$H(z)$ 中包含 $1+z^{-1}$ 项,则
$$H_1(z)=\frac{H(z)}{1+z^{-1}}=1-3.05z^{-1}+6.2525z^{-2}-7.3025z^{-3}+6.2525z^{-4}-3.05z^{-5}+z^{-6}$$
此时,$N=7$,为 6 阶系统,至少有一个二阶系统,设 $H_2(z)=1+az^{-1}+z^{-2}$,余下的四阶子系统为 $H_3(z)=1+bz^{-1}+cz^{-2}+bz^{-3}+z^{-4}$,且满足 $H_1(z)=H_2(z) \cdot H_3(z)$,代入等式并展开,可得 $a=-1,b=-2.05,c=4.2025$。因此,$H(z)=(1+z^{-1})(1-z^{-1}+z^{-2})(1-2.05z^{-1}+3.2025z^{-2}-2.05z^{-3}+z^{-4})$。

系统的全部零点为:$z_1=-1,z_2=e^{j\frac{\pi}{3}},z_2^*=e^{-j\frac{\pi}{3}},z_3=0.8e^{j\frac{\pi}{3}},z_3^*=0.8e^{-j\frac{\pi}{3}},z_3^{-1}=1.25e^{-j\frac{\pi}{3}},(z_3^{-1})^*=1.25e^{j\frac{\pi}{3}}$。

系统网络图如图 3.1.10 所示。

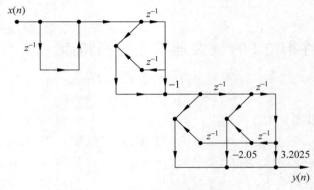

图 3.1.10　例 3.1.6 图

该例题的 MATLAB 演示程序如下:

```
%广义线性相位系统演示程序
b=[1 -2.05 3.2025 -1.05 -1.05 3.2025 -2.05 1];
a=[1];
figure(1)
zplane(b,a);
figure(2)
OMEGA= -pi:pi/100:pi;
H=freqz(b,a,OMEGA);
subplot(211),plot(OMEGA,abs(H));
xlabel('\omega');ylabel('|H(e^{j\omega})|');
subplot(212),plot(OMEGA,180/pi*unwrap(angle(H)));
xlabel('\omega');ylabel('arg[H(e^{j\omega})]');
```

结果如图 3.1.11 所示。

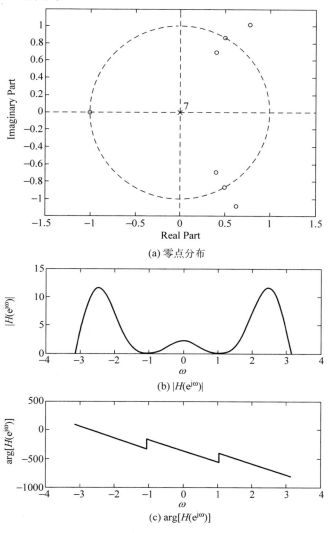

图 3.1.11　例 3.1.6 的 MATLAB 图

3.1.5　数字滤波系统的 MATLAB 实现

对于一个给定输入和输出关系的数字滤波系统,其系统函数可通过多种算法实现,而不同的算法对应的网络结构也各有不同。从网络结构可以清晰地看到滤波系统的运算步骤、加乘法运算次数和存储单元的数量,这对于数字滤波器软、硬件的实现至关重要。数字滤波系统的网络结构也是数字滤波器设计的一项非常重要的内容,关系到数字滤波器的稳定性、运算速度以及系统的成本和体积等许多重要的性能。下面是两个数字滤波系统的 MATLAB 实现例子。

[**例 3.1.7**]　用直接型实现系统函数为 $H(z)=\dfrac{1-3z^{-1}+11z^{-2}+27z^{-3}+18z^{-4}}{1+16z^{-1}+12z^{-2}+2z^{-3}-4z^{-4}-z^{-5}}$ 的 IIR 数字滤波器,求单位脉冲响应和单位阶跃信号的输出。

解 程序清单如下：

```
b = [1, -3, 11, 27, 18]; a = [16, 12, 2, -4, -1];
N = 25;
h = impz(b, a, N);                  % 直接型单位脉冲响应
x = [ones(1,5), zeros(1, N-5)];     % 单位阶跃信号
y = filter(b, a, x);                % 直接型输出信号
subplot(1,2,1); stem(h); title('直接型 h(n)');
subplot(1,2,2); stem(y); title('直接型 y(n)');
```

结果如图 3.1.12 所示。

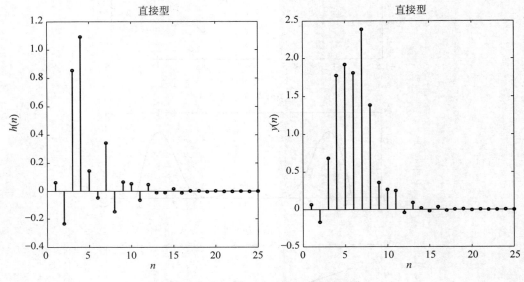

图 3.1.12　例 3.1.7 的 MATLAB 图

[**例 3.1.8**]　FIR 滤波器的系统函数为 $H(z) = \begin{cases} 0.2^n, & 0 \leq n \leq 5 \\ 0, & \text{其他} \end{cases}$，试用直接型实现。

解 程序清单如下：

```
n = 0:5;
b = 0.2.^n;
N = 30;
delta = impseq(0, 0, N);
h = filter(b, 1, delta);
x = [ones(1,5), zeros(1, N-5)];
y = filter(b, 1, x);
subplot(1,2,1); stem(h); title('直接型 h(n)');
subplot(1,2,2); stem(y); title('直接型 y(n)');
% ------------------------------------------------------------------
% 单位脉冲响应 δ(n-n_0) 的生成函数 impseq.m
function [x, n] = impseq(n0, ns, nf);
n = [ns:nf]; x = [(n - n0) == 0];
```

结果如图 3.1.13 所示。

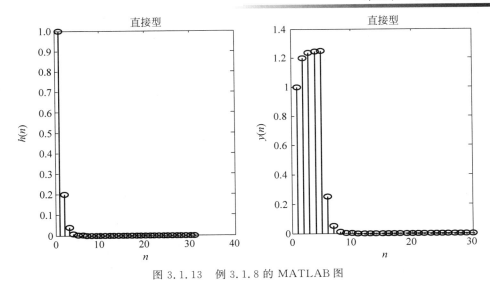

图 3.1.13　例 3.1.8 的 MATLAB 图

3.2　数字滤波器的基本概念

最常用的滤波器就是频率选择性滤波器。所谓频率选择滤波，就是让一个或一组频率范围内的信号尽可能无失真地通过，且衰减或者完全抑制其余滤波范围的信号。先来看一个例子。

假设原始信号为 $x_o(t)=\sin(2\pi\times 80t)+2\sin(2\pi\times 140t)$，由于某些原因，信号被另一个频率的信号 $x_N(t)=\sin(2\pi\times 300t)$ 干扰，实际的信号变为 $x(t)=x_o(t)+x_N(t)$。为了减小干扰信号的影响，恢复原始信号，需要对这个受到干扰的信号进行处理。由于干扰信号的频率成分高于原信号，可让这个受干扰信号通过一个系统，使其低频部分通过这个系统，而高频部分被限制通过。这样的系统就是称为滤波器。

取采样频率为 $f_s=1000\text{Hz}$，采用 MATLAB 演示这个过程。

```
% 频率选择性滤波器功能演示
Fs = 1000; t = 0:1/Fs:2;                        % 取 2 秒长度的信号
x0 = sin(2 * pi * 80 * t) + 2 * sin(2 * pi * 140 * t);   % 原始信号
xN = sin(2 * pi * 300 * t);                     % 噪声信号
x = x0 + xN;                                    % 受污损信号 x(t)
figure(1);
subplot(211);plot(t,x0);axis([0,0.25,-4,4]);
xlabel('t');ylabel('x_{0}(t)');title('原始信号 x_{0}(t)');
subplot(212);plot(t,x);axis([0,0.25,-4,4]);
xlabel('t');ylabel('x(t)');title('受污损信号 x(t)');
% 设计一个特定的频率选择性滤波器
n = 100;                                        % 滤波器长度取 100
f = [0 0.13 0.15 0.17 0.19 0.25 0.27 0.29 0.31 1];
m = [0 0 1 1 0 0 1 1 0 0];
b = firls(n,f,m);
[H,W] = freqz(b,1,512,2);figure(2);
plot(W,20 * log10(abs(H)));grid
xlabel('归一化频率');ylabel('滤波器的对数幅频特性');
x1 = filter(b,1,x);                             % 完成滤波功能
figure(3);
subplot(211);plot(t,x1);axis([0,0.25,-4,4]);
xlabel('t');ylabel('x_{1}(t)');title('滤波输出信号 x{1}(t)');
```

```
subplot(212);plot(t,x1 - x0);                        % 误差信号
xlabel('t');ylabel('x_{1}(t) - x_{0}(t)');title('误差信号 x_{e}(t)');
```

结果如图 3.2.1 所示。

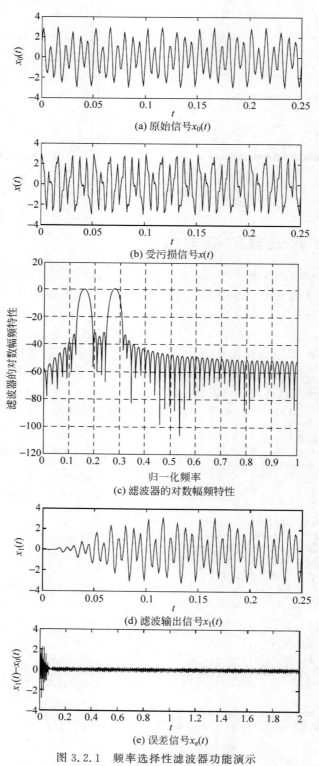

图 3.2.1　频率选择性滤波器功能演示

另一类广泛应用的类型是频率成形滤波器,例如信号锐化滤波器、信号平滑滤波器、频率补偿滤波器等,主要的目的是改变信号的频谱形状,进而还原信号的频域特性。在信号处理系统中,常用于系统滤波建模处理。

下面首先设计一个 6 阶巴特沃斯低通滤波器作为目标响应滤波器,并采用文献[27]中的 PRONY 模型对目标响应进行拟合建模,拟合模型设置也为 6 阶,对目标滤波器的脉冲响应进行拟合,在未知滤波器具体设置参数时实现对低通滤波器还原,其脉冲响应与幅度曲线基本一致。这种方法一般可用于还原未知设备的系统函数,通过输入信号和输出信号即可实现对系统设备的整体滤波器建模。

```
% 频率成形滤波器应用演示
d = designfilt('lowpassiir','NumeratorOrder',6,'DenominatorOrder',6,...
    'HalfPowerFrequency',0.2,'DesignMethod','butter');    % 设计目标低通滤波器
h = filter(d,[1 zeros(1,49)]);                            % 获取目标滤波器的脉冲响应
bord = 6;aord = 6;                                        % 设置拟合参数
[b,a] = prony(h,bord,aord);                               % 基于 PRONY 模型对目标响应拟合
figure(1);
subplot(2,1,1);plot(1:50,h,'-b');title('目标脉冲响应');
subplot(2,1,2);plot(1:50,impz(b,a,length(h)),'-r');title('基于PRONY模型拟合的脉冲响应');
[H,W] = freqz(d,512,2);
figure(2);
subplot(2,1,1);plot(W,20*log10(abs(H)),'-b');grid
legend('目标滤波器的幅频特性');
subplot(2,1,2);plot(W,20*log10(abs(freqz(b,a,512,2))),'-r');grid
xlabel('归一化频率');legend('拟合滤波器的幅频特性');axis([0 1 -400 200]);
```

如图 3.2.2 所示的功能演示。

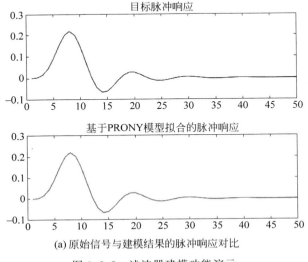

(a) 原始信号与建模结果的脉冲响应对比

图 3.2.2 滤波器建模功能演示

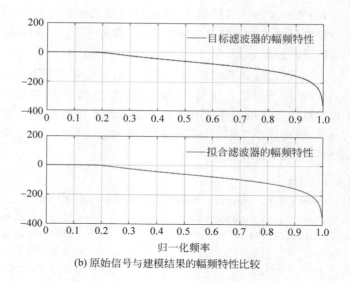

(b) 原始信号与建模结果的幅频特性比较

图 3.2.2 （续）

滤波器在通信系统中有一个专用名词——均衡器，利用频域均衡可以有效地补偿传输信道色散引起的频率失真。滤波器均衡和滤波器建模的原理相似，主要应用滤波器的频率成形功能，但滤波器均衡的应用目的与滤波器建模刚好相反，均衡本身是对系统的特性进行改变，进而实现改善修复系统的传输性能。

理想情况下，为了保证音乐信号无损传输，扬声器的幅度频率响应曲线应为一条水平的直线，但实际情况却如图 3.2.3 所示，参照滤波器建模的方法，大家可以思考如何采用滤波器均衡针对此曲线进行修复？具体的滤波器设计是什么形式？如何进行设计？

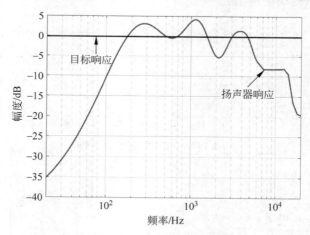

图 3.2.3 扬声器幅度响应示例

除此之外，数字滤波器在语音处理、图像处理、通信、音乐等各个方面都有着极为广泛的应用。随着信号处理技术的发展，一些现代滤波器如卡尔曼滤波器，维纳滤波器等都在实际应用中发挥了重要的作用。本节讨论的重点是频率选择性滤波器设计的相关内容，对频率形成滤波器仅以数字微分为例进行简要介绍，而现代滤波器的有关知识要在后续课程里才讨论得到。

3.2.1 频率选择性滤波器

频率选择性滤波器主要分成 4 种，即低通(LP)、高通(HP)、带通(BP)、带阻(BS)滤波器，每一种又可分成模拟滤波器(AF)和数字滤波器(DF)两种形式，图 3.2.4 和图 3.2.5 分别给出了 AF 和 DF 的 4 种滤波器理想幅频响应。

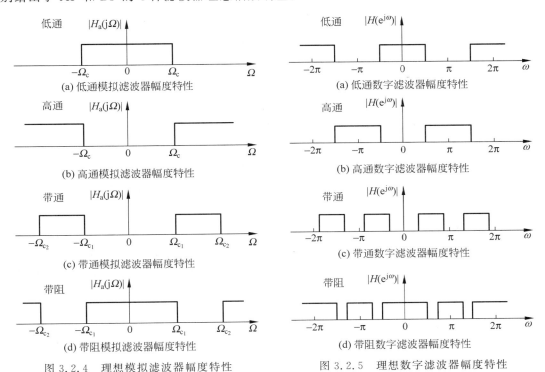

图 3.2.4　理想模拟滤波器幅度特性　　图 3.2.5　理想数字滤波器幅度特性

根据处理信号的性质不同，而选用模拟或数字滤波器，本课程主要学习数字滤波器的设计方法，但与模拟滤波器设计密切相关。应该注意的是，这两类滤波器有不同的特点，数字滤波器的幅度特性以 2π 为周期，在 $\omega = \pm(2K+1)\pi, K=0,1,2,\cdots$ 周围具有高频特性。研究数字滤波器只需研究一个周期的特性即可，一般考虑 $[0, 2\pi]$ 或者 $[-\pi, \pi]$。

对于数字低通滤波器，其频率响应特性可表达为

$$H(e^{j\omega}) = \begin{cases} 1, & |\omega| \leqslant \omega_c \\ 0, & \omega_c < |\omega| \leqslant \pi \end{cases} \quad (3.2.1)$$

其脉冲响应 $h(n)$ 为

$$h(n) = \frac{\omega_c}{\pi} \text{sinc}(\omega_c n)$$

很显然，该系统是非因果的，在实践中它是不可实现。根据 Paley-Wiener 定理，$h(n)$ 能量有限且对 $n < 0, h(n) = 0$，即系统为因果系统，则有需要满足

$$\int_{-\pi}^{\pi} |\ln|H(e^{j\omega})|| d\omega < \infty$$

因此,在一些频率点上,幅度函数$|H(e^{j\omega})|$可以为0,但是不能在任何有限的频带上均为0(积分变为无限)。只能按某些准则来设计滤波器,使之尽可能地逼近理想滤波器特性。以工程的角度上来说,衡量这种逼近效果好坏的标准是该滤波器一系列的技术指标。需要在严格的技术指标和实现的复杂度之间寻找一个良好的折中。

3.2.2 滤波器的技术指标

数字滤波器的传输函数$H(e^{j\omega})$用式(3.2.2)表示

$$H(e^{j\omega}) = |H(e^{j\omega})|e^{jQ(\omega)} \tag{3.2.2}$$

式中,$|H(e^{j\omega})|$称为幅频特性;$Q(\omega)$称为相频特性。

幅频特性表示信号通过该滤波器后各频率成分的衰减情况,而相频特性反映各频率成分通过滤波器后在时间上的延时情况。因此,一般选频的技术要求仅由幅频特性给出,只有当对输出波形有要求,才需要考虑相频特性的技术指标。

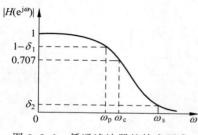

图3.2.6 低通滤波器的技术要求

可实现的低通滤波器的幅度特性如图3.2.6所示,ω_p和ω_s分别称为通带截止频率和阻带截止频率。通带频率范围为$0 \leqslant \omega \leqslant \omega_p$,在通带中要求$(1-\delta_1) < |H(e^{j\omega})| \leqslant 1$。阻带频带范围为$\omega_s \leqslant \omega \leqslant \pi$,在阻带中要求$|H(e^{j\omega})| \leqslant \delta_2$,不一定衰减到零。从$\omega_p$到$\omega_s$称为过渡带,一般为单调下降的。通带内允许的最大衰减用α_p表示,阻带内允许的最小衰减用α_s表示,α_p和α_s用dB分别定义为

$$\alpha_p = 20\lg \frac{|H(e^{j0})|}{|H(e^{j\omega_p})|} dB \tag{3.2.3}$$

$$\alpha_s = 20\lg \frac{|H(e^{j0})|}{|H(e^{j\omega_s})|} dB \tag{3.2.4}$$

如将$|H(e^{j\omega})|$归一化为1,式(3.2.3)和式(3.2.4)表示为

$$\alpha_p = -20\lg|H(e^{j\omega_p})| \tag{3.2.5}$$

$$\alpha_s = -20\lg|H(e^{j\omega_s})| \tag{3.2.6}$$

当幅度下降到$\frac{\sqrt{2}}{2} \approx 0.707$时,对应的频点$\omega = \omega_c$,此时$\alpha_p = 3$dB,称$\omega_c$为3dB通带截止频率,它是滤波器设计的重要参数之一。

高通、带通和带阻滤波器的技术指标可类似给出。设计滤波器时应该根据指标参数及对滤波特性的要求,选择适合的滤波器类型和设计方法进行设计。

3.2.3 数字滤波器的设计方法

数字滤波器的设计大致包括3个步骤:

(1) 给出所需要的滤波器的技术指标;

(2) 设计一个 $H(z)$ 使其逼近所需要的技术指标；

(3) 实现所设计的 $H(z)$。

通常，频率选择性滤波器可利用 IIR 无限脉冲滤波器和 FIR 有限脉冲滤波器来设计，但两种不同形式的滤波器的设计不同。IIR 滤波器的设计方法主要是借助于模拟滤波器转换的设计方法进行的，因为 IIR 滤波器的单位脉冲响应 $h(n)$ 为无限长序列，无法由 $h(n)$ 确定网络结构，而其系统函数 $H(z)$ 有限，所以设计结果是滤波器系统函数 $H(z)$。FIR 的设计方法主要是建立在理想滤波器频率特性作某种近似的基础上的，近似方法有窗函数法、频率采样法，优化设计方法等，其单位脉冲响应 $h(n)$ 就是直接型网络结构的乘法因子，所以设计的结果是 $h(n)$。

而对于线性相位滤波器，通常采用 FIR 滤波器，其单位脉冲响应满足一定条件，可以证明其相位特性在整个频带中是严格线性的，这是模拟滤波器无法达到的。当然，也可以采用 IIR 滤波器，但必须使用全通网络对其线性相位特性进行相位校正，这样增加了设计与实现的复杂性。

FIR 与 IIR 的主要性能对比如表 3.2.1 所示。

表 3.2.1 FIR 与 IIR 的主要性能对比表

FIR 滤波器	IIR 滤波器
无循环反馈	有循环反馈
常稳定，极点只有零点	必须考虑稳定性
截止特性差，阶数 N 较大	截止特性好
可获得广义线性相位特性	只能与全通相位校正网络级联，以获得近似线性相位特性
不必考虑量化误差的扩大	必须考虑量化误差的扩大
设计方式灵活	主要用于设计具有片段常数特性的滤波器

3.3 IIR 型滤波器的设计

IIR 数字滤波器设计的最通用的方法是借助于模拟滤波器的设计方法。其设计步骤如下：

(1) 按一定规则将给出的数字滤波器的技术指标转换为模拟低通滤波器的技术指标。

(2) 根据转换后的技术指标设计模拟低通滤波器 $H(s)$。

(3) 再按一定规则将 $H(s)$ 转换成 $H(z)$。

若所设计的数字滤波器是低通的，那么上述设计工作可以结束；若所设计的是高通、带通或带阻滤波器，那么还有下面的步骤。

(4) 将高通、带通或带阻数字滤波器的技术指标转化为低通模拟滤波器的技术指标，然后按上述步骤(2)设计出低通 $H(s)$，再将 $H(s)$ 转换为所需的 $H(z)$。

由上述步骤可知，在设计数字滤波器时，先设计模拟低通滤波器，再通过频率变换将其转换成希望滤波器的类型，模拟滤波器的设计方法已经相当成熟，有着大量的现存图表结果可以查阅，而且 MATLAB 软件包中也包含着许多功能强大的设计调用函数。下面将先在理论上介绍模拟低通滤波器的设计方法。

3.3.1 模拟低通滤波器

模拟低通滤波器的设计指标包括 α_p、Ω_p、α_s 和 Ω_s，其中 Ω_p 和 Ω_s 分别为通带截止频率和阻带截止频率，要设计一个低通滤波器 $H_a(s)$ 为

$$H_a(s) = \frac{d_0 + d_1 s + \cdots + d_{N-1} s^{N-1} + d_N s^N}{c_0 + c_1 s + \cdots + c_{N-1} s^{N-1} + c_N s^N}$$

使其对数幅频响应 $20\lg|H(j\Omega)|$ 在 Ω_p，Ω_s 出分别达到 α_p，α_s 的要求。

$$\alpha_p = 20\lg \frac{|H_a(j0)|}{|H_a(j\Omega_p)|} \tag{3.3.1}$$

$$\alpha_s = 20\lg \frac{|H_a(j0)|}{|H_a(j\Omega_s)|} \tag{3.3.2}$$

在 $\Omega=0$ 处幅度归一化到 1，即 $|H_a(j0)|=1$，α_p 和 α_s 表示为

$$\alpha_p = -20\lg|H_a(j\Omega_p)| \tag{3.3.3}$$

$$\alpha_s = -20\lg|H_a(j\Omega_s)| \tag{3.3.4}$$

如图 3.3.1 所示，图中 Ω_c 为 3dB 截止频率。

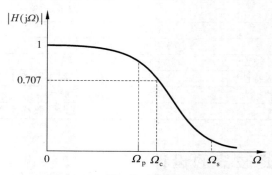

图 3.3.1 低通滤波器的幅频特性

由于一般滤波器的单位脉冲响应为实数，所以

$$|H_a(j\Omega)|^2 = H_a(s)H_a(-s)|_{s=j\Omega} = H_a(j\Omega)H_a^*(j\Omega) \tag{3.3.5}$$

只要求出 $|H_a(j\Omega)|^2$，就可以求出所需要的 $H_a(s)$，因此幅度平方函数在模拟滤波器的设计中起了很重要的作用。而 $H_a(s)$ 必须是稳定的，所以极点必须落在 S 平面的左平面，相应的 $H_a(-s)$ 的极点落在右半平面。

3.3.2 巴特沃斯低通滤波器的设计

Buttlerworth（巴特沃斯）低通滤波器的设计方法可按以下 3 个步骤来进行。

1. 确定阶数 N

将实际频率 Ω 归一化，得到归一化幅频平方特性

$$|H_a(j\Omega)|^2 = \frac{1}{1+\left(\dfrac{\Omega}{\Omega_c}\right)^{2N}} \tag{3.3.6}$$

式中，N 为滤波器的阶数。Ω_c 为 3dB 截止频率，即当 $\Omega_c = \Omega$ 时，$|H_a(j\Omega)| = \dfrac{1}{\sqrt{2}}$；

当 $\Omega = 0$ 时，$|H_a(j\Omega)| = 1$。即在 $\Omega = 0$ 处无衰减；

当 $0 < \Omega < \Omega_c$ 时，$|H_a(j\Omega)|$ 随着 Ω 缓慢减小，N 越大，减小得越慢，即在通带内 $|H_a(j\Omega)|$ 越平坦；

当 $\Omega = \Omega_c$ 时，$|H_a(j\Omega)| = 1/\sqrt{2}$；

当 $\Omega > \Omega_c$ 时，$|H_a(j\Omega)|$ 随着 Ω 迅速衰减，N 越大，衰减得速度越快，即过渡带越窄。

幅频特性与 Ω 和 N 得关系如图 3.3.2 所示。所以阶数 N 的大小影响着幅度特性衰减速度，因此它由技术指标 α_p、Ω_p、α_s 和 Ω_s 确定。将 $\Omega = \Omega_p$ 和 $\Omega = \Omega_s$ 分别代入式(3.3.6)，再将所得的幅频平方函数带入式(3.3.3)，可得

$$1 + \left(\dfrac{\Omega_p}{\Omega_c}\right)^{2N} = 10^{\alpha_p/10} \tag{3.3.7}$$

$$1 + \left(\dfrac{\Omega_s}{\Omega_c}\right)^{2N} = 10^{\alpha_s/10} \tag{3.3.8}$$

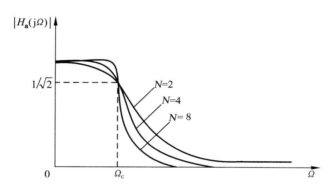

图 3.3.2 巴特沃斯幅度特性和 N 的关系

根据式(3.3.7)和式(3.3.8)可得

$$\left(\dfrac{\Omega_p}{\Omega_s}\right)^N = \sqrt{\dfrac{10^{0.1\alpha_p} - 1}{10^{0.1\alpha_s} - 1}}$$

令 $\lambda_{sp} = \Omega_s / \Omega_p$，$k_{sp} = \sqrt{\dfrac{10^{0.1\alpha_p} - 1}{10^{0.1\alpha_s} - 1}}$，可求得

$$N = -\dfrac{\lg k_{sp}}{\lg \lambda_{sp}} \tag{3.3.9}$$

当 N 有小数时，取大于 N 的最小整数。

2. 求归一化传输函数 $G(p)$

将幅度平方函数 $|H_a(j\Omega)|^2$ 写成 s 的函数

$$H_a(s)H_a(-s) = \frac{1}{1+\left(\dfrac{s}{j\Omega_c}\right)^{2N}} \tag{3.3.10}$$

可知幅度平方函数有 $2N$ 个极点

$$s_k = (-1)^{\frac{1}{2N}}(j\Omega_c)e^{j\frac{2\pi}{2N}k}$$
$$= \Omega_c e^{j\pi(\frac{1}{2}+\frac{2k+1}{2N})}, \quad k=0,1,\cdots,2N-1 \tag{3.3.11}$$

$2N$ 个极点等间隔分布在半径为 Ω_c 的圆上，称该圆为巴特沃斯圆。为了形成稳定的滤波器，$2N$ 个极点中只有取 s 平面左半平面的 N 个极点构成 $H_a(s)$，其表达式为

$$H_a(s) = \frac{\Omega_c^N}{\prod\limits_{k=0}^{N-1}(s-s_k)} \tag{3.3.12}$$

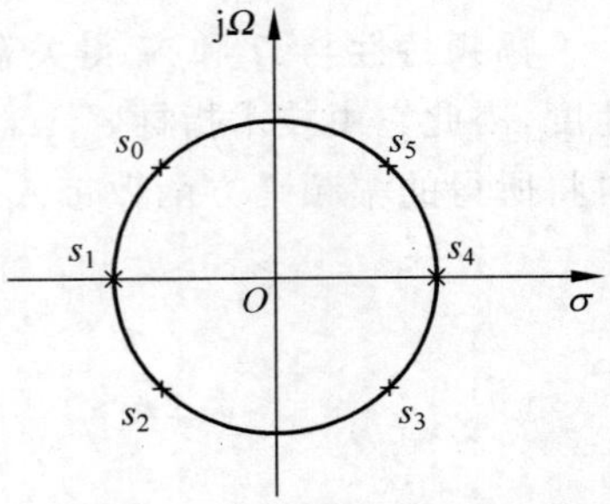

如 $N=3$，有 6 个极点，如图 3.3.3 所示，它们分别为

$$s_0 = \Omega_c e^{j\frac{2}{3}\pi}, \quad s_1 = -\Omega_c, \quad s_2 = \Omega_c e^{-j\frac{2}{3}\pi}$$
$$s_3 = \Omega_c e^{-j\frac{1}{3}\pi}, \quad s_4 = \Omega_c, \quad s_5 = \Omega_c e^{j\frac{1}{3}\pi}$$

图 3.3.3 三阶巴特沃斯滤波器极点分布

取 S 平面左半平面的极点 s_0、s_1、s_2 组成 $H_a(s)$

$$H_a(s) = \frac{\Omega_c^3}{(s+\Omega_c)(s-\Omega_c e^{j\frac{2}{3}\pi})(s-\Omega_c e^{-j\frac{2}{3}\pi})}$$

对 3dB 截止频率 Ω_c 归一化，$H_a(s)$ 可改写为

$$H_a(s) = \frac{1}{\prod\limits_{k=0}^{N-1}\left(\dfrac{s}{\Omega_c}-\dfrac{s_k}{\Omega_c}\right)} \tag{3.3.13}$$

式中，$s/\Omega_c = j\Omega/\Omega_c$。

令 $\lambda = \Omega/\Omega_c$，$p = j\lambda$，$p$ 称为归一化拉氏复变量，得巴特沃斯传输函数为

$$G(p) = \frac{1}{\prod\limits_{k=0}^{N-1}(p-p_k)} \tag{3.3.14}$$

式中，p_k 为归一化极点，表示为

$$p_k = e^{j\pi(\frac{1}{2}+\frac{2k+1}{2N})}, \quad k=0,1,\cdots,N-1 \tag{3.3.15}$$

因为 N 已求得，所以也可以通过查表 3.3.1 来确定 $G(p)$。

3. 求出 Ω_c，将 $G(p)$ 去归一化，得到实际的滤波器传输函数 $H_a(s)$

根据式(3.3.7)和式(3.3.8)可得

$$\Omega_c = \Omega_p(10^{0.1\alpha_p}-1)^{-\frac{1}{2N}} \tag{3.3.16}$$

$$\Omega_c = \Omega_s(10^{0.1\alpha_s}-1)^{-\frac{1}{2N}} \tag{3.3.17}$$

将 $p=s/\Omega_c$ 带入 $G(p)$ 中得到 $H_a(s)$。

表 3.3.1 列出了常见的巴特沃斯归一化低通滤波器参数，设计时可直接使用这些结果。

表 3.3.1　巴特沃斯归一化低通滤波器参数

阶数 N \ 极点位置	$P_{0,N-1}$	$P_{1,N-2}$	$P_{2,N-3}$	$P_{3,N-4}$	$P_{4,N-5}$
1	-1.0000				
2	$-0.7071\pm j0.7071$				
3	$-0.5000\pm j0.8660$	-1.0000			
4	$-0.3827\pm j0.9239$	$-0.9239\pm j0.3827$			
5	$-0.3090\pm j0.9511$	$-0.8090\pm j0.5878$	-1.0000		
6	$-0.2588\pm j0.9659$	$-0.7071\pm j0.7071$	$-0.9659\pm j0.2588$		
7	$-0.2225\pm j0.9749$	$-0.6235\pm j0.7818$	$-0.9010\pm j0.4339$	-1.0000	
8	$0.1951\pm j0.9808$	$0.5556\pm j0.8315$	$-0.8315\pm j0.5556$	$-0.9808\pm j0.1951$	
9	$-0.1736\pm j0.9848$	$-0.5000\pm j0.8660$	$-0.7660\pm j0.6428$	$-0.9397\pm j0.3420$	-1.0000

分母多项式　$B(p)=p^N+b_{N-1}p^{N-1}+b_{N-2}p^{N-2}+\cdots+b_1 p+b_0$

系数 \ 阶数 N	b_0	b_1	b_2	b_3	b_4	b_5	b_6	b_7	b_8
1	1.0000								
2	1.0000	1.4142							
3	1.0000	2.0000	2.0000						
4	1.0000	2.6131	3.4142	2.613					
5	1.0000	3.2361	5.2361	5.2361	3.2361				
6	1.0000	3.8637	7.4641	9.1416	7.4641	3.8637			
7	1.0000	4.4940	10.0978	14.5918	14.5918	10.0978	4.4940		
8	1.0000	5.1258	13.1371	21.8462	25.6884	21.864	13.1371	5.1258	
9	1.0000	5.7588	16.5817	31.1634	41.9864	41.9864	31.1634	16.5817	5.7588

分母因式　$B(p)=B_1(p)B_2(p)B_3(p)B_4(p)B_5(p)$

阶数 N	
1	$(p+1)$
2	$(p^2+1.4142p+1)$
3	$(p^2+p+1)(p+1)$
4	$(p^2+0.7654p+1)(p^2+1.8478p+1)$
5	$(p^2+0.6180p+1)(p^2+1.6180p+1)(p+1)$
6	$(p^2+0.5176p+1)(p^2+1.4142p+1)(p^2+1.9319p+1)$
7	$(p^2+0.4450p+1)(p^2+1.2470p+1)(p^2+1.8019p+1)(p+1)$
8	$(p^2+0.3902p+1)(p^2+1.1111p+1)(p^2+1.6629p+1)(p^2+1.9616p+1)$
9	$(p^2+0.3473p+1)(p^2+p+1)(p^2+1.5321p+1)(p^2+1.8794p+1)(p+1)$

[例 3.3.1]　已知通带截止频率 $f_p=5\text{kHz}$，通带最大衰减 $\alpha_p=2\text{dB}$，阻带截止频率 $f_s=12\text{kHz}$，阻带最小衰减 $\alpha_s=30\text{dB}$。请按照以上指标设计巴特沃斯低通滤波器。

解　(1) 确定阶数 N

$$k_{sp}=\sqrt{\frac{10^{0.1\alpha_p}-1}{10^{0.1\alpha_s}-1}}=0.0242$$

$$\lambda_{sp} = \frac{2\pi f_s}{2\pi f_p} = 2.4$$

$$N = -\frac{\lg 0.0242}{\lg 2.4} = 4.25, \quad \text{取 } N = 5$$

(2) 由式(3.3.15),其极点为

$$p_0 = e^{j\frac{3}{5}\pi}, \quad p_1 = e^{j\frac{4}{5}\pi}, \quad p_2 = e^{j\pi}, \quad p_3 = e^{j\frac{6}{5}\pi}, \quad p_4 = e^{j\frac{7}{5}\pi}$$

由式(3.3.14),归一化传输函数为

$$G(p) = \frac{1}{\prod_{k=0}^{4}(p - p_k)}$$

上式分母可以展开成为五阶多项式,或者将共轭极点放在一起,形成因式分解形式。查表,由 $N=5$,得到

极点:$-0.3090 \pm j0.9511, -0.8090 \pm j0.5878, -1.0000$

$$G(p) = \frac{1}{p^5 + b_4 p^4 + b_3 p^3 + b_2 p^2 + b_1 p + b_0}$$

式中 $b_0 = 1.0000, b_1 = 3.2361, b_2 = 5.2361, b_3 = 5.2361, b_4 = 3.2361$。

$$G(p) = \frac{1}{(p^2 + 0.6180p + 1)(p^2 + 1.6180p + 1)(p + 1)}$$

(3) 为将 $G(p)$ 去归一化,先求 3dB 截止频率 Ω_c。

根据式(3.3.16),得到

$$\Omega_c = \Omega_p (10^{0.1\alpha_p} - 1)^{-\frac{1}{2N}} = 2\pi \cdot 5.2755 \text{krad/s}$$

将 Ω_c 代入(3.2.17)式,得到

$$\Omega_s = \Omega_c (10^{0.1\alpha_s} - 1)^{\frac{1}{2N}} = 2\pi \cdot 10.2525 \text{krad/s}$$

此时算出得 Ω_s 比题目中给出的小,因此,过渡带小于要求,或者说在 $\Omega_s = 12\text{krad/s}$ 时衰减大于 30dB,所以说阻带指标有富余量。

将 $p = s/\Omega_c$ 带入 $G(p)$ 中得到

$$H_a(s) = \frac{\Omega_c^5}{s^5 + b_4 \Omega_c s^4 + b_3 \Omega_c^2 s^3 + b_2 \Omega_c^3 s^2 + b_1 \Omega_c^4 s + b_0 \Omega_c^5}$$

实际上,上例中的设计也可以直接利用 MATLAB 来完成。

```
% Butterworth 模拟低通滤波器的设计演示
Wp = 2 * pi * 5000; Ws = 2 * pi * 12000; Ap = 2; As = 30;     % 滤波器的技术参数
[n, Wn] = butterd(Wp, Ws, Ap, As, 's');                       % 获得滤波器参数
[b, a] = butter(n, Wn, 's');                                  % 设计 butterworth LPF
figure(1);
freqs(b, a, 20000);                                           % 画出设计出的 LPF 频率响应曲线
figure(2);
Wc = 2 * pi * 10.2525 * 1000; b0 = 1.0000; b1 = 3.2361;
b2 = 5.2361; b3 = 5.2361; b4 = 3.2361;                        % 讨论求出的导数值
b = [Wc.^5];
a = [1 b4 * Wc b3 * (Wc.^2) b2 * (Wc.^3) b1 * (Wc^4)(Wc^5)];
```

```
freqs(b,a,20000);                    % 画出讨论求出的 LPF 频率响应特性
```

结果如图 3.3.4 所示。

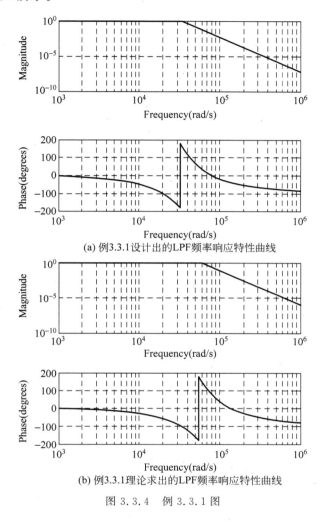

(a) 例3.3.1设计出的LPF频率响应特性曲线

(b) 例3.3.1理论求出的LPF频率响应特性曲线

图 3.3.4 例 3.3.1 图

显然,由 MATLAB 直接设计出来的巴特沃斯 LPF 与讨论计算结果一致的。

巴特沃斯滤波器的特点是具有通带内最平坦的幅度特性。所以又称为"最平"幅频响应滤波器。如果在通带边缘满足指标,则在通带内必有富余量。一种更为有效的办法是将指标的精度要求均匀地分布在通带内,或者均匀地分布在阻带内,或同是分布在通带与阻带内,这时就可设计出较低的滤波器,这种具有等波纹特性的三种精度均匀分布情况分别对应着 Chebyshev(切比雪夫)Ⅰ型、Chebyshev Ⅱ 型的椭圆滤波器显然相比 Butterworth 而言,椭圆滤波器的阶数较低,Chebyshev Ⅰ 和 Chebyshev Ⅱ 型次之。在这里仅以例 3.3.1 中的模拟低通指标为例,介绍一下这三种滤波器的 MATLAB 设计方法。

```
% Chebyshev I,II 型,椭圆滤波器设计演示
Wp = 2 * pi * 5000; Ws = 2 * pi * 12000;Ap = 2; As = 30;   % LPF 技术指标
% Chebyshev I 型 LPF 设计
```

```
[n1,Wn1] = cheb1ord(Wp,Ws,Ap,As,'s');        % 获取滤波器阶数
[b1,a1] = cheby1(n1,Ap,Wn1,'s');             % 设计 Chebyshev Ⅰ型 LPF
figure(1);
freqs(b1,a1,20000);                          % 画出 Chebyshev Ⅰ型 LPF 频率响应特性
曲线
% Chebyshev Ⅱ型 LPF 设计
figure(2);
[n2,Wn2] = cheb2ord(Wp,Ws,Ap,As,'s');        % 获取滤波器阶数
[b2,a2] = cheby2(n2,As,Wn2,'s');             % 设计 Chebyshev Ⅱ型 LPF
freqs(b2,a2,20000);                          % 画出 Chebyshev Ⅱ型 LPF 频率响应特性曲线
% 椭圆 LPF 设计
figure(3);
[n3,Wn3] = ellipord(Wp,Ws,Ap,As,'s');
[b3,a3] = ellip(n3,Ap,As,Wn3,'s');
freqs(b3,a3,20000);                          % 画出椭圆 LPF 频率响应特性曲线
```

程序运行结果如图 3.3.5 所示。

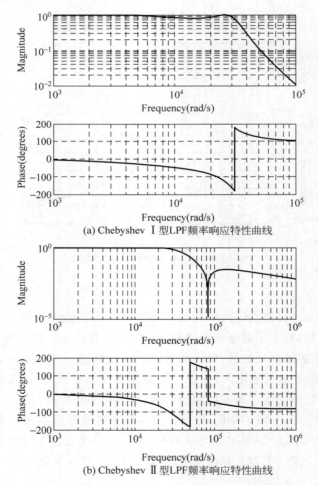

(a) Chebyshev Ⅰ型LPF频率响应特性曲线

(b) Chebyshev Ⅱ型LPF频率响应特性曲线

图 3.3.5 Chebyshev Ⅰ型、Chebyshev Ⅱ型及椭圆 LPF 频率响应特性曲线

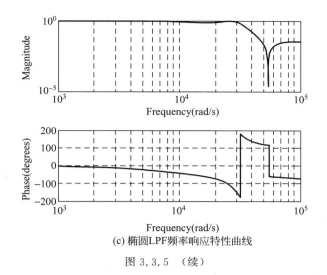

(c) 椭圆LPF频率响应特性曲线

图 3.3.5 （续）

3.3.3 模拟滤波器的频率转换——模拟高通、带通及带阻滤波器的设计

以上较为详细地了解了巴特沃斯低通滤波器的设计方法。模拟高通、带通及带阻可以利用模拟滤波器转换得到。它们的设计方法是先将要设计的滤波器的指标通过某种频率转换关系转成模拟低通滤波器底指标，并依据这些指标设计出低通转移函数，然后再依据频率转换关系变成所要设计的滤波器的转移函数。

1. 模拟高通滤波器的设计

设低通滤波器 $G(p)$ 和高通滤波器 $H(q)$ 的幅频特性如图 3.3.6 所示，其中 $p=j\lambda$，$q=j\eta$。图中 λ_p、λ_s 分别称为低通滤波器的归一化通带截止频率和归一化阻带截止频率，η_p、η_s 分别称为高通滤波器的归一化下限频率和归一化阻带上限频率。

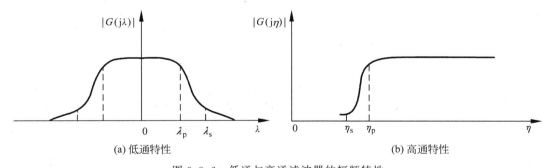

图 3.3.6　低通与高通滤波器的幅频特性

由于 $|G(j\lambda)|$ 和 $|H(j\eta)|$ 都是频率的偶函数，可以把 $|G(j\lambda)|$ 右边曲线和 $|H(j\eta)|$ 曲线对应其来，低通 λ 从 ∞ 经过 λ_s 和 λ_p 到 0 时，高通的 η 则从 0 经过 η_s 和 η_p 到 ∞，因此 λ 和 η 之间的关系为

$$\lambda = 1/\eta \tag{3.3.18}$$

从低通滤波器转换到模拟高通滤波器的设计步骤如下：

(1) 确定高通滤波器的技术指标，例如，通带下限频率 Ω'_p，阻带上限频率 Ω'_s，通带最大衰减 α_p，阻带最小衰减 α_s。

(2) 确定相应低通滤波器的设计指标，根据式(3.3.18)，将高通滤波器的边界频率转换成低通滤波器的边界频率。各项设计指标如下：

① 低通滤波器通带截止频率 $\Omega_p = 1/\Omega'_p$；
② 低通滤波器阻带截止频率 $\Omega_s = 1/\Omega'_s$；
③ 通带最大衰减仍为 α_p，阻带最小衰减仍为 α_s。

(3) 设计归一化低通滤波器 $G(p)$。

(4) 求模拟高通的 $H(s)$。将 $G(p)$ 按照式(3.3.18)，转换成归一化高通 $H(q) = G(p)\big|_{p=\frac{1}{q}}$，为去归一，将 $q = s/\Omega_c$ 代入 $H(q)$ 中得可 $H(s)$，即

$$H(s) = H(q)\bigg|_{q=\frac{s}{\Omega_c}} = G(p)\bigg|_{p=\frac{\Omega_c}{s}} \tag{3.3.19}$$

上式就是由归一化低通直接转换成模拟高通的转换公式。

[例 3.3.2] 设计高通滤波器，$f_p = 200 \text{Hz}$，$f_s = 100 \text{Hz}$，幅度特性单调下降，f_p 处最大衰减为 $\alpha_p = 3 \text{dB}$，阻带最小衰减 $\alpha_s = 15 \text{dB}$。

解 (1) 高通技术要求

$$f_p = 200 \text{Hz}, \quad \alpha_p = 3 \text{dB}, \quad f_s = 100 \text{Hz}, \quad \alpha_s = 15 \text{dB}$$

归一化频率

$$\eta_p = \frac{f_p}{f_c} = 1, \quad \eta_s = \frac{f_s}{f_c} = 0.5$$

(2) 低通技术要求

$$\lambda_p = 1, \quad \lambda_s = \frac{1}{\eta_s} = 2, \quad \alpha_p = 3 \text{dB}, \quad \alpha_s = 15 \text{dB}$$

(3) 设计归一化低通 $G(p)$。采用巴特沃斯滤波器，故

$$k_{sp} = \sqrt{\frac{10^{0.1\alpha_p} - 1}{10^{0.1\alpha_s} - 1}} = 0.18$$

$$\lambda_{sp} = \frac{\lambda_s}{\lambda_p} = 2$$

$$N = -\frac{\lg k_{sp}}{\lg \lambda_{sp}} = 2.47, \quad 取 N = 3$$

$$G(p) = \frac{1}{p^3 + 2p^2 + 2p + 1}$$

(4) 求模拟高通 $H(s)$

$$H(s) = G(p)\bigg|_{p=\frac{\Omega_c}{s}} = \frac{s^3}{s^3 + 2\Omega_c s^2 + 2\Omega_c^2 s + \Omega_c^3}$$

式中 $\Omega_c = 2\pi f_p$。

MATLAB 演示程序如下：

```
% 模拟高通——高通演示
```

```
% 直接采用 MATLAB 设计该高通模拟滤波器
Wp = 2 * pi * 200;Ws = 2 * pi * 100;Ap = 2;As = 15;    % HPF 性能指标
[n,Wn] = butterd(Wp,Ws,Ap,As,'s');                     % 获得滤波器参数
[b,a] = butter(n,Wn,'high','s');                       % 设计 butterworth HPF
figure(1);
freqs(b,a,20000);                                      % 画出设计出的 HPF 频率响应曲线
Wc = 2 * pi * 200;
b1 = [1000];a1 = [12 * Wc2 * Wc.^2Wc.^3];
figure(2);
freqs(b1,a1,2000);                                     % 画出理论求出的 HPF 频率响应特性曲
```

运行结果如图 3.3.7 所示。

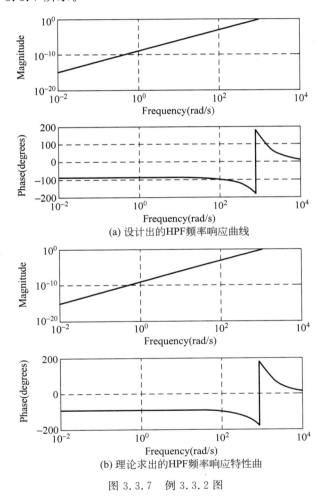

图 3.3.7 例 3.3.2 图

2. 模拟带通滤波器的设计

低通滤波器与带通滤波器的幅度特性如图 3.3.8 所示。
从低通滤波器转换到模拟带通滤波器的设计步骤如下：
(1) 确定模拟带通滤波器的技术指标(见图 3.3.8)。
带通上限频率 Ω_u，带通下限频率 Ω_l，下阻带上限频率 Ω_{s1}，上阻带下限频率 Ω_{s2}，通带

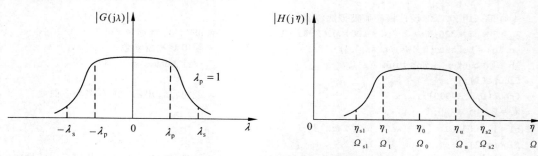

图 3.3.8 带通与低通滤波器的幅度特性

中心频率 Ω_0,$\Omega_0^2=\Omega_1\Omega_u$,通带宽度 $B=\Omega_u-\Omega_1$。与以上边界频率对应的归一化边界频率如下

$$\eta_{s1}=\frac{\Omega_{s1}}{B}, \quad \eta_{s2}=\frac{\Omega_{s2}}{B},$$

$$\eta_1=\frac{\Omega_1}{B}, \quad \eta_u=\frac{\Omega_u}{B}, \quad \eta_0^2=\eta_1\eta_u$$

将带通和低通的幅度特性对应起来,可以到 λ 和 η 的对应关系如表 3.3.2 所示。

表 3.3.2 λ 和 η 的对应关系

λ	$-\infty$	$-\lambda_s$	$-\lambda_p$	0	λ_p	λ_s	∞
η	0	η_{s1}	η_1	η_0	η_u	η_{s2}	∞

λ 和 η 的对应关系为

$$\lambda=\frac{\eta^2-\eta_0^2}{\eta} \tag{3.3.20}$$

还需要确定的技术指标有:通带最大衰减 α_p,阻带最小衰减 α_s。

(2) 确定归一化模拟低通技术要求

$$\lambda_p=1, \quad \lambda_s=\frac{\eta_{s2}^2-\eta_0^2}{\eta_{s2}}, \quad -\lambda_s=\frac{\eta_{s1}^2-\eta_0^2}{\eta_{s1}}$$

λ_s 与 $-\lambda_s$ 的绝对值可能不相等,一般取绝对值较小的 λ_s,这样保证在较大的 λ_s 处能满足要求。通带最大衰减仍为 α_p,阻带最小衰减亦为 α_s。

(3) 设计归一化模拟低通 $G(p)$。

(4) 直接将 $G(p)$ 转换成带通滤波器 $H(s)$。

由于

$$p=j\lambda$$

代入式(3.3.20)可得

$$p=j\frac{\eta^2-\eta_0^2}{\eta}$$

将 $q=j\eta$ 代入上式可得

$$p=\frac{q^2+\eta_0^2}{q}$$

去归一化,将 $q=s/B$ 代入上式

$$p = \frac{s^2 + \Omega_l \Omega_u}{s(\Omega_u - \Omega_l)} \qquad (3.3.21)$$

因此

$$H(s) = G(p) \Big|_{p = \frac{s^2 + \Omega_l \Omega_u}{s(\Omega_u - \Omega_l)}} \qquad (3.3.22)$$

3. 模拟带阻滤波器的设计

低通与带通滤波器得幅频特性如图 3.3.9 所示。

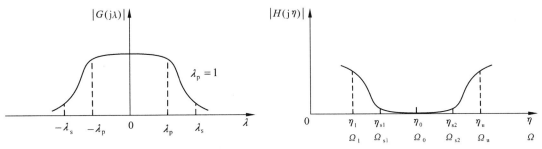

图 3.3.9　低通与带阻滤波器的幅频特性

下面介绍从低通滤波器转换到模拟带阻滤波器的设计步骤。

(1) 确定模拟带阻滤波器的设计要求。

上通带截止频率 Ω_u，下通带截止频率 Ω_l，阻带下限频率 Ω_{s1}，阻带上限频率 Ω_{s2}，阻带中心频率 $\Omega_0^2 = \Omega_l \Omega_u$，阻带宽度 $B = \Omega_u - \Omega_l$。

以上边界频率对应的归一化边界频率如下：

$$\eta_{s1} = \frac{\Omega_{s1}}{B}, \quad \eta_{s2} = \frac{\Omega_{s2}}{B},$$

$$\eta_l = \frac{\Omega_l}{B}, \quad \eta_u = \frac{\Omega_u}{B}, \quad \eta_0^2 = \eta_l \eta_u$$

将带阻和低通的幅度特性对应起来，可以得到 λ 和 η 的对应关系如表 3.3.3 所示。

表 3.3.3　λ 和 η 的对应关系

λ	$-\infty$	$-\lambda_s$	$-\lambda_p$	0	0	λ_p	λ_s	∞
η	η_0	η_{s2}	η_u	∞	0	η_l	η_{s1}	η_0

得到 λ 和 η 的关系为

$$\lambda = \frac{\eta}{\eta^2 - \eta_0^2} \qquad (3.3.23)$$

还需要确定的技术指标有：通带最大衰减 α_p，阻带最小衰减 α_s。

(2) 确定归一化模拟低通技术要求

$$\lambda_p = 1, \quad -\lambda_s = \frac{\eta_{s1}}{\eta_{s1}^2 - \eta_0^2}, \quad \lambda_s = \frac{\eta_{s2}}{\eta_{s2}^2 - \eta_0^2}$$

取 λ_s 与 $-\lambda_s$ 绝对值较小的 λ_s，这样保证在较大的 λ_s 处能满足要求；通带最大衰减仍为 α_p，阻带最小衰减亦为 α_s。

(3) 设计归一化模拟低通 $G(p)$。

(4) 直接将 $G(p)$ 转换成带阻滤波器 $H(s)$。

可以得到

$$p = \frac{s(\Omega_u - \Omega_l)}{s^2 + \Omega_l \Omega_u} \tag{3.3.24}$$

因此

$$H(s) = G(p) \Big|_{p = \frac{s(\Omega_u - \Omega_l)}{s^2 + \Omega_l \Omega_u}} \tag{3.3.25}$$

3.3.4 模拟与数字滤波器的转换方法

要得到数字滤波器,还需要对上述方法设计的模拟滤波器进行转换,本节将介绍两种方法。

1. 脉冲响应不变法

脉冲响应不变法本质上是一种时域逼近方法。利用数字滤波器的脉冲响应 $h(n)$ 与模拟滤波器的脉冲响应在采样点上的值 $h_a(t)\big|_{t=nT}$ 相等,即

$$h(n) = h_a(t)\big|_{t=nT} \tag{3.3.26}$$

来得到变换关系的。如果给定的模拟滤波器为 $H_a(s)$,则其拉普拉斯反变换为 $h_a(t)$,对其采样得到 $h(n)$,再对 $h(n)$ 进行 Z 变换即可得到 $H(z)$。

以具有单阶极点的系统 $H_a(s)$ 为例,如果它分母多项式的阶次高于分子多项式的阶次,则可以表达为

$$H_a(s) = \sum_{i=1}^{N} \frac{A_i}{s - s_i} \tag{3.3.27}$$

则

$$h_a(t) = \sum_{i=1}^{N} A_i e^{s_i t} u(t) \tag{3.3.28}$$

$h_a(t)$ 采样有

$$h(n) = h_a(nT) = \sum_{i=1}^{N} A_i e^{s_i nT} u(nT) \tag{3.3.29}$$

则

$$H(z) = \sum_{i=1}^{N} \frac{A_i}{1 - e^{s_i T} z^{-1}} \tag{3.3.30}$$

极点情况更复杂的情形,请读者查阅相关的书籍。

比较式(3.3.27)与式(3.3.30),可以看出 Z 平面与 S 平面的映射关系:当 $s = s_i$ 时,有 $z = e^{s_i T}$,映射 $z = e^{sT}$ 将 S 左半平面映射成 Z 平面的单位圆。因此,如果模拟滤波器是稳定的,数字滤波器也是稳定的,数字滤波器保持了模拟滤波器的时域瞬态特性。但由于该方法进行了采样,必须要满足采样定理,如果模拟滤波器的频响不是真正带限,用这种脉冲响应不变法设计的数字滤波器的频谱要发生混叠,系统将失真,在使用时要特别注意。由于高通滤波器和带阻滤波器的频带都不是带限的,因此,不能将这种方法应用于高通和带阻滤波器的设计。

[例 3.3.3] 利用脉冲响应不变法,将系统函数为

$$H_a(s) = \frac{1}{s^2 + s + 1}$$

的模拟滤波器转换成数字 IIR 滤波器,并分别取 $T=0.05$ 和 $T=0.3$ 利用 MATLAB 来演示频谱的混叠现象。

解 将 $H_a(s)$ 进行分解,得

$$H_a(s) = \frac{\frac{1}{\sqrt{3}\text{j}}}{s - \frac{-1+\sqrt{3}\text{j}}{2}} - \frac{\frac{1}{\sqrt{3}\text{j}}}{s - \frac{-1-\sqrt{3}\text{j}}{2}}$$

模拟滤波器在 $s_{1,2} = \frac{-1 \pm \sqrt{3}\text{j}}{2}$ 处有一对共轭极点,根据脉冲响应不变法,相应的数字滤波器的系统函数为

$$H(z) = \frac{\frac{1}{\sqrt{3}\text{j}}}{1 - e^{\frac{-1+\sqrt{3}\text{j}}{2}T}z^{-1}} - \frac{\frac{1}{\sqrt{3}\text{j}}}{1 - e^{\frac{-1-\sqrt{3}\text{j}}{2}T}z^{-1}}$$

$$= \frac{e^{-\frac{1}{2}T} \sin \frac{\sqrt{3}}{2}T z^{-1}}{1 - 2e^{\frac{-1}{2}T}z^{-1} \cos \frac{\sqrt{3}}{2}T + e^{-T}z^{-2}}$$

$$= \frac{2}{\sqrt{3}} \frac{e^{-\frac{1}{2}T} \sin \frac{\sqrt{3}}{2}T z^{-1}}{(1 - e^{-\frac{T}{2} - \frac{\sqrt{3}}{2}\text{j}T}z^{-1})(1 - e^{-\frac{T}{2} + \frac{\sqrt{3}}{2}\text{j}T}z^{-1})}$$

```
%脉冲不变法频域混叠演示
b=[0 0 1];a=[1 1 1];
figure(1);
freqs(b,a,10000);
%分析 T=0.05 和 T=0.3 情况下的混叠效果
[b1,a1]=impinvar(b,a,1/0.05);
figure(2);
freqz(b1,a1);
[b2,a2]=impinvar(b,a,1/0.3);
figure(3);
freqz(b2,a2);
```

结果如图 3.3.10 所示。

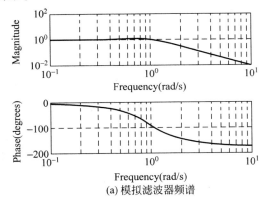

(a) 模拟滤波器频谱

图 3.3.10 例 3.3.3 脉冲不变法频域混叠

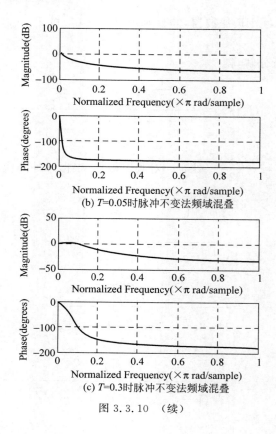

(b) $T=0.05$ 时脉冲不变法频域混叠

(c) $T=0.3$ 时脉冲不变法频域混叠

图 3.3.10 （续）

2. 双线性变换法

由于频谱带宽的严格限制，脉冲响应不变法在应用中受到限制，而双线性变换法则是采用非线性频率压缩，将整个频率轴上的频率范围压缩到 $\pm\pi/T$ 之间，再用 $z=e^{sT}$ 转换到 Z 平面上，避免了频谱混叠。图 3.3.11 显示了这一变换过程。首先用反正切变换

$$\Omega_1 = \frac{2}{T}\arctan\frac{\Omega T}{2} \tag{3.3.31}$$

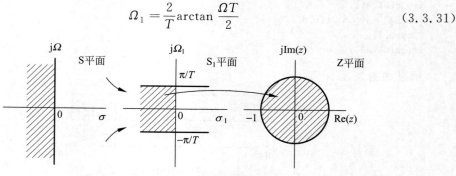

图 3.3.11 双线性变换法的映射关系

实现频率压缩，当 Ω 从 $-\infty$ 经过 0 变化到 $+\infty$ 时，Ω_1 则从 $-\pi/T$ 经过 0 变化到 π/T，实现了 S 平面上整个虚轴到 $\pm\pi/T$ 之间的变换。令经过非线性频率压缩后的系统函数用 $H_a(s_1)$，$s_1 = j\Omega_1$ 表示，有

$$s = j\Omega = j\frac{2}{T}\tan\frac{\Omega_1 T}{2} = \frac{2}{T}\frac{1-e^{-s_1 T}}{1+e^{-s_1 T}} \tag{3.3.32}$$

再通过 $z = e^{s_1 T}$ 转换到 Z 平面上,得到

$$s = \frac{2}{T}\frac{1-z^{-1}}{1+z^{-1}} \tag{3.3.33}$$

$$z = \frac{\frac{2}{T}+s}{\frac{2}{T}-s} \tag{3.3.34}$$

由于从 S 平面到 S_1 平面具有非线性频率压缩的功能,因此不可能产生频率混叠现象,这是双线性变换的最大优点。另外,从 S_1 平面转换到 Z 平面仍然采用标准转换关系 $z = e^{s_1 T}$,S_1 平面 $\pm\pi/T$ 之间水平带的左半部分映射到 Z 平面单位圆内部,虚轴映射单位圆。这样,$H_a(s)$ 因果稳定,转换成 $H(z)$ 也时因果稳定的。

由于 $s = j\Omega, z = e^{j\omega}$,代入式(3.3.33),可得

$$j\Omega = \frac{2}{T}\frac{1-e^{-j\omega}}{1+e^{-j\omega}}$$

$$\Omega = \frac{2}{T}\tan\frac{\omega}{2} \tag{3.3.35}$$

图 3.3.12 显示了这种频率变换关系。可见 S 平面上 Ω 与 Z 平面的 ω 成非线性正切关系,如图 3.3.11 所示。在 $\omega=0$ 附近接近线性关系;当 ω 增加时,Ω 增加得越来越快;当 ω 趋近 π 时,Ω 趋近于 ∞。正是由于这种非线性关系,消除了频率混叠现象。

显然,要想利用双线性变换法来设计数字滤波器,首先必须利用式(3.3.35)进行数字-模拟频率的预畸变处理。

双线性变换法避免了脉冲响应不变法所带来的混叠问题,但是却引入了频率轴非线性压缩,只有当这种压缩在容许范围内进行补偿时,如在滤波器具有近似理想的分段恒定幅度响应特性的情况下,使用双线性变换法设计离散时间滤波器才会有效。而且又无法避免这种频率轴的失真所引起的滤波器相位响应的畸变。例如,双线性变换法不能将连续时间微分器映射成离散时间微分器。

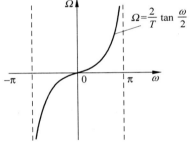

图 3.3.12 双线性变换法的频率
变换关系

双线性变换法可由简单的代数式(3.3.33)将 $H_a(s)$ 直接转换成 $H(z)$,但当阶数稍高时,将 $H(z)$ 整理成需要的形式,也不是一个简单的工作。为简化设计,已将模拟滤波器各系数和经双线性变换法得到的数字滤波器的各系数之间关系,列成表格供设计时使用。

设

$$H_a(s) = \frac{A_0 + A_1 s + A_2 s^2 + \cdots + A_k s^k}{B_0 + B_1 s + B_2 s^2 + \cdots + B_k s^k}$$

$$H(z) = H_a(s)\Big|_{s=\frac{2}{T}\frac{1-z^{-1}}{1+z^{-1}}}$$

$$H(z) = \frac{a_0 + a_1 z^{-1} + a_2 z^{-2} + \cdots + a_k z^{-k}}{1 + b_1 z^{-1} + b_2 z^{-2} + \cdots + b_k z^{-k}}$$

系数 A_k、B_k 和 a_k、b_k 之间关系见表 3.3.4。

表 3.3.4 系数关系表

$k=1$	A	$B_0 + B_1 C$
	a_1	$(A_0 + A_1 C)/A$
	a_0	$(A_0 - A_1 C)/A$
	b_1	$(B_0 - B_1 C)/A$
$k=2$	A	$B_0 + B_1 C + B_2 C^2$
	a_0	$(A_0 + A_1 C + A_2 C^2)/A$
	a_1	$(2A_0 - 2A_2 C^2)/A$
	a_2	$(A_0 - A_1 C + A_2 C^2)/A$
	b_1	$(2B_0 - 2B_2 C^2)/A$
	b_2	$(B_0 - B_1 C + B_2 C^2)/A$
$k=3$	A	$B_0 + B_1 C + B_2 C^2 + B_3 C^3$
	a_0	$(A_0 + A_1 C + A_2 C^2 + A_3 C^3)/A$
	a_1	$(3A_0 + A_1 C - A_2 C^2 - 3A_3 C^3)/A$
	a_2	$(3A_0 - A_1 C - A_2 C^2 + 3A_3 C^3)/A$
	a_3	$(A_0 - A_1 C + A_2 C^2 - A_3 C^3)/A$
	b_1	$(3B_0 + B_1 C - B_2 C^2 - 3B_3 C^3)/A$
	b_2	$(3B_0 - B_1 C - B_2 C^2 + 3B_3 C^3)/A$
	b_3	$(B_0 + B_1 C + B_2 C^2 + B_3 C^3)/A$
$k=4$	A	$B_0 + B_1 C + B_2 C^2 + B_3 C^3 + B_4 C^4$
	a_0	$(A_0 + A_1 C + A_2 C^2 + A_3 C^3 + A_4 C^4)/A$
	a_1	$(4A_0 + 2A_1 C - 2A_3 C^3 - 4A_4 C^4)/A$
	a_2	$(6A_0 - 2A_2 C^2 + 6A_4 C^4)/A$
	a_3	$(4A_0 - 2A_1 C + 2A_3 C^3 - 4A_4 C^4)/A$
	a_4	$(A_0 - A_1 C + A_2 C^2 - A_3 C^3 + A_4 C^4)/A$
	b_1	$(4B_0 + 2B_1 C - 2B_3 C^3 - 4B_4 C^4)/A$
	b_2	$(6B_0 - 2B_2 C^2 + 6B_4 C^4)/A$
	b_3	$(4B_0 - 2B_1 C + 2B_3 C^3 - 4B_4 C^4)/A$
	b_4	$(B_0 - B_1 C + B_2 C^2 - B_3 C^3 + B_4 C^4)/A$

		续表
$k=5$	A	$B_0+B_1C+B_2C^2+B_3C^3+B_4C^4+B_5C^5$
	a_0	$(A_0+A_1C+A_2C^2+A_3C^3+A_4C^4+A_5C^5)/A$
	a_1	$(5A_0+3A_1C+A_2C^2-A_3C^3-3A_4C^4-5A_5C^5)/A$
	a_2	$(10A_0+2A_1C-2A_2C^2-2A_3C^3+2A_4C^4+10A_5C^5)/A$
	a_3	$(10A_0-2A_1C-2A_2C^2+2A_3C^3+2A_4C^4-10A_5C^5)/A$
	a_4	$(5A_0-3A_1C+A_2C^2+A_3C^3-3A_4C^4+5A_5C^5)/A$
	a_5	$(A_0-A_1C+A_2C^2-A_3C^3+A_4C^4-A_5C^5)/A$
	b_1	$(5B_0+3B_1C+B_2C^2-B_3C^3-3B_4C^4-5B_5C^5)$
	b_2	$(10B_0+2B_1C-2B_2C^2-2B_3C^3+2B_4C^4+10B_5C^5)$
	b_3	$(10B_0-2B_1C-2B_2C^2+2B_3C^3+2B_4C^4-10B_5C^5)$
	b_4	$(5B_0-3B_1C+B_2C^2+B_3C^3-3B_4C^4+5B_5C^5)$
	b_5	$(B_0-B_1C+B_2C^2-B_3C^3+B_4C^4-B_5C^5)$

[**例 3.3.4**] 用双线性不变法将图 3.3.12 所示的 RC 低通滤波器换成数字滤波器。

解 先按照图 3.3.13 所示,该滤波器的传输函数 $H_a(s)$ 为

$$H_a(s)=\frac{a}{a+s}, \quad a=\frac{1}{RC}$$

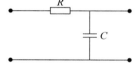

图 3.3.13 例 3.3.4 的 RC 低通滤波器

数字滤波器的系统函数 $H(z)$ 为

$$H(z)=H_a(s)\Big|_{s=\frac{2}{T}\frac{1-z^{-1}}{1+z^{-1}}}=\frac{a_1(1+z^{-1})}{1+a_2z^{-1}}$$

$$a_1=\frac{aT}{aT+2}, \quad a_2=\frac{aT-2}{aT+2}$$

[**例 3.3.5**] 用双线性变换法设计一个 Butterworth 低通数字滤波器,频率 f 在 500Hz 处衰减 3dB,在 750Hz 处衰减至少 15dB,采样频率为 2000Hz,确定系统函数 $H(z)$。

解 (1) 求数字指标 ω_p 和 ω_s

$$\omega_p=\Omega'_pT=\frac{2\pi\times500}{2000}=\frac{\pi}{2}$$

$$\omega_s=\Omega'_sT=\frac{2\pi\times750}{2000}=0.75\pi$$

(2) 求 Ω_p,Ω_s

利用频率预畸变公式有

$$\Omega_p=\frac{2}{T}\tan\frac{\omega_p}{2}=\frac{2}{T}\tan\frac{\pi}{4}=\frac{2}{T}=\Omega_c$$

$$\Omega_s=\frac{2}{T}\tan\frac{\omega_s}{2}=\frac{2}{T}\tan\frac{0.75\pi}{2}=\frac{1}{T}\times4.828$$

(3) 确定滤波器阶数

$$\lambda_{sp} = \frac{\Omega_s}{\Omega_p} = \frac{4.828 \times \frac{1}{T}}{\frac{2}{T}} = 2.414$$

$$k_{sp} = \sqrt{\frac{10^{0.1\alpha_p} - 1}{10^{0.1\alpha_s} - 1}} = \sqrt{\frac{10^{0.1 \times 3} - 1}{10^{0.1 \times 15} - 1}} = 0.1803$$

$$N = -\frac{\lg k_{sp}}{\lg \lambda_{sp}} = -\frac{\lg 0.1803}{\lg 2.414} = 1.944, \quad N = 2$$

(4) 确定系统函数

$$G(p) = \frac{1}{p^2 + \sqrt{2}\, p + 1}, \quad \Omega_p = \Omega_c = \frac{2}{T}$$

$$p = \frac{s}{\Omega_c}\bigg|_{s=\frac{2}{T}\frac{1-z^{-1}}{1+z^{-1}}} = \frac{1}{\Omega_c} \times \frac{2}{T} \times \frac{1-z^{-1}}{1+z^{-1}} = \frac{1-z^{-1}}{1+z^{-1}}$$

$$H(z) = G(p)\bigg|_{p=\frac{1-z^{-1}}{1+z^{-1}}} = \frac{1}{\left(\frac{1-z^{-1}}{1+z^{-1}}\right)^2 + \sqrt{2}\left(\frac{1-z^{-1}}{1+z^{-1}}\right) + 1}$$

$$= \frac{(1+z^{-1})^2}{(2+\sqrt{2}) + (2-\sqrt{2})z^{-2}}$$

可以利用 MATLAB 来完成滤波器的设计,分别对比采用双线性法和脉冲响应不变法的区别。

```
% 数字低通双线性变换与脉冲不变法程序
Wp = 500 * 2 * pi;Ws = 150 * 2 * pi;Ap = 3;As = 15;Fs = 2000;
[n,Wn] = butterd(Wp,Ws,Ap,As,'s');    % 选择 Butterworth 滤波器参数
[b,a] = butter(n,Wn,'s');             % 采用双线性变换法进行离散化处理
[bn1,an1] = bilinear(b,a,2000);       % 双线性变换
[H1,W] = freqz(bn1,an1);
% 采用脉冲响应不变法进行离散化处理
[bn2,an2] = impinvar(b,a,2000);       % 脉冲响应不变法
[H2,W] = freqz(bn2,an2);
plot(W,abs(H1),'-.',W,abs(H2),'-');
grid;xlabel('频率');ylabel('幅度响应');
legend('双线性变法','脉冲响应不变法');
```

结果如图 3.3.14 所示。

[**例 3.3.6**] 设计低通数字滤波器,要求通带内频率低于 $0.2\pi\,\mathrm{rad}$ 时,允许幅度误差在 1dB 之内,频率在 $0.3\pi \sim \pi$ 之间的阻带衰减大于 10dB,试用巴特沃斯型模拟滤波器,采用双线性法设计。

解 $\omega_p = 0.2\pi\,\mathrm{rad}, \quad \alpha_p = 1\mathrm{dB}$

$\omega_s = 0.3\pi\,\mathrm{rad}, \quad \alpha_s = 10\mathrm{dB}$

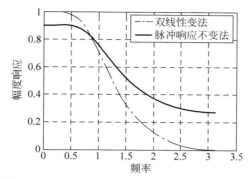

图 3.3.14 采用双线性法和脉冲响应不变法的区别

(1) 频率预畸变

$$\Omega_p = \frac{2}{T}\tan\frac{\omega_p}{2} = \frac{2}{T}\tan 0.1\pi = 0.649/T(\text{rad/s})$$

$$\Omega_s = \frac{2}{T}\tan\frac{\omega_s}{2} = \frac{2}{T}\tan 0.15\pi = 1.019/T(\text{rad/s})$$

$$\alpha_s = 10\text{dB}$$

(2) 确定滤波器阶数

$$k_{sp} = \sqrt{\frac{10^{0.1\alpha_p}-1}{10^{0.1\alpha_s}-1}} = \sqrt{\frac{10^{0.1}-1}{10^1-1}} = 0.1696$$

$$\lambda_{sp} = \frac{\Omega_s}{\Omega_p} = \frac{1.019\times\frac{1}{T}}{\frac{0.649}{T}} = 1.5682$$

$$N = -\frac{\lg k_{sp}}{\lg \lambda_{sp}} = -\frac{\lg 0.1696}{\lg 1.5682} = 3.9435,\quad 取\ N=4$$

(3) 查表求归一化低通滤波器函数

$$G(p) = \frac{1}{p^4+2.613p^3+3.4142p^2+2.6131p+1}$$

(4) 求滤波器系统函数 $H(z)$

$$\Omega_c = \Omega_p(10^{0.1\alpha_p}-1)^{-\frac{1}{2N}} = 0.649(10^{0.1}-1)^{-\frac{1}{8}}/T = 0.7743/T(\text{rad/s})$$

$$s = \frac{2}{T}\frac{1-z^{-1}}{1+z^{-1}},\quad p = \frac{s}{\Omega_c} = \frac{sT}{0.7743} = \frac{2(1-z^{-1})}{0.7743(1+z^{-1})}$$

$$H(z) = G(p)\Big|_{p=\frac{s}{\Omega_c}} = H(z)$$

$$= \frac{0.8329\times 10^{-2}+0.3331\times 10^{-1}z^{-1}+0.4997\times 10^{-1}z^{-2}+0.3331z^{-3}+0.8329z^{-4}}{1-2.0872z^{-1}+1.8948z^{-2}-0.8119z^{-3}+0.1375z^{-4}}$$

可以用 MATLAB 来验证该设计结果是否正确。

```
% 低通数字滤波器
b = [0.008329 0.03331 0.04997 0.3331 0.8329];
```

a = [1 -2.0872 1.8948 -0.8119 0.1375];
freqz(b,a,1000);

结果如图 3.3.15 所示。

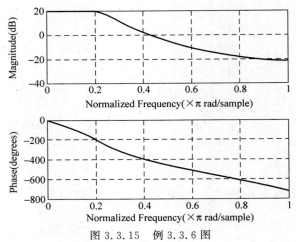

图 3.3.15 例 3.3.6 图

[**例 3.3.7**] 设计一个数字高通滤波器,要求通带截止频率 $\omega_p = 0.8\pi$ rad 时,通带衰减不大于 3dB,阻带截止频率 $\omega_s = 0.5\pi$,阻带衰减不小于 10dB。试采用巴特沃斯型滤波器进行设计。

解 (1) 已知数字高通滤波器指标:$\omega_p = 0.8\pi$ rad,$\alpha_p = 3$dB,$\omega_s = 0.5\pi$ rad,$\alpha_s = 10$dB。

(2) 由于设计的是高通数字滤波器,所以采用双线性变换法,进行预畸变校正确定相应的模拟高通滤波器指标(为了计算方便,取 $T = 2$s)

$$\Omega_p = \frac{2}{T}\tan\frac{\omega_p}{2} = \tan 0.4\pi = 3.0777 (\text{rad/s})$$

$$\Omega_s = \frac{2}{T}\tan\frac{\omega_s}{2} = \tan 0.25\pi = 1 (\text{rad/s})$$

(3) 将高通滤波器指标转换成模拟低通指标。由于 $\Omega_p = \Omega_c$

$$\eta_p = \frac{\Omega_p}{\Omega_c} = 1, \quad \eta_s = \frac{\Omega_s}{\Omega_c} = \frac{1}{3.0777} = 0.3249$$

$$\lambda_p = \frac{1}{\eta_p} = 1, \quad \lambda_s = \frac{1}{\eta_s} = 3.0777$$

(4) 设计归一化低通 $G(p)$

$$k_{sp} = \sqrt{\frac{10^{0.1\alpha_p} - 1}{10^{0.1\alpha_s} - 1}} = \sqrt{\frac{10^{0.3} - 1}{10 - 1}} = 0.333$$

$$\lambda_{sp} = \frac{\lambda_s}{\lambda_p} = 3.0777, \quad N = -\frac{\lg k_{sp}}{\lg \lambda_{sp}} = 0.97, \quad \text{取 } N = 1$$

可得

$$G(p) = \frac{1}{p+1}$$

(5) 频率变换,求模拟高通 $H_a(s)$

$$H_a(s) = G(p)\bigg|_{p = \frac{\Omega_c}{s}} = \frac{s}{s + \Omega_c} = \frac{s}{s + 3.0777}$$

(6) 用双线性变换法将 $H_a(s)$ 转换成 $H(z)$

$$H(z) = H_a(s)\Big|_{s=\frac{1-z^{-1}}{1+z^{-1}}} = \frac{1-z^{-1}}{4.0777 + 2.0777z^{-1}}$$

上例利用 MATLAB 来进行设计：

```
% 数字高通滤波器设计程序
Wp = 0.8; Ws = 0.5; Ap = 3; As = 10;
[N,Wn] = butterd(Wp,Ws,Ap,As);        % 选择 Butterworth 滤波器参数
[B,A] = butter(N,Wn,'high');          % 设计数字高通滤波器
freqz(B,A);
```

结果如图 3.3.16 所示。

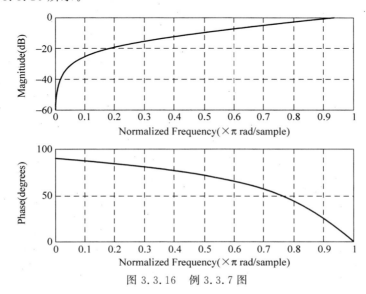

图 3.3.16　例 3.3.7 图

[**例 3.3.8**]　设计一个数字带通滤波器，通带范围为 0.25πrad 到 0.45πrad，通带内最大衰减为 3dB，0.15πrad 以下和 0.55πrad 以上为阻带，阻带内最小衰减为 18dB，采用巴特沃斯方法设计。

解　(1) 确定带通滤波器技术指标

$$\omega_u = 0.45\pi(\text{rad}), \quad \omega_l = 0.25\pi(\text{rad})$$
$$\omega_{s2} = 0.55\pi(\text{rad}), \quad \omega_{s1} = 0.15\pi(\text{rad})$$

通带内最大衰减 $\alpha_p = 3$dB，阻带内最小衰减 $\alpha_s = 15$dB。

(2) 确定相应模拟滤波器技术指标。为计算简单，设 $T = 2$s。

$$\Omega_u = \frac{2}{T}\tan\frac{\omega_u}{2} = \tan 0.225\pi = 0.8541(\text{rad/s})$$

$$\Omega_l = \frac{2}{T}\tan\frac{\omega_l}{2} = \tan 0.125\pi = 0.4142(\text{rad/s})$$

$$\Omega_{s2} = \frac{2}{T}\tan\frac{\omega_{s2}}{2} = \tan 0.275\pi = 1.1708(\text{rad/s})$$

$$\Omega_{s1} = \frac{2}{T}\tan\frac{\omega_{s1}}{2} = \tan 0.075\pi = 0.2401(\text{rad/s})$$

通带中心频率
$$\Omega_0 = \sqrt{\Omega_u \Omega_l} = 0.5948 (\text{rad/s})$$
带宽
$$B = \Omega_u - \Omega_l = 0.4399 (\text{rad/s})$$
将以上边界频率对 B 归一化，得到相应归一化带通边界频率
$$\eta_u = \frac{\Omega_u}{B} = 1.9416, \quad \eta_l = \frac{\Omega_l}{B} = 0.9416$$
$$\eta_{s2} = \frac{\Omega_{s2}}{B} = 2.6615, \quad \eta_{s1} = \frac{\Omega_{s1}}{B} = 0.5458$$
$$\eta_0 = \sqrt{\eta_u \eta_l} = 1.3521$$

(3) 由归一化带通指标确定相应模拟归一化低通技术指标。

归一化阻带截止频率为
$$\lambda_s = \frac{\eta_{s2}^2 - \eta_0^2}{\eta_{s2}} = 1.9746, \quad -\lambda_s = \frac{\eta_{s1}^2 - \eta_0^2}{\eta_{s1}} = -2.8037$$
取 $\lambda_s = 1.9746$，归一化通带截止频率为 $\lambda_p = 1, \alpha_p = 3\text{dB}, \alpha_s = 18\text{dB}$。

(4) 设计模拟归一化低通 $G(p)$
$$k_{sp} = \sqrt{\frac{10^{0.1\alpha_p} - 1}{10^{0.1\alpha_s} - 1}} = \sqrt{\frac{10^{0.3} - 1}{10^{1.8} - 1}} = 0.1266$$
$$\lambda_{sp} = \frac{\lambda_s}{\lambda_p} = 1.9746, \quad N = -\frac{\lg k_{sp}}{\lg \lambda_{sp}} = -\frac{\lg 0.1266}{\lg 1.9746} = 3.04$$

取 $N=3$，因为 3.04 很接近 3，所以取 $N=3$ 基本满足要求，且系统简单。查表可得归一化低通系统函数 $G(p) = \dfrac{1}{p^3 + 2p^2 + 2p + 1}$。

(5) 频率变换，将 $G(p)$ 转换成模拟带通 $H_a(s)$
$$H_a(s) = G(p) \Big|_{p = \frac{s^2 + \Omega_0^2}{sB}}$$
$$= \frac{B^3 s^3}{(s^2 + \Omega_0^2)^3 + (s^2 + \Omega_0^2)^2 sB + 2(s^2 + \Omega_0^2)s^2 B^2 + s^3 B^3}$$
$$= \frac{0.085 s^3}{s^6 + 0.8798 s^5 + 1.4484 s^4 + 0.7076 s^3 + 0.5124 s^2 + 0.1101 s + 0.0443}$$

(6) 用双线性变换公式将 $H_a(s)$ 转换成
$$H(z) = H_a(s) \Big|_{s = \frac{2}{T} \frac{1-z^{-1}}{1+z^{-1}}}$$
$$= [0.0181 + 1.7764 \times 10^{-15} z^{-1} - 0.0543 z^{-2} - 4.4409 z^{-3} + 0.0543 z^{-4} - 2.7756 \times 10^{-15} z^{-5} - 0.0181 z^{-6}][1 - 2.272 z^{-1} + 3.5151 z^{-2} - 3.2685 z^{-3} + 2.3129 z^{-4} - 0.9628 z^{-5} + 0.278 z^{-6}]^{-1}$$

[例 3.3.9] 设计一个数字带阻滤波器，通带下限频率为 $\omega_l = 0.19\pi\text{rad}$，阻带下限截止频率 $\omega_{s_1} = 0.198\pi\text{rad}$，阻带上截止频率 $\omega_{s_2} = 0.202\pi\text{rad}$，通带上限频率 $\omega_u = 0.21\pi\text{rad}$，阻带最小衰减 $\alpha_s = 13\text{dB}$，ω_l 和 ω_u 处衰减 $\alpha_p = 3\text{dB}$。采用巴特沃斯型。

解 (1) 确定带阻滤波器技术指标

$$\omega_u = 0.21\pi \text{rad} \quad \omega_l = 0.19\pi \text{rad} \quad \alpha_p = 3\text{dB}$$
$$\omega_{s2} = 0.202\pi \text{rad} \quad \omega_{s1} = 0.198\pi \text{rad} \quad \alpha_s = 13\text{dB}$$

(2) 确定相应模拟带阻滤波器技术指标(只能用双线性变换法)。

设 $T=1$,则有

$$\Omega_u = 2\tan\frac{\omega_u}{2} = 0.685(\text{rad/s})$$

$$\Omega_l = 2\tan\frac{\omega_l}{2} = 0.615(\text{rad/s})$$

$$\Omega_{s2} = 2\tan\frac{\omega_{s1}}{2} = 0.657(\text{rad/s})$$

$$\Omega_{s1} = 2\tan\frac{\omega_{s2}}{2} = 0.643(\text{rad/s})$$

阻带中心频率平方为

$$\Omega_0^2 = \Omega_u \Omega_l = 0.421(\text{rad/s})$$

阻带带宽为

$$B = \Omega_u - \Omega_l = 0.07(\text{rad/s})$$

将以上边界频率对 B 归一化

$$\eta_u = \frac{\Omega_u}{B} = 9.786, \quad \eta_l = \frac{\Omega_l}{B} = 8.786$$

$$\eta_{s2} = \frac{\Omega_{s2}}{B} = 9.386, \quad \eta_{s1} = \frac{\Omega_{s1}}{B} = 9.186$$

$$\eta_0^2 = \eta_u \eta_l = 85.98$$

(3) 归一化模拟低通滤波器的技术指标

$$\lambda_p = 1, \quad \alpha_p = 3\text{dB}, \quad \alpha_s = 13\text{dB}$$

由于

$$\lambda_s = \frac{\eta_{s_2}}{\eta_{s_2}^2 - \eta_0^2} = 4.434, \quad -\lambda_s = \frac{\eta_{s1}}{\eta_{s1}^2 - \eta_0^2} = -5.75$$

因此,取 $\lambda_s = 4.434$。

(4) 设计巴特沃思模拟低通滤波器

$$k_{sp} = \sqrt{\frac{10^{0.1\alpha_p} - 1}{10^{0.1\alpha_s} - 1}} = 0.229$$

$$\lambda_{sp} = \frac{\lambda_s}{\lambda_p} = 4.434, \quad N = -\frac{\lg k_{sp}}{\lg \lambda_{sp}} = 0.99$$

取 $N=1$,得归一化巴特沃思模拟低通滤波器传递函数

$$G(p) = \frac{1}{p+1}$$

(5) 将 $G(p)$ 转换成模拟阻带 $H_a(s)$

$$H_a(s) = G(p)\bigg|_{p=\frac{sB}{s^2+\Omega_0^2}}$$

(6) 将 $H_a(s)$ 通过双线性变换,得到数字阻带滤波器 $H(z)$

$$s = 2 \cdot \frac{1-z^{-1}}{1+z^{-1}}$$

$$H(z) = H(s)\Big|_{s=2\frac{1-z^{-1}}{1+z^{-1}}}$$

建立 p 与 z 的关系以简化运算

$$p = \frac{sB}{s^2 + \Omega_0^2}\Big|_{s=2\cdot\frac{1-z^{-1}}{1+z^{-1}}} = \frac{2(1-z^2)B}{4(1-z^{-1})^2 + \Omega_0^2(1+z^{-1})^2}$$

所以

$$H(z) = G(p)\Big|_{p=\frac{2(1-z^2)B}{4(1-z^{-1})^2+\Omega_0^2(1+z^{-1})^2}} = \frac{0.969(1-1.619z^{-1}+z^{-2})}{1-1.569z^{-1}+0.939z^{-2}}$$

下面的例题中,直接使用 MATLAB 来设计。

[**例 3.3.10**] 设 $F_s = 200\,\text{Hz}$,试设计一低通滤波器,要求:通带截止频率为 $30\,\text{Hz}$,通带波纹 $1\,\text{dB}$,阻带截止频率为 $50\,\text{Hz}$,阻带衰减 $50\,\text{dB}$。

MATLAB 程序实现如下:

```
% 低通滤波器
Wp = 30;Ws = 50;Ap = 1;As = 50;Fs = 200;
[n,Wn] = buttord(Wp/(Fs/2),Ws/(Fs/2),Ap,As);     % 获得最小阶数 n
nb = n;na = n + 10;
figure(1);
Maxflat(nb,na,Wp/(Fs/2),'plots');                % 获得幅值响应,群延迟及零极点图
[b,a] = maxflat(nb,na,Wn);
figure(2);
freqz(b,a);
```

结果如图 3.3.17 所示。

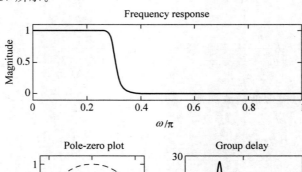
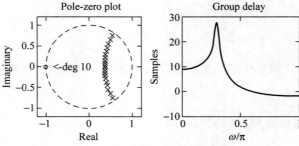

(a) 幅值响应,群延迟及零极点图

图 3.3.17 例 3.3.10 图

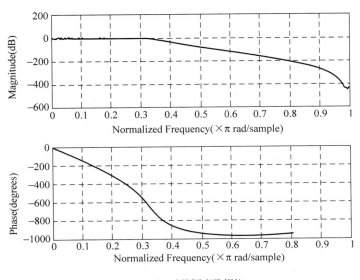

(b) 对数幅度及相位

图 3.3.17 （续）

[**例 3.3.11**] 用双线性变化法设计一个带通数字滤波器，通带频率为 20～30Hz，在通带内的最大衰减为 0.5dB，在阻带内的最小衰减为 50dB，采样频率为 150Hz，其 MATLAB 程序如下：

```
% 带通椭圆数字滤波器设计
Wp1 = 20 * 2 * pi; Wp2 = 30 * 2 * pi; Ap = 0.5; As = 50; Fs = 150;
Bw = Wp2 - Wp1;
W0 = sqrt(Wp2 * Wp1);
[z,p,k] = ellipap(7,Ap,As);              % 采用7阶椭圆数字滤波器来处理
[A,B,C,D] = zp2ss(z,p,k);
[At,Bt,Ct,Dt] = lp2bp(A,B,C,D,W0,Bw);    % 模拟频率变换
[At1,Bt1,Ct1,Dt1] = bilinear(At,Bt,Ct,Dt,Fs);  % 双线性变换离散化
[b,a] = ss2tf(At1,Bt1,Ct1,Dt1);          % 状态变换
freqz(b,a);
```

结果如图 3.3.18 所示。

[**例 3.3.12**] 设数字采样频率为 1000Hz，设计一带阻滤波器，要求阻带范围为 50～300Hz，通带上限大于 250Hz，下限小于 100Hz，通带内波纹小于 1dB，阻带要求 50dB，要求利用最小的阶来实现。

MATLAB 程序实现如下：

```
% 带阻滤波器
Wp1 = 100; Wp2 = 250; Ws1 = 50; Ws2 = 300; Ap = 1; As = 50; Fs = 1000;   % 指标描述
Wp = [Wp1 Wp2]; Ws = [Ws1 Ws2];
[n,Wn] = buttord(Wp/(Fs/2), Ws/(Fs/2), Ap, As);    % 获得最小阶数 n
[b,a] = butter(n,Wn,'stop');             % 直接设计带阻滤波器
freqz(b,a,512,1000);
```

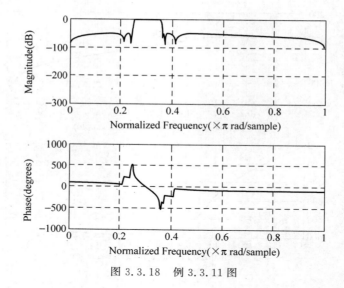

图 3.3.18　例 3.3.11 图

运行结果如图 3.3.19 所示。

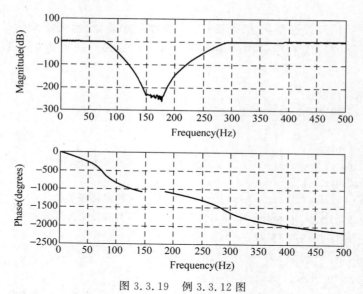

图 3.3.19　例 3.3.12 图

[**例 3.3.13**]　基于 MATLAB 的语音信号滤波器的设计与实现。

语音很容易受到噪声的污染。语音信号处理的主要目的就是削弱信号中的多余内容，滤出混杂的噪声和干扰。在本例中，通过导入一段语音信号，并添加 8kHz 的高频余弦噪声来模拟含噪信号。通过分析含噪信号的频谱，设计了合适的低通滤波器，以达到去噪的目的。MATLAB 代码如下：

```
[x1,fs] = audioread('voice.wav');    % 读取语音信号的数据，赋给变量 x1, fs = 48000
N = length(x1);
k = 0:N - 1;
```

```
y1 = fft(x1,N);                              % 对信号做 L 个点 FFT 变换
f = fs * (0:N - 1)/N;

% 给原始的语音信号加上一个高频余弦噪声,频率为 8kHz.画出加噪后的语音信号时域和频谱图,与
% 原始信号对比,可以很明显地看出区别
t = [0:1/fs:(N - 1)/fs];
                         % 将所加噪声信号的点数调整到与原始信号相同,构造采样时间点(模拟时间)
Au = 0.02;                                   % 噪声幅度
d = [Au * cos(2 * pi * 8000 * t); Au * cos(2 * pi * 8000 * t)]'; % 噪声为 8kHz 的余弦信号(模拟时间)
x2 = x1 + d;

figure(1);
subplot(2,1,1);
plot(x1);                                    % 做原始语音信号的时域图形
title('原始语音信号');xlabel('采样点 n');ylabel('幅值');
subplot(2,1,2);
plot(x2);                                    % 做加噪后语音信号的时域图形
title('加噪后的信号');xlabel('采样点 n');ylabel('幅值');

y2 = fft(x2,N);                              % 对信号做 L 个点 FFT 变换
figure(2);
subplot(2,1,1);
plot(f(1:20000),abs(y1(1:20000)));
title('原始语音信号频谱');
xlabel('频率/Hz');ylabel('幅值');
subplot(2,1,2);
plot(f(1:20000),abs(y2(1:20000)));
title('加噪声语音信号频谱');
xlabel('频率/Hz');ylabel('幅值');

wp = 2 * pi * 4000;                          % 通带边界角频率
ws = 2 * pi * 5000;                          % 阻带边界角频率
Rp = 1;                                      % 通带最大衰减
Rs = 15;                                     % 阻带最小衰减
[NN,Wn] = buttord(wp,ws,Rp,Rs,'s');          % 选择滤波器的最小阶数
[Z,P,K] = buttap(NN);                        % 创建 butterworth 模拟滤波器
[Bap,Aap] = zp2tf(Z,P,K);
[b,a] = lp2lp(Bap,Aap,Wn);
[bz,az] = bilinear(b,a,fs);                  % 用双线性变换法实现模拟滤波器到数字滤波器的转换

[H,W] = freqz(bz,az);                        % 绘制频率响应曲线
figure(3);
plot(W * fs/(2 * pi),abs(H));grid;
xlabel('频率/Hz');ylabel('频率响应幅度');
title('Butterworth');

x3 = filter(bz,az,x2);                       % 滤波
```

```
figure(4);
subplot(2,1,1);
plot(t,x2);                                  % 画出滤波前的时域图
title('滤波前的时域波形');
xlabel('采样时刻 t');ylabel('幅值');
subplot(2,1,2);
plot(t,x3);                                  % 画出滤波后的时域图
title('滤波后的时域波形');
xlabel('采样时刻 t');ylabel('幅值');

y2 = fft(x2,N);                              % 对信号做 L 个点 FFT 变换
figure(5);
subplot(2,1,1);
plot(f(1:20000),abs(y2(1:20000)));
title('加躁语音信号频谱');
xlabel('频率/Hz');ylabel('幅值');
y2 = fft(x3,N);                              % 对信号做 L 个点 FFT 变换
subplot(2,1,2);
plot(f(1:20000),abs(y2(1:20000)));
title('去噪语音信号频谱');
xlabel('频率/Hz');ylabel('幅值')
```

如图 3.3.20 所示为原始语音信号与加噪后的语音信号时域波形。

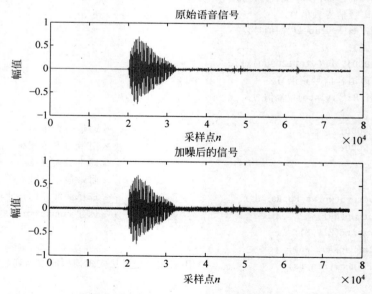

图 3.3.20　原始语音信号与加噪后的语音信号时域波形

如图 3.3.21 所示为原始语音信号频谱与加噪语音信号频谱。
如图 3.3.22 所示为巴特沃斯低通滤波器的幅频特性。
如图 3.3.23 所示为滤波前和滤波后的时域信号。
如图 3.3.24 所示为滤波前和滤波后的频谱。

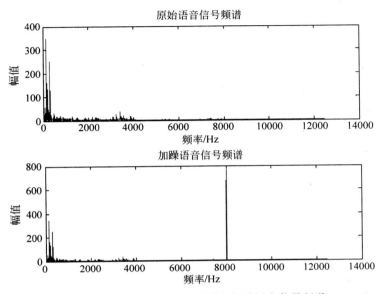

图 3.3.21 原始语音信号频谱与加噪语音信号频谱

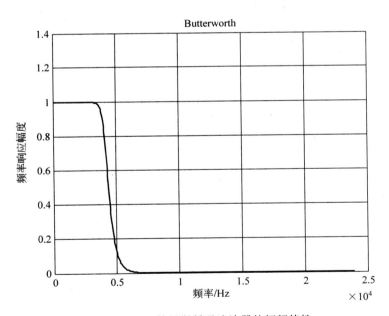

图 3.3.22 巴特沃斯低通滤波器的幅频特性

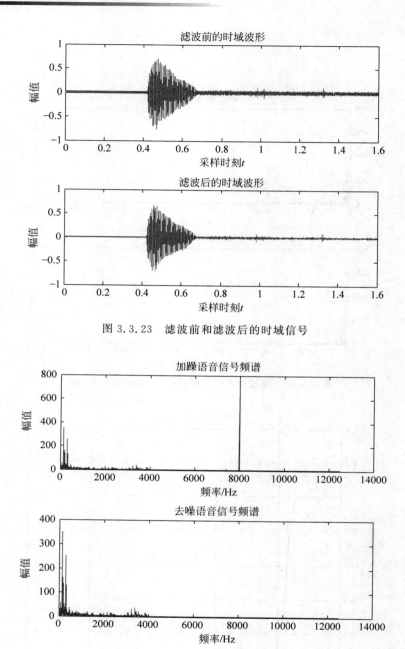

图 3.3.23 滤波前和滤波后的时域信号

图 3.3.24 滤波前和滤波后的频谱

3.4 FIR 型滤波器的设计

3.4.1 线性相位 FIR 滤波器及其特点

IIR 数字滤波器可用较少的阶数达到所要求的幅度特性,且实现时所需的运算次数及存储单元都很少,十分适合对于相位特性没有严格要求的场合,如果对其相位特性有要求,就必须加上相位校正网络,因为所设计的滤波器相位特性一般是非线性的,因此使滤波器变得复杂,成本高。

而 FIR 型滤波器的系统函数 $H(z)$ 为

$$H(z) = h(0) + h(1)z^{-1} + \cdots + h(N-1)z^{-(N-1)} = \sum_{n=0}^{N-1} h(n)z^{-n}$$

FIR 系统没有非零极点,因而它不像 IIR 系统那样容易取得比较好的通带与阻带衰减特性。FIR 数字滤波器的阶数($N-1$)一般较大,但由于其优越的稳定性、线性相位特性以及良好的系数量化特性,使得 FIR 数字滤波器在众多领域拥有非常广泛的应用。

线性相位 FIR 系统的单位脉冲响应 $h(n)$ 应满足 $h(n)$ 为实序列,且满足 $h(n) = \pm h(N-1-n)$。根据 $h(n)$ 为偶对称或奇对称以及长度 N 的奇偶,线性相位 FIR 滤波系统分为 4 种情况,其幅度和相位特性各有不同。令 $H(e^{j\omega}) = H_g(\omega)e^{j\theta(\omega)}$,线性相位 FIR 滤波器的幅度特性与相位特性如表 3.4.1 所示。

从表 3.4.1 可以知道,对脉冲响应偶对称,N 为奇数的情况 1,由于 $\cos\omega n$ 关于 $\omega = 0$,π,2π 偶对称,$H_g(\omega)$ 对这些频率呈偶对称。可以实现各种(低通、高通、带通、带阻)滤波器。对脉冲响应偶对称,N 为偶数的情况 2,由于 $\cos[(n-1/2)\omega]$ 对 $\omega = \pi$ 奇对称,$H_g(\omega)$ 对 $\omega = \pi$ 也呈奇对称,且由于 $\omega = \pi$ 时,$\cos[(n-1/2)\pi] = 0$,$H_g(\pi) = 0$,因此,不能用这种情况设计 $\omega = \pi$ 处,$H_g(\pi) \neq 0$ 的滤波器,例如高通、带阻滤波器。

表 3.4.1　线性相位 FIR 滤波器的幅度特性与相位特性一览表

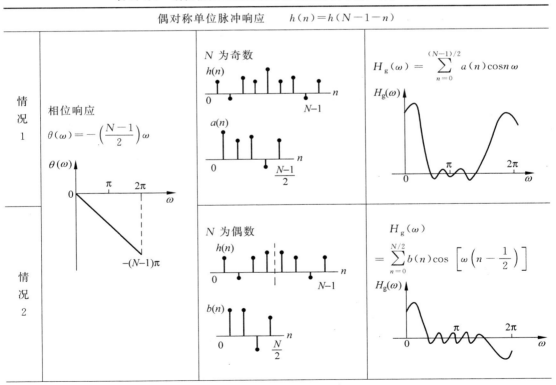

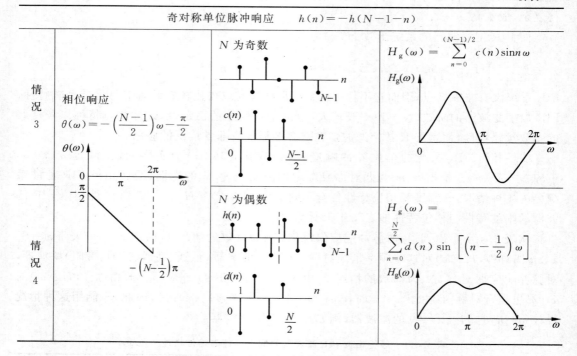

对脉冲响应奇对称,N 为奇数的情况 3,当 $\omega=0,\pi,2\pi$ 时,$H_g(\omega)=0$,且 $H_g(\omega)$ 对这些频率呈奇对称,故它不能用于低通、高通和带阻滤波器设计,只适合用于实现带通滤波器。

对脉冲响应奇对称,N 为偶数的情况 4,$H_g(\omega)$ 关于 $\omega=0$ 和 2π 两点奇对称,关于 $\omega=\pi$ 偶对称,因此,它不能用来实现低通和带阻滤波器,可以用来实现高通和带通滤波器。

4 种 FIR 数字滤波器的相位特性只取决于 $h(n)$ 的对称性而与 $h(n)$ 的值无关,但其幅度特性则取决于 $h(n)$。在设计线性相位 FIR 滤波器时,在保证 $h(n)$ 的对称性的条件下,只要考虑幅度尽可能逼近即可。

FIR 数字滤波器的设计方法主要包括 3 种,窗函数设计法、频率采样设计法以及最优化设计方法。本节主要讨论前面两种方法,对于第 3 种方法,考虑到其重要性,也将略作介绍并利用 MATLAB 加以解释。

3.4.2 利用窗函数法设计 FIR 滤波器

设计的滤波器传输函数为 $H_d(e^{j\omega})$,其对应的单位脉冲响应为 $h_d(n)$,即

$$H_d(e^{j\omega}) = \sum_{n=-\infty}^{\infty} h_d(n) e^{-j\omega n}$$

$$h_d(n) = \frac{1}{2\pi} \int_{-\pi}^{\pi} H_d(e^{j\omega}) e^{j\omega n} d\omega$$

然而,一般的 $h_d(n)$ 是无限时宽的,且是非因果的,所以是无法实现的。

例如,假定理想低通滤波器的频率特性为 $H_d(e^{j\omega})$,幅频特性 $|H_d(e^{j\omega})|=1$,相频特性 $\theta(\omega)=0$,如图 3.4.1 所示,那么与其对应的单位脉冲响应为 $h_d(n)$

$$h_d(n) = \frac{1}{2\pi}\int_{-\pi}^{\pi}H_d(\mathrm{e}^{\mathrm{j}\omega})\mathrm{e}^{\mathrm{j}\omega n}\mathrm{d}\omega = \frac{1}{2\pi}\int_{-\omega_c}^{\omega_c}\mathrm{e}^{\mathrm{j}\omega n}\mathrm{d}\omega$$
$$= \frac{\sin(\omega_c n)}{\pi n}$$

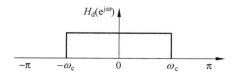

图 3.4.1 低通滤波器的幅频特性

$h_d(n)$是以 $h_d(0)$为对称的 sinc 函数,这样的系统是非因果的,因此是物理不可实现的。为了保证所设计的滤波器具有线性相位,首先将 $h_d(n)$右移 $\alpha = \dfrac{N-1}{2}$ 个采样点,得到

$$h'_d(n) = h_d(n-\alpha) \tag{3.4.1}$$

则 $h'_d(n)$关于 $\dfrac{N-1}{2}$ 对称。其次,为使系统为因果可实现系统,对 $h'_d(n)$截取 N 个点,得

$$h(n) = h'_d(n)w_N(n) = h_d(n-\alpha)w_N(n) \tag{3.4.2}$$

式中,$w_N(n)$为有限时宽的窗序列。最简单的窗序列为矩形窗序列 $R_N(n)$,得

$$R_N(n) = \begin{cases} 1, & 0 \leqslant n \leqslant N-1 \\ 0, & \text{其他} \end{cases}$$

这就是窗函数滤波器设计的基本思想。

用窗函数对 $h'_d(n)$进行截断,得到有限长序列 $h(n)$,并以 $h(n)$去代替 $h_d(n)$,肯定会引起误差,这就是截断效应。对于矩形窗,对式(3.4.2)进行傅里叶变换,根据复卷积定理可得

$$H(\mathrm{e}^{\mathrm{j}\omega}) = \frac{1}{2\pi}\int_{-\pi}^{\pi}H'_d(\mathrm{e}^{\mathrm{j}\omega})R_N(\mathrm{e}^{\mathrm{j}(\omega-\theta)})\mathrm{d}\theta \tag{3.4.3}$$

式中,$H'_d(\mathrm{e}^{\mathrm{j}\omega})$和 $R_N(\mathrm{e}^{\mathrm{j}\omega})$分别是 $h'_d(n)$和 $R_N(n)$的傅里叶变换,即

$$R_N(\mathrm{e}^{\mathrm{j}\omega}) = \sum_{n=0}^{N-1}R_N(n)\mathrm{e}^{-\mathrm{j}\omega n} = \sum_{n=0}^{N-1}\mathrm{e}^{-\mathrm{j}\omega n}$$
$$= \mathrm{e}^{-\mathrm{j}\frac{1}{2}(N-1)\omega}\frac{\sin(\omega N/2)}{\sin(\omega/2)} = R_N(\omega)\mathrm{e}^{-\mathrm{j}\omega\alpha} \tag{3.4.4}$$

式中

$$R_N(\omega) = \frac{\sin(\omega N/2)}{\sin(\omega/2)} \tag{3.4.5}$$

$$\alpha = \frac{N-1}{2}$$

$R_N(\omega)$称为矩形窗的幅度函数。

由于 $H'_d(\mathrm{e}^{\mathrm{j}\omega}) = H_d(\mathrm{e}^{\mathrm{j}\omega})\mathrm{e}^{-\mathrm{j}\omega\alpha}$,$H_d(\mathrm{e}^{\mathrm{j}\omega}) = H_d(\omega)$,将式(3.4.4)代入式(3.4.3)中,有

$$H(\mathrm{e}^{\mathrm{j}\omega}) = \frac{1}{2\pi}\int_{-\pi}^{\pi}H_d(\mathrm{e}^{\mathrm{j}\theta})\mathrm{e}^{-\mathrm{j}\theta\alpha}R_N(\omega-\theta)\mathrm{e}^{-\mathrm{j}(\omega-\theta)\alpha}\mathrm{d}\theta$$
$$= \mathrm{e}^{-\mathrm{j}\omega\alpha} \cdot \frac{1}{2\pi}\int_{-\pi}^{\pi}H_d(\theta)R_N(\omega-\theta)\mathrm{d}\theta$$

因此,$H(\mathrm{e}^{\mathrm{j}\omega})$可写成

$$H(\mathrm{e}^{\mathrm{j}\omega}) = H(\omega)\mathrm{e}^{-\mathrm{j}\omega\alpha} \tag{3.4.6}$$

式中

$$H(\omega) = \frac{1}{2\pi}\int_{-\pi}^{\pi}H_d(\theta)R_N(\omega-\theta)\mathrm{d}\theta \tag{3.4.7}$$

式(3.4.6)和式(3.4.7)表明，$H(e^{j\omega})$ 的相位函数 $\theta(\omega)=-\alpha\omega$ 是线性的，幅度函数 $H(\omega)$ 则为 $H_d(\omega)$ 与 $R_N(\omega)$ 的卷积。

图 3.4.2 表示了 $H_d(\omega)$ 与 $R_N(\omega)$ 的卷积过程，其中图 3.4.2(e) 为卷积形成的波形，它表明对 $h_d(n)$ 加矩形窗处理后，$H(\omega)$ 和原理想低通 $H_d(\omega)$ 有着明显的区别。区别之一是，在理想特性不连续点 $\omega=\omega_c$ 附近形成过渡带，过渡带的宽度近似为 $R_N(\omega)$ 的值为宽度，即 $4\pi/N$。区别之二是，在过渡带两侧形成持续时间很长，逐渐衰减的波纹，即通带内增加了波动，在 $\omega=\omega_c-2\pi/N$ 处达到最大正峰。而在阻带内产生余振，并在 $\omega=\omega_c+2\pi/N$ 处达到最大负峰。显然这种波动直接取决于窗函数的幅度谱。以上两点就是用窗函数直接截断 $h_d(n)$ 而引起的截断相应在频域中的反应，通常称之为吉布斯(Gibbs)效应。

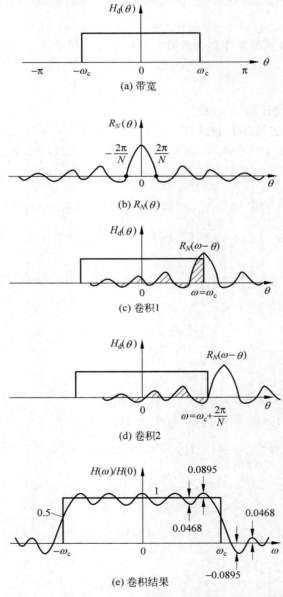

图 3.4.2　矩形窗对理想低通滤波器的幅度特性的影响

吉布斯效应直接影响滤波器的性能,因为通带内的波动会影响滤波器通带中的平稳性,阻带内的波动则影响阻带最小衰减,因此,减少吉布斯效应也是 FIR 数字滤波器设计的关键之一。

由式(3.4.5),有

$$R_N(\omega) = \frac{\sin(\omega N/2)}{\sin(\omega/2)} \approx \frac{\sin(\omega N/2)}{\omega/2} \approx N \frac{\sin x}{x} \tag{3.4.8}$$

可见,随着 N 的加大,虽然主瓣幅度随之加高,但由于旁瓣也同时加高,主、旁瓣相对比例仍然保持不变。同时,N 的加大使起伏振荡变密,但不能改善波动幅度,其最大正、负峰总是 8.95%。N 加大带来的最大好处是 $H(\omega)$ 的过渡带($4\pi/N$)变窄。因此,加大 N 并不能有效地减少吉布斯效应。

综上所述,调整窗口长度 N 只能有效地控制过渡带的宽度,但不能减少带内波动和加大阻带衰减,特别是 $-20\lg(8.95\%) = 21\text{dB}$ 的阻带衰减通常是不能满足工程要求的。换句话说,通带、阻带技术指标仅与窗函数的形状有关。为此必须寻找其他形状的窗函数,是其谱函数的主瓣包含更多的能量,旁瓣幅度就相应地减少,通带、阻带波动也因此减少,从而加大阻带衰减,但这一切总是以加宽过渡带为代价的。

下面介绍几种常用的窗函数。设

$$h(n) = h_d(n)w(n)$$

式中 $w(n)$ 表示窗函数。

1. 矩形窗

$$w_R(n) = R_N(n)$$

其频率相应为

$$W_R(e^{j\omega}) = e^{-j\frac{1}{2}(N-1)\omega} \frac{\sin(\omega N/2)}{\sin(\omega/2)} \tag{3.4.9}$$

$W_R(e^{j\omega})$ 主瓣宽度为 $4\pi/N$,第一副瓣比主瓣低 13dB。

2. 三角形窗

$$w_{Br}(n) = \begin{cases} \dfrac{2n}{N-1}, & 0 \leqslant n \leqslant \dfrac{1}{2}(N-1) \\ 2 - \dfrac{2n}{N-1}, & \dfrac{1}{2}(N-1) \leqslant n \leqslant N-1 \end{cases}$$

其频率相应为

$$W_{Br}(e^{j\omega}) = \frac{2}{N} \left[\frac{\sin\left(\dfrac{N}{4}\omega\right)}{\sin\left(\dfrac{\omega}{2}\right)} \right]^2 e^{-j\left(\omega + \frac{N-1}{2}\omega\right)} \tag{3.4.10}$$

其主瓣宽度为 $8\pi/N$,第一副瓣比主瓣低 26dB。

3. 升余弦窗——汉宁窗

$$w_{Hn}(n) = 0.5\left[1 - \cos\left(\frac{2\pi n}{N-1}\right)\right] \times R_N(n)$$

$R_N(n)$ 的傅里叶变换为

$$W_R(e^{j\omega}) = e^{-j\frac{1}{2}(N-1)}W_R(\omega)$$

$W_{Hn}(n)$ 的傅里叶变换为

$$W_{Hn}(e^{j\omega}) = \left\{0.5W_R(\omega) + 0.25\left[W_R\left(\omega - \frac{2\pi}{N-1}\right) + W_R\left(\omega + \frac{2\pi}{N-1}\right)\right]\right\}e^{-j\frac{1}{2}(N-1)\omega}$$

$$= W_{Hn}(\omega)e^{-j\frac{1}{2}(N-1)\omega} \tag{3.4.11}$$

汉宁的幅度函数 $W_{Hn}(\omega)$ 由三部分相加而成，使能量更集中在主瓣中，如图 3.4.3 所示，但代价使主瓣宽度加宽到 $8\pi/N$。

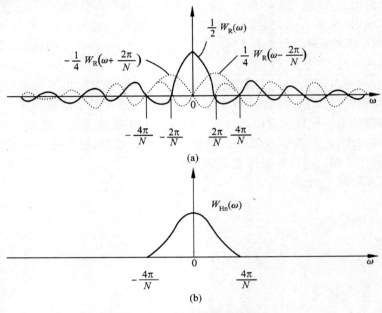

图 3.4.3 汉宁窗的幅度特性

4. 改进的升余弦窗——汉明窗

$$w_{Hm}(n) = \left[0.54 - 0.46\cos\left(\frac{2\pi n}{N-1}\right)\right] \times R_N(n)$$

其频域函数 $W_{Hm}(e^{j\omega})$ 为

$$W_{Hm}(e^{j\omega}) = 0.54W_R(e^{j\omega}) - 0.23W_R(e^{j\left(\omega - \frac{2\pi}{N-1}\right)}) - 0.23W_R(e^{j\left(\omega + \frac{2\pi}{N-1}\right)}) \tag{3.4.12}$$

其幅度函数 $W_{Hm}(\omega)$ 为

$$W_{Hm}(\omega) \approx 0.54W_R(e^{j\omega}) + 0.23W_R\left(\omega - \frac{2\pi}{N-1}\right) + 0.23W_R\left(\omega + \frac{2\pi}{N-1}\right)$$

汉明窗的能量更加集中在主瓣中，主瓣的能量占 99.96%，第一旁瓣的峰值比主瓣小 40dB，但主瓣宽度和汉宁窗相同，仍为 $8\pi/N$。

可以利用 MATLAB 来演示这几种常见的窗函数及其频谱特性。

```
% 窗函数及其频谱特性演示,取 N = 51 点
N = 51;n = [0:1:(N-1)];
% 矩形窗
W_box = boxcar(N);
[Hbox,W] = freqz(W_box,1);
subplot(421);
stem(n,W_box);xlabel('n');ylabel('矩形窗');
subplot(422);
```

```
plot(W/pi,20 * log10(abs(Hbox)/abs(Hbox(1))));ylabel('矩形窗频谱');
%三角窗
W_tri = triang(N);
[Htri,W] = freqz(W_tri,1);
subplot(423);
stem(n,W_tri); ;xlabel('n');ylabel('三角窗');
subplot(424);
plot(W/pi,20 * log10(abs(Htri)/abs(Htri(1))));ylabel('三角窗频谱');
%汉宁窗
W_han = hanning(N);
[Hhan,W] = freqz(W_han,1);
subplot(425);
stem(n,W_han); ;xlabel('n');ylabel('汉宁窗');
subplot(426);
plot(W/pi,20 * log10(abs(Hhan)/abs(Hhan(1))));ylabel('汉宁窗频谱');
%汉明窗
W_ham = hamming(N);
[Hham,W] = freqz(W_ham,1);
subplot(427);
stem(n,W_ham); ;xlabel('n');ylabel('汉明窗');
subplot(428);
plot(W/pi,20 * log10(abs(Hham)/abs(Hham(1))));ylabel('汉明窗频谱');
```

结果如图 3.4.4 所示。

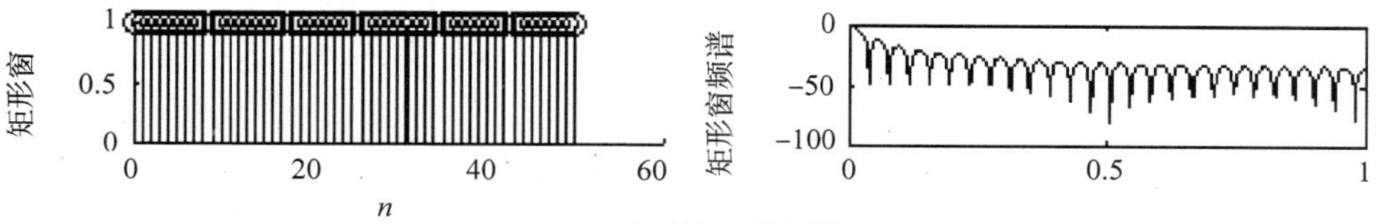

(a) 矩形窗及其频谱

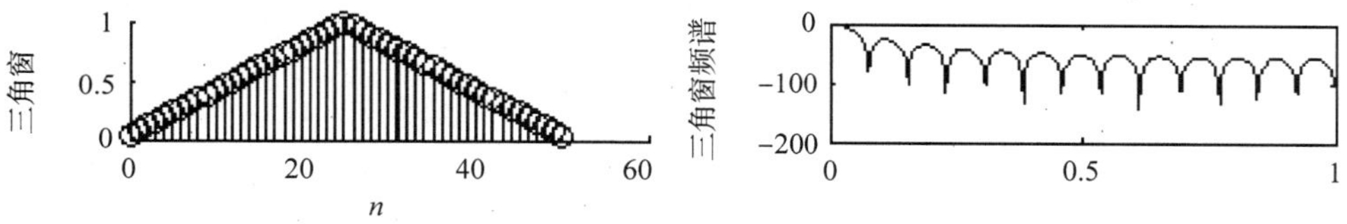

(b) 三角窗及其频谱

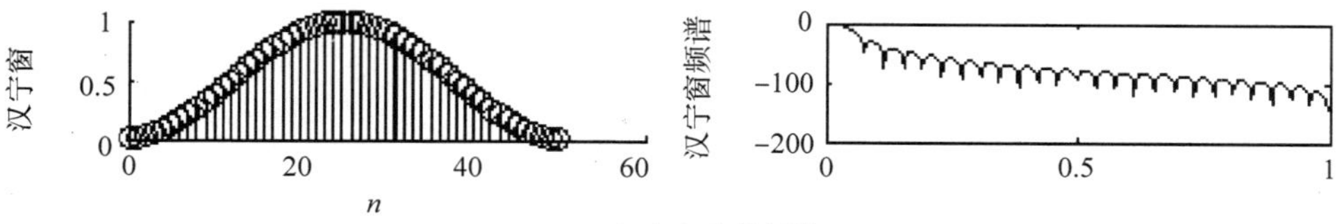

(c) 汉宁窗及其频谱

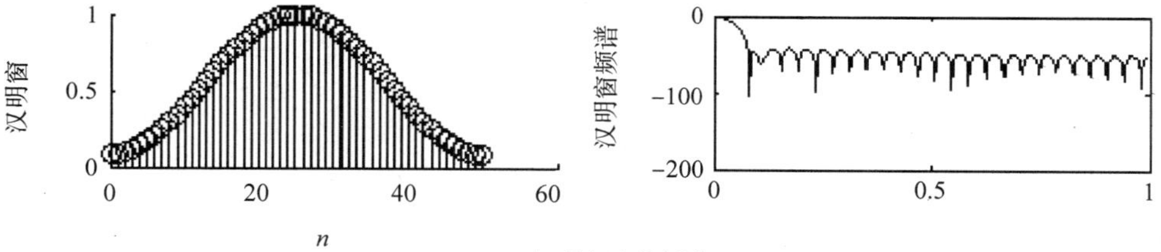

(d) 汉明窗及其频谱

图 3.4.4　几种常见的窗函数及其频谱特性

5. 凯泽（Kaiser）窗

这是一种最有用和最优的窗函数，它是在给定阻带衰减下给出一种主瓣宽度意义上的最优结果，这里面就包含着最为陡峭的过渡带，表达式为

$$w(n) = \frac{I_0\left[\beta\sqrt{1-\left(1-\frac{2n}{N-1}\right)^2}\right]}{I_0[\beta]}, \quad 0 \leqslant n \leqslant N-1 \quad (3.4.13)$$

式中，$I_0(\cdot)$ 是修正的零阶贝塞尔函数 $I_0(x) = 1 + \sum_{k=1}^{\infty}\left[\frac{1}{k!}\left(\frac{x}{2}\right)^k\right]^2$，而 β 是一个控制阻带衰减的重要参数。一般说来 β 加大，主瓣加宽，旁瓣幅度减小。$\beta=0$ 相对于矩形窗。β 的典型取值为 $4<\beta<9$。凯泽窗是一种适应性较强的窗函数，其设计经验公式如下。

已知通带截止频率 ω_p，通带衰减 α_p，阻带截止频率 ω_s 及阻带衰减指标 α_s，则

标准过渡带带宽 $= \Delta f = \dfrac{\omega_s - \omega_p}{2\pi}$

滤波器的阶数 $N \approx \dfrac{\alpha_s - 7.95}{14.3612 f} + 1$

控制参数 $\beta = \begin{cases} 0.1102(\alpha_s - 8.7), & \alpha_s \geqslant 50 \\ 0.5842(\alpha_s - 21)0.4 + 0.07886(\alpha_s - 21), & 21 < \alpha_s < 50 \end{cases}$

下面用 MATLAB 来分别演示 N 与 β 的作用：

```
% 参数 B 对凯泽窗的影响,N = 51,B1 = 4.5,B2 = 6.75
W1 = kaiser(51,4.5);
[H1,W] = freqz(W1,1);
figure(1);
plot(W/pi,20 * log10(abs(H1)/abs(H1(1))));
hold on;
W2 = kaiser(51,6.75);
[H2,W] = freqz(W2,1);
plot(W/pi,20 * log10(abs(H2)/abs(H2(1))),'r--');
xlabel('频率');ylabel('幅度响应');
title('参数 B 对凯泽窗的影响');legend('B = 4.5','B = 6.75');hold off;

% N 对凯泽窗的影响,B = 5.15,N1 = 51,N2 = 81
W3 = Kaiser(51,5.15);
figure(2);
[H3,W] = freqz(W3,1);
plot(W/pi,20 * log10(abs(H3)/abs(H3(1))));
hold on;
W4 = kaiser(81,5.15);
[H4,W] = freqz(W4,1);
plot(W/pi,20 * log10(abs(H4)/abs(H4(1))),'r--');
xlabel('频率');ylabel('幅度响应');
title('N 的取值对凯泽窗的影响');legend('N = 51','N = 81');hold off;
```

结果如图 3.4.5 所示。
表 3.4.2 列出了几种窗函数的基本参数。

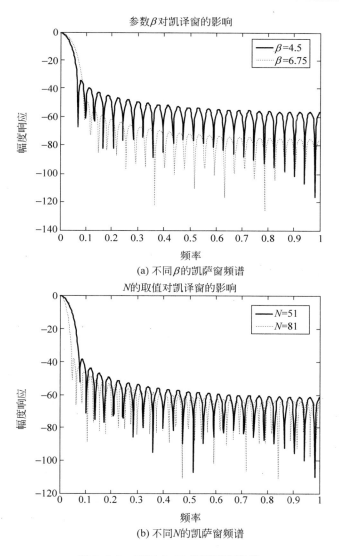

图 3.4.5 不同 β、N 的凯萨窗频谱

表 3.4.2 窗函数的基本参数

窗 函 数	旁瓣峰值幅度/dB	过 渡 带 宽	阻带最小衰减/dB
矩形窗	-13	$4\pi/N$	-21
三角窗	-25	$8\pi/N$	-25
汉宁窗	-31	$8\pi/N$	-44
汉明窗	-41	$8\pi/N$	-53
凯泽窗 $\beta=7.865$	-57	$10\pi/N$	-80

用窗函数设计 FIR 数字滤波器的步骤如下:

(1) 根据技术要求确定滤波器的频响特性 $H_d(e^{j\omega})$,确定其对应的单位脉冲响应

$h_d(n)$。

$$h_d(n) = \frac{1}{2\pi}\int_{-\pi}^{\pi} H_d(e^{j\omega}) e^{j\omega n} d\omega \tag{3.4.14}$$

如果 $H(e^{j\omega})$ 比较复杂,或者不能用封闭公式表示时,则无法根据上式求出 $h_d(n)$。此时,可以对 $H(e^{j\omega})$ 在 $\omega=0$ 到 $\omega=2\pi$ 范围内采样 M 点,得到其采样值为 $H(e^{j2\pi k/M})$,$k=0,1,\cdots,M-1$,并用 $2\pi/M$ 代替式(3.4.14)的 $d\omega$,则式(3.4.14)可以近似表达为

$$h_d(n) = \frac{1}{M}\sum_{k=0}^{M-1} H_d(e^{j2\pi k/M}) e^{j2\pi kn/M} \tag{3.4.15}$$

根据频域采样定理,可得

$$h_M(n) = \sum_{r=-\infty}^{\infty} h_d(n+rM)$$

当 M 趋向于 ∞ 时,可以使窗口内 $h_M(n)$ 有效逼近于 $h_d(n)$,实际计算式(3.4.15)可以用 $H_d(e^{j\omega})$ 的 M 点采样值,进行 M 点 IDFT 得到。

如果给定的设计要求为通带、阻带衰减和边界频率时,可选用理想滤波器作为逼近函数,进而对理想滤波器的特性做傅里叶反变换,求出 $h_d(n)$。

(2) 根据对过渡带及阻带衰减指标的要求,选择窗函数形式,并估计窗口长度 N。

当待求滤波器的过渡带 $\Delta\omega$ 近似等于窗函数主瓣宽度时,过渡带 $\Delta\omega$ 与窗口长度 N 成反比,即 $N\approx A/\Delta\omega$,A 决定于窗口形式,例如,矩形窗 $A=4\pi$,汉明窗 $A=8\pi$ 等,A 参数选择参考表 3.4.2。按照过渡带及阻带衰减情况,选择窗函数形式。原则在保证阻带衰减满足要求的情况下,尽量选择主瓣窄的窗函数。

(3) 计算滤波器的单位取样响应 $h(n)$

$$h(n) = h_d(n)w(n)$$

式中 $w(n)$ 是上面选择好的窗函数。

如果要求线性相位,则要求 $h_d(n)$ 和 $w(n)$ 均对 $(N-1)/2$ 对称。如果要求 $h(n)$ 对 $(N-1)/2$ 奇对称,只要保证 $h_d(n)$ 对 $(N-1)/2$ 奇对称就可以了。

(4) 计算滤波器频率响应 $H_d(e^{j\omega})$

$$H_d(e^{j\omega}) = \sum_{n=0}^{N-1} h(n) e^{-j\omega n}$$

上式计算必要时可用 FFT 算法验证其是否符合指标要求,如不满足要求,根据具体情况予以修正,重复步骤(2)~步骤(4)直至满足要求。

[**例 3.4.1**] 试用窗函数法设计一个 FIR 低通滤波器。已知

$$H_d(e^{j\omega}) = \begin{cases} e^{-j\omega\alpha}, & 0\leqslant|\omega|\leqslant\dfrac{\pi}{2} \\ 0, & \dfrac{\pi}{2}<|\omega|\leqslant\pi \end{cases}, \quad \alpha=6$$

(1) 求 $h(n)$ 的长度 N;

(2) 在矩形窗的条件下,求出 $h(n)$ 的表达式;

(3) 写出过渡带宽 $\Delta\omega$。

解 (1) 由 $\alpha=\dfrac{N-1}{2}$,可知 $N=2\alpha+1=13$。

(2) N 为奇数,且是低通滤波器,故属于第一类广义线性相位 FIR 滤波器,截止频率 $\omega_c = \pi/2$。

$$h_d(n) = \frac{1}{2\pi} \int_{-\pi}^{\pi} H_d(e^{j\omega}) e^{j\omega n} d\omega = \frac{1}{2\pi} \int_{-\omega_c}^{\omega_c} e^{-j\omega\alpha} e^{j\omega n} d\omega$$

$$= \frac{\sin[\omega_c(n-\alpha)]}{\pi(n-\alpha)} = \frac{\sin\left[\dfrac{\pi}{2}(n-6)\right]}{\pi(n-6)}$$

$$h(n) = h_d(n) R_N(n) = \frac{\sin\left[\dfrac{\pi}{2}(n-6)\right]}{\pi(n-6)} \cdot R_{13}(n), \quad 0 \leqslant n \leqslant 12$$

(3) 过渡带宽:$\Delta\omega = 4\pi/N = 4\pi/13$。

上例的 MATLAB 的演示如下:

```
% 矩形窗低通 FIR 设计演示
N = 13;a = (N-1)/2;Wc = pi/2;
n = [0:1:(N-1)];
m = n - a + eps;  % 避免被零除
hd = sin(Wc * m)./(pi * m);
[H,W] = freqz(hd,1);
plot(W/pi,20 * log10(abs(H)/abs(H(1))));
xlabel('频率');ylabel('对数幅度响应');
title('FIR 加矩形窗时的频谱图');
```

运行结果如图 3.4.6 所示。

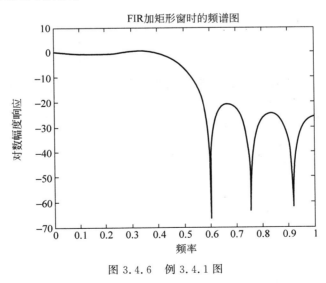

图 3.4.6 例 3.4.1 图

[**例 3.4.2**] 利用矩形窗、汉宁窗、汉明窗设计线性相位 FIR 低通滤波器,要求通带截止频率 $\omega_c = \pi/4 \text{rad}, N = 21$。求出分别对应的单位脉冲响应,并进行比较。

解 (1) 确定逼近滤波器传输函数 $H_d(e^{j\omega})$

$$H_d(e^{j\omega}) = \begin{cases} e^{-j\omega\alpha}, & 0 \leqslant |\omega| \leqslant \dfrac{\pi}{4}, \\ 0, & \dfrac{\pi}{4} < |\omega|, \end{cases} \quad \text{其中 } \alpha = (N-1)/2 = 10$$

(2) 求 $h_d(n)$

$$h_d(n) = \frac{\sin[\omega_c(n-\alpha)]}{\pi(n-\alpha)} = \frac{\sin\left[\dfrac{\pi}{4}(n-10)\right]}{\pi(n-10)}$$

(3) 加窗得到 FIR 滤波器单位脉冲响应 $h(n)$。

矩形窗：$w_R(n) = R_N(n)$

$$h_R(n) = h_d(n)w_R(n) = \frac{\sin\left[\dfrac{\pi}{4}(n-10)\right]}{\pi(n-10)} \times R_{21}(n)$$

汉宁窗

$$w_{Hn}(n) = 0.5\left[1 - \cos\left(\frac{2\pi n}{N-1}\right)\right] \times R_N(n), \quad N = 21$$

$$h_{Hn}(n) = h_d(n)w_{Hn}(n) = \frac{\sin\left[\dfrac{\pi}{4}(n-10)\right]}{2\pi(n-10)}\left[1 - \cos\left(\frac{2\pi n}{20}\right)\right] \times R_{21}(n)$$

汉明窗

$$w_{Hm}(n) = \left[0.54 - 0.46\cos\left(\frac{2\pi n}{N-1}\right)\right] \times R_N(n)$$

$$h_{Hm}(n) = h_d(n)w_{Hm}(n)$$

$$= \frac{\sin\left[\dfrac{\pi}{4}(n-10)\right]}{\pi(n-10)}\left[0.54 - 0.46\cos\left(\frac{2\pi n}{20}\right)\right] \times R_{21}(n)$$

矩形窗对应的过渡带最窄，但阻带最小衰减只有 21dB，汉明窗对应的阻带衰减最大（大于 100dB），但过渡带最宽。

本例题的 MATLAB 演示如下：

```
% 利用矩形窗、汉宁窗和汉明窗设计线性相位 FIR 低通滤波器
N=21;a=(N-1)/2;Wc=pi/4;
n=[0:1:(N-1)];
m=n-a+eps;              % 避免被零除
hd=sin(Wc*m)./(pi*m);
% 加矩形窗
[H1,W]=freqz(hd,1);
figure(1);
subplot(211);
stem(n,hd);title('实际脉冲响应');
xlabel('n');ylabel('h(n)');
subplot(212);
plot(W/pi,20*log10(abs(H1)/max(H1)));
xlabel('频率');ylabel('对数幅度响应');
title('加矩形窗时的频谱图');
% 汉宁窗
W_han=(hanning(N))';
```

```
h2 = hd. * W_han;
[H2,W] = freqz(h2,1);
figure(2);
subplot(211);
stem(n,h2);title('汉宁窗实际脉冲响应');
xlabel('n');ylabel('h(n)');
subplot(212);
plot(W/pi,20 * log10(abs(H2)/max (H2)));
xlabel('频率');ylabel('对数幅度响应');
title('加汉宁窗时的频谱图');
% 汉明窗
W_ham = (hamming(N))';
h3 = hd. * W_ham;
[H3,W] = freqz(h3,1);
figure(3);
subplot(211);
stem(n,h3);title('汉明窗实际脉冲响应');
xlabel('n');ylabel('h(n)');
subplot(212);
plot(W/pi,20 * log10(abs(H3)/max (H3)));
xlabel('频率');ylabel('对数幅度响应');
title('加汉明窗时的频谱图');
```

运行结果如图 3.4.7 所示。

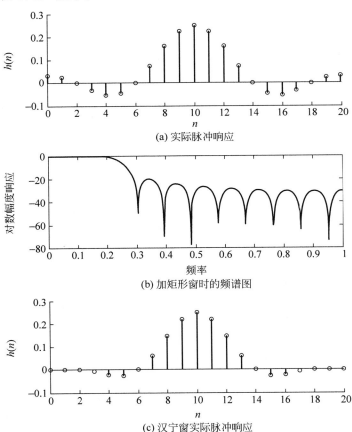

(a) 实际脉冲响应

(b) 加矩形窗时的频谱图

(c) 汉宁窗实际脉冲响应

图 3.4.7 例 3.4.2 图

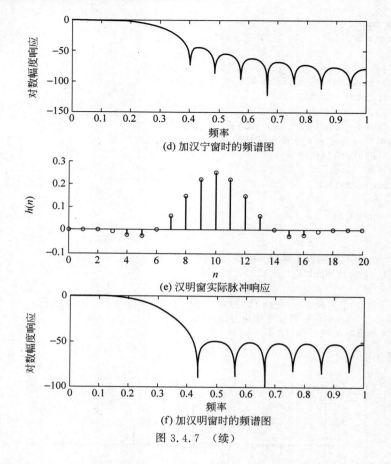

(d) 加汉宁窗时的频谱图

(e) 汉明窗实际脉冲响应

(f) 加汉明窗时的频谱图

图 3.4.7 （续）

[**例 3.4.3**] 用窗函数法设计第一类线性相位 FIR 高通数字滤波器，3dB 截止频率 $\omega_c = \left(\dfrac{3\pi}{4}\right)$ rad，阻带最小衰减 $\alpha_s = 50$dB，过渡带宽度 $\Delta\omega = \pi/16$。

解 根据设计要求，N 必须为奇数（情况 1 可以设计任何滤波特性）。

(1) 确定逼近理想高通频响函数 $H_d(e^{j\omega})$

$$H_d(e^{j\omega}) = \begin{cases} e^{-j\omega\alpha}, & \omega_c < |\omega| \leqslant \pi \\ 0, & 0 \leqslant |\omega| \leqslant \omega_c \end{cases}$$

(2) 求 $h_d(n)$

$$h_d(n) = \frac{1}{2\pi}\int_{-\pi}^{\pi} H_d(e^{j\omega})e^{j\omega n}d\omega = \frac{1}{2\pi}\left[\int_{-\pi}^{-\omega_c} e^{-j\omega\alpha}e^{j\omega n}d\omega + \int_{\omega_c}^{\pi} e^{-j\omega\alpha}e^{j\omega n}d\omega\right]$$

$$= \frac{\sin[\pi(n-\alpha)] - \sin[\omega_c(n-\alpha)]}{\pi(n-\alpha)}$$

式中

$$\alpha = \frac{N-1}{2}$$

(3) 选择窗口函数，估算窗函数长度 N，根据阻带最小衰减 $\alpha_s = 50$dB，查表，选择汉明窗，其过渡宽度为 $8\pi/N$，本题要求过渡带宽度 $\Delta\omega = \pi/16$。由 $\pi/16 = 8\pi/N$，可知 $N = 128$，又 N 必须为奇数，故取 $N = 129$。

(4) 加窗计算,$h(n)=h_d(n)w(n)$,代入 $N=129$,有

$$\alpha = \frac{N-1}{2}=64, \quad \omega_c = 3\pi/4$$

$$h(n) = \frac{\sin[\pi(n-64)] - \sin\left[\frac{3\pi}{4}(n-64)\right]}{\pi(n-64)} \times \left[0.54 - 0.46\cos\left(\frac{2\pi n}{128}\right)\right] \times R_{129}(n)$$

```
% 汉明窗 FIR 高通演示
N = 129;a = (N-1)/2;Wc = 3 * pi/4;
n = [0:1:(N-1)];
m = n - a + eps;                    % 避免被零除
hd = (sin(pi * m) - sin(Wc * m))./(pi * m);
W_ham = (hamming(N))';
h = hd.* W_ham;
[H,W] = freqz(h,1);
plot(W/pi,20 * log10(abs(H)/max(abs(H))));
xlabel('频率');ylabel('对数幅度响应');
title('FIR高通加汉明窗时的频谱图');
```

运行结果如图 3.4.8 所示。

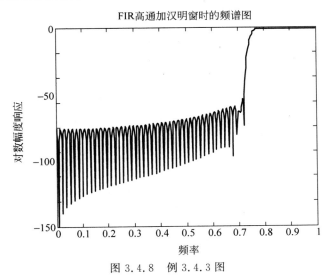

图 3.4.8 例 3.4.3 图

[**例 3.4.4**] 用长度为 41 的,$\beta=6.15$ 的凯泽(Kaiser)窗来设计一个数字微分器,理想数字微分器的频率响应为

$$H_d(e^{j\omega}) = \begin{cases} -j\omega, & 0 \leqslant \omega < \pi \\ j\omega, & -\pi < |\omega| < 0 \end{cases}$$

解 具有线性相位的理想数字微分器的脉冲响应为

$$h_d(n) = \frac{1}{2\pi}\int_{-\pi}^{\pi} H_d(e^{j\omega})e^{j\omega n}d\omega$$

$$= \begin{cases} \dfrac{\cos[\pi(n-\alpha)]}{(n-\alpha)}, & n \neq \alpha \\ 0, & n = \alpha \end{cases}$$

用 MATLAB 来完成该设计。

```
% 数字微分器设计
N = 41; n = [0:1:(N-1)];a = (N-1)/2;
hd = (cos(pi*(n-a)))/(n-a);
hd(a+1) = 0;
W_kai = (kaiser(41,6.15))';
h = hd.*W_kai;
[H,W] = freqz(h,1);
subplot(211);
stem(n,h);title('数字微分器脉冲响应');
xlabel('n');ylabel('h(n)');
subplot(212);
plot(W/pi,abs(H));
title('数字微分器幅频特性');
xlabel('频率');ylabel('对数幅度响应');
```

结果如图 3.4.9 所示。

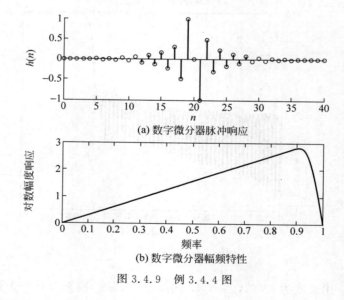

(a) 数字微分器脉冲响应

(b) 数字微分器幅频特性

图 3.4.9 例 3.4.4 图

[**例 3.4.5**] 带通滤波器的技术指标为：下阻带边缘 $\omega_{1s}=0.2\pi$，$\alpha_s=60\text{dB}$；下通带边缘 $\omega_{1p}=0.35\pi$，$\alpha_p=1\text{dB}$；上通带边缘 $\omega_{cp}=0.65\pi$，$\alpha_p=1\text{dB}$；上阻带边缘 $\omega_{cs}=0.8\pi$，$\alpha_s=60\text{dB}$。试采用合适的窗结构进行设计。

解 (1) 显然

$$\Delta\omega_1 = \omega_{1p} - \omega_{1s} = 0.15\pi$$
$$\Delta\omega_2 = \omega_{cs} - \omega_{cp} = 0.15\pi$$

考虑到 $\alpha_s=60\text{dB}$，可采用凯泽窗进行设计，本题选用 Blackman 窗。关于 Blackman 窗，请读者参考相关书籍。

（2）理想带通数字滤波器的脉冲响应为

$$h_d(n) = \frac{\sin[\omega_h(n-\alpha)] - \sin[\omega_l(n-\alpha)]}{\pi(n-\alpha)}, \quad \alpha = \frac{N-1}{2}$$

式中 ω_h 是高通截止频率；ω_l 是低阻截止频率。可以看出它是由两个低通滤波器相减而得到的。直接用 MATLAB 来设计，程序如下：

```
% 带通滤波器
Ws1 = 0.2 * pi;Wp1 = 0.35 * pi;
Wp2 = 0.65 * pi;Ws2 = 0.8 * pi;As = 60;
Width = min((Wp1 - Ws1),(Ws2 - Wp2));      % 取过渡带宽
N = ceil(11 * pi/Width) + 1;               % 由带宽公式计算阶数 N
n = [0:1:(N-1)];a = (N-1)/2;
m = n - a + eps;
Wl = ( Wp1 + Ws1)/2;Wh = (Ws2 + Wp2)/2;
hd = (sin(Wh * m) - sin(Wl * m))./(pi * m);
W_bla = (blackman(N))';
h = hd. * W_bla;
[H,W] = freqz(h,1);
subplot(211);
stem(n,h);title('脉冲响应');
xlabel('n');ylabel('h(n)');
subplot(212);
plot(W/pi,20 * log10(abs(H)/max (H)));
title('滤波器频响特性');
xlabel('频率');ylabel('对数幅度响应');
```

运行结果如图 3.4.10 所示。

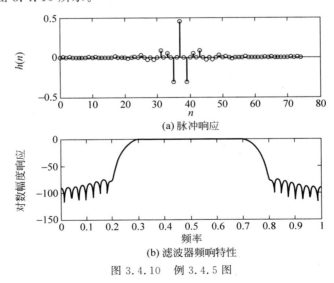

(a) 脉冲响应

(b) 滤波器频响特性

图 3.4.10　例 3.4.5 图

3.4.3　利用频率采样法设计 FIR 滤波器

FIR 数字滤波器的窗函数设计方法的基本思想是使所设计的 FIR 数字滤波器的单位脉冲响应 $h(n)$ 逼近所需的 $h_d(n)$，因此，它是一种时域设计方法。这种方法的缺点是通带和阻带的截止频率不易控制，且对于复杂频响特性滤波器来说，难以得到 $h_d(n)$ 的闭合表达

式。但在工程实际上,更多的是给定频域上的指标,因此采用频域设计法更为方便和直接。频率采样法就是一种频域设计方法,它的基本思想是使所设计的 FIR 数字滤波器的频率特性在某些离散的频率点上的值,准确地等于所需的滤波器在这些频率点处的值,在其他频率处的特征按照一定的优化设计则有较好的逼近。因此,频率采样设计的基本设计流程是:

确定频率特性指标 $H_d(e^{j\omega}) \xrightarrow{\text{频率采样}} H_d(e^{j2\pi k/N}) = H_d(k) \xrightarrow{\text{IDFT}} h(n) \xrightarrow{\text{ZT}} H(z)$。

如待设计的滤波器的传输函数用 $H_d(e^{j\omega})$ 表示,对它在 ω 在 $0\sim 2\pi$ 之间等间隔采样 N 点,得到 $H_d(k)$

$$H_d(e^{j\omega})\big|_{\omega=\frac{2\pi}{N}k}, \quad k=0,1,\cdots,N-1$$

再对 N 点 $H_d(k)$ 进行 IDFT,得到 $h(n)$

$$h(n) = \frac{1}{N}\sum_{k=0}^{N-1}H_d(k)e^{j2\pi kn/N}, \quad n=0,1,\cdots,N-1 \tag{3.4.16}$$

式中,$h(n)$ 作为所设计的滤波器的单位脉冲响应,其系统函数 $H(z)$

$$H(z) = \sum_{n=0}^{N-1}h(n)z^{-n} \tag{3.4.17}$$

以上讨论了频率采样设计的基本方法,但仍存在两个问题,一个是为了保证 $H(z)$ 具有线性相位,对 $H_d(k)$ 应加以怎样的约束条件;另一个是逼近误差的问题以及怎样改进以减少误差? 下面将分别解决这两个问题。

1. 用频率采样法设计线性相位滤波器的条件

前面已经指出,具有第一类线性相位的 FIR 滤波器,其单位脉冲响应 $h(n)$ 是实序列,且满足条件 $h(n)=h(N-1-n)$,由此推导出其传输函数应满足的条件是

$$H_d(e^{j\omega}) = H_g(\omega)e^{j\theta(\omega)}$$

$$\theta(\omega) = -\frac{1}{2}(N-1)\omega \tag{3.4.18}$$

将 $H_d(k)$ 写成幅度 $H_g(k)$ 和相位 $\theta(k)$ 的形式

$$H_d(k) = H_g(k)e^{j\theta(k)}, \quad k=0,1,2,\cdots,N-1 \tag{3.4.19}$$

式中

$$H_g(k) = H_g(\omega)\big|_{\omega=2\pi k/N} \tag{3.4.20}$$

$$\theta(k) = \theta(\omega)\big|_{\omega=2\pi k/N} = -\frac{N-1}{N}\pi k \tag{3.4.21}$$

当 $N=$奇数时,属于情况 1,$H_g(\omega)$ 关于 $\omega=\pi$ 偶对称,即 $H_g(\omega)=H_g(2\pi-\omega)$,将 $\omega=\frac{2\pi}{N}k$ 代入可得:

$$H_g(k) = H_g(N-k), \quad N=\text{奇数} \tag{3.4.22}$$

当 $N=$偶数时,属于情况 2,$H_g(\omega)$ 关于 $\omega=\pi$ 奇对称。将 $\omega=\frac{2\pi}{N}k$ 代入可得

$$H_g(k) = -H_g(N-k), \quad N=\text{偶数} \tag{3.4.23}$$

式(3.4.21)~式(3.4.23)就是 $H_d(k)$ 幅度特性必须满足的线性相位的条件。

例如用理想低通作为希望设计的滤波器,截止频率为 ω_c,采样点数为 N,$H_g(k)$ 和 $\theta(k)$ 用下面公式计算:

N 为奇数时

$$H_g(k) = H_g(N-k) = 1, \quad k = 0, 1, 2, \cdots, k_c$$

$$H_g(k) = 0, \quad k = k_c + 1, k_c + 2, \cdots, N - k_c - 1$$

$$\theta(k) = -\frac{N-1}{N}\pi k, \quad k = 0, 1, 2, \cdots, N-1$$

N 为偶数时

$$H_g(k) = 1, \quad k = 0, 1, 2, \cdots, k_c$$

$$H_g(k) = 0, \quad k = k_c + 1, k_c + 2, \cdots, N - k_c - 1$$

$$H_g(N-k) = -1, \quad k = 0, 1, \cdots, k_c$$

$$\theta(k) = -\frac{N-1}{N}\pi k, \quad k = 0, 1, \cdots, N-1$$

注意,上面公式中的 k_c 是小于等于 $\dfrac{N\omega_c}{2\pi}$ 的最大整数。另外,对于高通和带阻滤波器,这里 N 只能取奇数。

对具有第二类线性相位的 FIR 滤波器可进行类似讨论。$\theta(k) = \dfrac{\pi}{2} - \dfrac{N-1}{N}k\pi$,当 $N=$ 奇数时,属于情况 3,此时,$H_g(k) = -H_g(N-k)$;当 N 为偶数时,属于情况 4,此时,$H_g(k) = H_g(N-k)$。

2. 频率采样法的设计误差及其改进

如果待设计的滤波器的频率响应为 $H_d(e^{j\omega})$,对应的单位脉冲响应为 $h_d(n)$

$$h_d(n) = \frac{1}{2\pi}\int_{-\pi}^{\pi} H_d(e^{j\omega}) e^{j\omega n} d\omega$$

根据频域采样定理可知,在频域 $0 \sim 2\pi$ 之间对 $H_d(e^{j\omega})$ 等间隔采样 N 点,再利用 IDFT 得到的 $h(n)$ 以 N 为周期,进行周期延拓,再乘以 $R_N(n)$,即

$$h(n) = \sum_{r=-\infty}^{\infty} h_d(n + rN) R_N(n)$$

如果 $H_d(e^{j\omega})$ 有间断点,那么相应的单位脉冲响应 $h_d(n)$ 应是无限长的。这样,由于时域混叠,引起所设计的 $h(n)$ 和 $h_d(n)$ 有偏差。显然,如果频率的采样点数 N 越大,所设计出的滤波器越逼近待设计的滤波器 $H_d(e^{j\omega})$。

上面是从时域方面分析其设计误差的来源,下面从频域分析。

上面已经提出,频率域等间隔采样 $H(k)$,经过 IDFT 得到 $h(n)$,其 Z 变换 $H(z)$ 和 $H(k)$ 的关系为

$$H(z) = \frac{1-z^{-N}}{N}\sum_{k=0}^{N-1} \frac{H(k)}{1-e^{j\frac{2\pi}{N}}z^{-1}} \tag{3.4.24}$$

将 $z = e^{j\omega}$ 代入式(3.4.24),得

$$H(e^{j\omega}) = \sum_{k=0}^{N-1} H(k)\Phi\left(\omega - \frac{2\pi}{N}k\right) \tag{3.4.25}$$

式中

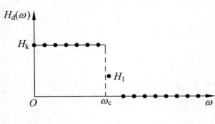

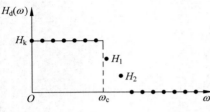

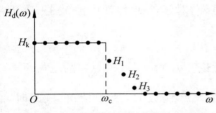

图 3.4.11 理想低通滤波器的过渡带优化示意图

$$\Phi(\omega) = \frac{1}{N} \frac{\sin(\omega N/2)}{\sin(\omega/2)} e^{-j\omega \frac{N-1}{2}} \qquad (3.4.26)$$

式(3.4.26)表明,在采样点 $\omega = 2\pi k/N, k = 0, 1, \cdots, N-1, \Phi(\omega - 2\pi/N) = 1$,因此,采样点处 $H(e^{j\omega})(\omega_k = 2\pi k/N)$ 与 $H(k)$ 相等,逼近误差为 0,而在采样点之间的值 $H(e^{j\omega_k})$,由式(3.4.25)可知,它由有限项的 $H(k)\Phi(\omega - 2\pi k/N)$ 之和形成,因而有一定的逼近误差,这种误差的大小取决于理想滤波器响应的形状。理想滤波器响应越陡峭,则逼近误差越大,理想频率特性在非采样点处产生较大的肩峰和波纹。为了减小逼近误差,可以在理想频率响应的边缘加上一些过渡的采样点。如图 3.4.11 所示,这样大约可以分别获得 20~39dB(一个过渡点),40~59dB(二个过渡点),60~70dB(三个过渡点)的阻带增益。但这样处理却会使过渡带加宽。这一点往往限制了频率采样法在 FIR 滤波器设计中的使用。

因为窄带频率特性的非零值采样点值比较少,频率采样法非常适合于窄带滤波器设计,但是由于存在逼近误差,使得滤波器的截止频率控制比较困难,除非截止频率点正好是采样点。增加采样点数 N 可提高所需滤波器的性能,但是 N 太大会使滤波器成本和运算复杂度增加。一般可由通过过渡带 $\Delta\bar{\omega}$ 来估算 N 值,即

$$\Delta\bar{\omega} \approx (m+1)\frac{2\pi}{N} \qquad (3.4.27)$$

式中,m 为过渡带采样点数目。

[例 3.4.6] 用频率采样法设计第一类线性相位 FIR 低通滤波器,要求截止频率 $\omega_c = \frac{\pi}{16}$,过渡带宽度 $\Delta\bar{\omega} = \frac{\pi}{32}$,阻带最小衰减 $\alpha_s = 30\text{dB}$。

解 (1)由过渡带 $\Delta\bar{\omega} = \pi/32, \alpha_s = 30\text{dB}$,可知过渡带采样点数 $m = 1$,故总的频率采样点数为 $N = \frac{2\pi}{\Delta\bar{\omega}}(m+1) = \frac{4\pi}{\pi/32} = 128$。

对于第一类线性相位 FIR 滤波器,N 为偶数(也可为奇数),有 $H_d(\omega) = -H_d(\pi - \omega)$,即

$$H_d(e^{j\omega}) = \begin{cases} e^{-j\omega\frac{N-1}{2}} = e^{-j\frac{127}{2}\omega}, & 0 \leqslant \omega \leqslant \frac{\pi}{16} \\ 0, & \frac{\pi}{16} < \omega < \frac{31\pi}{16} \\ -e^{-j\frac{127}{2}\omega}, & \frac{31\pi}{16} \leqslant \omega \leqslant 2\pi \end{cases}$$

(2) 采样(加入一个过渡采样点)

$$H_d(k) = H_d(e^{j\frac{2\pi}{N}k}) = \begin{cases} e^{-j\frac{N-1}{N}\pi k} = e^{-j\frac{127}{128}\pi k}, & k=0,1,2,3,4 \\ 0.3904 e^{-j\frac{127}{128}5\pi}, & k=5(\text{过渡采样点}) \\ 0, & k=6 \sim 122 \\ -0.3904 e^{-j\frac{127}{128}123\pi}, & k=123(\text{过渡采样点}) \\ -e^{-j\frac{127}{128}\pi k}, & k=124,125,126,127 \end{cases}$$

式中,0.3904(阻带最小衰减达 30dB)是程序优化造成的结果。由式(2.4.9)可知

$$H(z) = \frac{1-z^{-N}}{N} \sum_{k=0}^{N-1} \frac{H_d(k)}{1-W_N^{-k}z^{-1}}$$

MATLAB 演示如下:

```
% 频率采样法 FIR 演示
N = 128;a = (N-1)/2;
m = 0:N-1;W1 = (2 * pi/N) * m;
Hideal = [ones(1,5),0.3904,zeros(1,117),0.3904,ones(1,4)];   % 理想频率域样本
Hdr = [1,1,0,0];Wd = [0,1/16,1/16,1];                        % 理想频率响应
k1 = 0:floor((N-1)/2);k2 = (floor((N-1)/2) + 1):N-1;
angH = [-a * 2 * pi * k1/N,a * 2 * pi * (N-k2)/N];           % 采样特性
H = Hideal. * exp(j * angH);                                 % 采样点频率性
h = real(ifft(H,N));                                         % 实际频率脉冲响应
[H2,w] = freqz(h,1);                                         % 获得实际频率特性
subplot(311);
plot(W1(1:65)/pi,Hideal(1:65),'o',Wd,Hdr);                   % 画出理想采样特性及频率点数据
axis([0,1,-0.2,1.2]);title('频率样本');
xlabel('频率(单位 pi)');ylabel('Hideal(k)');
subplot(312);
stem(m,h);title('单位脉冲响应');
xlabel('n');ylabel('h(n)');
subplot(313);
plot(w/pi,20 * log10(abs(H2)/abs(H2(1))));
axis([0,1,-60,10]);grid;
title('幅度响应');xlabel('频率(单位 pi)');ylabel('对数幅度(单位 dB)');
```

运行结果如图 3.4.12 所示。

[例 3.4.7] 利用频率采样法设计一线性相位 FIR 低通滤波器,给定 $N=21$,通带截止频率 $\omega_c = 0.15\pi$ rad。求出 $h(n)$,为了改善其频率响应采取什么措施?

解 (1) 确定逼近滤波器传输函数 $H_d(e^{j\omega})$

$$H_d(e^{j\omega}) = \begin{cases} e^{-j\omega a}, & 0 \leq |\omega| \leq 0.15\pi, \\ 0, & 0.15\pi < |\omega| \leq \pi, \end{cases} \quad \alpha = (N-1)/2 = 10$$

(2) 采样

$$H_d(k) = H_d(e^{j\frac{2\pi}{N}k}) = \begin{cases} e^{-j\frac{N-1}{N}\pi k} = e^{-j\frac{20}{21}\pi k}, & k=0,1,20 \\ 0, & 2 \leq k \leq 19 \end{cases}$$

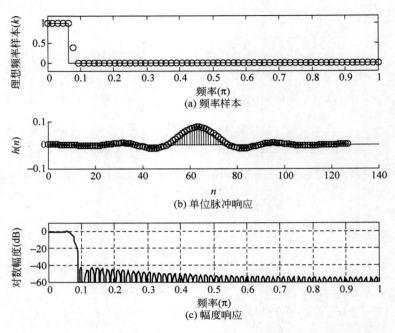

图 3.4.12 例 3.4.6 图

（3）求 $h(n)$

$$h(n) = \text{IDFT}[H_d(k)] = \frac{1}{N}\sum_{k=0}^{N-1}H_d(k)W_N^{-kn}$$

$$= \frac{1}{21}[1 + e^{-j\frac{20}{21}\pi}W_{21}^{-n} + e^{-j\frac{20}{21}\pi \cdot 20}W_{21}^{-20n}]R_{21}(n)$$

$$= \frac{1}{21}[1 + e^{-j\frac{2\pi}{21}(n-10)} + e^{-j\frac{400\pi}{21}}e^{j\frac{40}{21}\pi n}]R_{21}(n)$$

因为 $e^{-j\frac{400}{21}\pi} = e^{j\frac{20}{21}\pi}$，$e^{-j\frac{40}{21}\pi n} = e^{j(\frac{42}{21}\pi - \frac{2}{21}\pi)n} = e^{-j\frac{2\pi}{21}n}$，所以

$$h(n) = \frac{1}{21}[1 + e^{-j\frac{2\pi}{21}(n-10)} + e^{-j\frac{2\pi}{21}(n-10)}]R_{21}(n)$$

$$= \frac{1}{21}\left[1 + 2\cos\left(\frac{2\pi}{21}(n-10)\right)\right]R_{21}(n)$$

为了改善阻带衰减和通带波纹，应加过渡带采样点，为了使边界频率更精确，过渡带更窄，应加大采样点数 N。

用 MATLAB 演示其对应的频率特性如下：

```
% FIR 低通演示
N = 21; n = 0:1:(N-1);
h = (1 + 2*cos((n-10)*2*pi/N))/N;
freqz(h,1);
```

运行结果如图 3.4.13 所示。

[**例 3.4.8**] 用频率采样法设计 FIR 线性相位高通滤波器，截止频率 $\omega_p = \frac{3\pi}{4}$，采样间

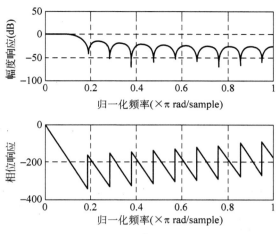

图 3.4.13 例 3.4.7 图

隔 $\Delta\omega$ 为 $\dfrac{\pi}{6}$,设一点过渡 $H_1 = 0.39$。

(1) 求采样点数 N。
(2) 该数字滤波器的 $h(n)$、$H_g(\omega)$ 和 $\theta(\omega)$ 各有什么特点?
(3) 求出 $H_d(k)$。

解 (1) 采样点数 $N = \dfrac{2\pi}{\Delta\omega} = \dfrac{2\pi}{\pi/6} = 12$。

(2) 由于是高通,N 为偶数,故只能用第 4 种情况来设计。$h(n) = -h(N-1-n)$ 奇对称,$H_g(\omega)$ 以 $\omega = 0, 2\pi$ 奇对称,以 π 偶对称,$\theta(\omega) = -\dfrac{N-1}{2}\omega - \dfrac{\pi}{2}$。

(3) $\omega_c = \dfrac{2\pi}{N}k$,$k = \dfrac{\omega_c N}{2\pi} = \dfrac{\dfrac{3}{4}\pi \times 12}{2\pi} = 4.5$。

$H_g(k) = H_g(N-k)$,$H_g(k)$ 在 5、6、7 点上为非零值,因此

$$\theta(\omega) = -\dfrac{N-1}{2}\omega - \dfrac{\pi}{2}\bigg|_{\omega=\frac{2\pi k}{N}} = -\dfrac{11}{12}\pi k - \dfrac{\pi}{2}$$

$$H_d(k) = \begin{cases} \mathrm{e}^{-\mathrm{j}\left(\frac{11}{12}\pi k + \frac{\pi}{2}\right)}, & k = 5, 6, 7 \\ 0.39\mathrm{e}^{-\mathrm{j}\left(\frac{11}{12}\pi k + \frac{\pi}{2}\right)}, & k = 4, 8 \\ 0, & k = 0 \sim 3, 9 \sim 11 \end{cases}$$

用 MATLAB 演示的设计过程如下:

```
% 频率采样法 FIR 演示
N = 12;a = N/2;
m = 0:N - 1;W1 = (2 * pi/N) * m;
Hideal = [0,0,0,0,0.39,1,1,1,0.39,0,0,0];
Hdr = [0,0,1,1];Wd = [0,0.75,0.75,1];              % 理想频率响应
k1 = 0:N/2;k2 = (N/2 + 1):N - 1;
```

```
angH = [-a*2*pi*k1/N,a*2*pi*(N-k2)/N];      %采样特性
H = Hideal.*exp(j*angH);                     %采样点频率性
h = real(ifft(H,N));                         %实际频率脉冲响应
[H2,w] = freqz(h,1);                         %获得实际频率特性
subplot(311);
plot(W1(1:7)/pi,Hideal(1:7),'o',Wd,Hdr);
axis([0,1,-0.2,1.2]);title('频率样本');
xlabel('频率(单位\pi)');ylabel('Hideal(k)');
subplot(312);
stem(m,h);title('单位脉冲响应');
xlabel('n');ylabel('h(n)');
subplot(313);
A = max(abs(H2));
plot(w/pi,20*log10(abs(H2)/A));
axis([0,1,-60,10]);grid;
title('幅度响应');xlabel('频率(单位\pi)');ylabel('对数幅度响应(单位 dB)');
```

运行结果如图 3.4.14 所示。

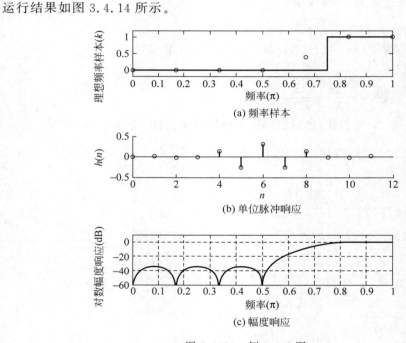

图 3.4.14　例 3.4.8 图

[**例 3.4.9**]　利用频率采样法设计线性相位 FIR 带通滤波器,设 $N=33$,理想幅频特性 $H_g(\omega)$,如图 3.4.15 所示。

解　由图可知理想幅度采样值为

$$H_g(k) = H_g(\omega)\Big|_{\omega=\frac{2\pi k}{N}} = \begin{cases} 1, & k=7,8,25,26 \\ 0, & \text{其他} \end{cases}$$

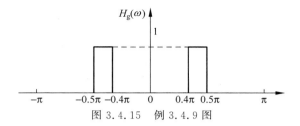

图 3.4.15　例 3.4.9 图

因此 $H_d(k) = \begin{cases} e^{-j\frac{32}{33}\pi k}, & k=7,8,25,26 \\ 0, & 其他 \end{cases}$

$$\begin{aligned} h(n) &= \text{IDFT}[H_d(k)] \\ &= \frac{1}{33}\left[e^{-j\frac{32}{33}\pi \cdot 7} e^{j\frac{2\pi}{33} \cdot 7n} + e^{-j\frac{32}{33}\pi \cdot 8} e^{j\frac{2\pi}{33} \cdot 8n} + e^{-j\frac{32}{33}\pi \cdot 25} e^{j\frac{2\pi}{33} \cdot 25n} + e^{-j\frac{32}{33}\pi \cdot 26} e^{j\frac{2\pi}{33} \cdot 26n}\right] R_{33}(n) \\ &= \frac{2}{33}\left\{\cos\left[\frac{14\pi}{33}(n-16)\right] + \cos\left[\frac{16\pi}{33}(n-16)\right]\right\} R_{33}(n) \end{aligned}$$

用 MATLAB 画出其对应的频率特性如下：

```
% 线性相位 FIR 带通滤波器
N = 33; n = 0:1:(N-1);
h = (cos((n-16)*14*pi/N) + cos((n-16)*16*pi/N))/N;
freqz(h,1); axis([0 1 -80 0]);
```

运行结果如图 3.4.16 所示。

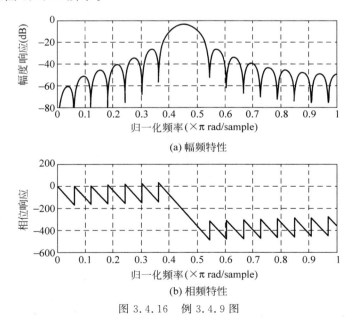

(a) 幅频特性

(b) 相频特性

图 3.4.16　例 3.4.9 图

[**例 3.4.10**]　用频率采样法设计一个带通滤波器，技术指标如下：下阻带边缘为 0.3π，下通带边缘为 0.4π，上通带边缘为 0.5π，上阻带边缘为 0.6π，$\alpha_p = 0.5\text{dB}$，$\alpha_s = 50\text{dB}$，选择适合的滤波器阶数，使通带中有两个优化点。

例题的 MATLAB 辅助求解源程序如下：

```
% 频率采样 BPF 优化设计演示
Ws1 = 0.3 * pi;Ws2 = 0.6 * pi;Wp1 = 0.4 * pi;Wp2 = 0.5 * pi;
Rp = 0.5;As = 50;                              % BPF 技术参数
b = min((Wp1 - Ws1),(Ws2 - Wp2));
N = ceil(2 * pi * 3/b) + 20;                   % 获得频率采样点数
k = 0:N - 1,a = (N - 1)/2;W1 = (2 * pi/N);
Wk = (2 * pi/N) * k;
T1 = 0.113;T2 = 0.605;                         % 设过渡带采样优化值
Hideal = [zeros(1,ceil(0.3 * pi/W1) + 1),T1,T2,ones(1,ceil(0.1 * pi/W1) + 2),T2,T1, zeros(1,
ceil(0.8 * pi/W1) + 2),T1,T2,ones(1,ceil(0.1 * pi/W1) + 2),T2,T1, zeros(1,ceil(0.3 * pi/W1) + 1)];
                                               % 理想频率样本采样值
Hdr = [0,0,1,1,0,0];Wd = [0,0.3,0.4,0.5,0.6,1];
k1 = 0:floor(( N - 1)/2);k2 = floor((N - 1)/2) + 1:(N - 1);
angH = [ - a * 2 * pi * k1/N, a * 2 * pi * (N - k2)/N];   % 相位样本
H = Hideal. * exp(j * angH);                   % 频率采样数据
h = real(ifft(H,N));                           % 实际频率脉冲响应
[H1,w] = freqz(h,1);
figure(1);
plot(Wk(1:ceil(N/2))/pi,Hideal(1:ceil(N/2)),'o',Wd,Hdr);
xlabel('频率(单位\pi)');ylabel('幅度响应');
title('频域样本数据');grid;axis([0,1, - 0.2,1.2]);
figure(2);
stem(k,h);title('实际单位脉冲响应');
xlabel('n');ylabel('h(n)');
figure(3);
plot(w/pi,20 * log(abs(H1))); title('幅度响应'); grid;
xlabel('频率(单位\pi)');ylabel('对数幅度响应（单位 dB）');
axis([0,1, - 120,10]);
```

运行结果如图 3.4.17 所示。

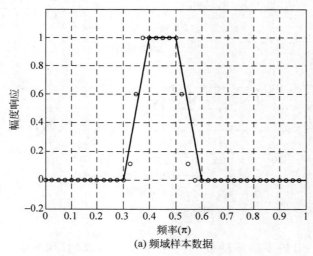

(a) 频域样本数据

图 3.4.17 例 3.4.10 图

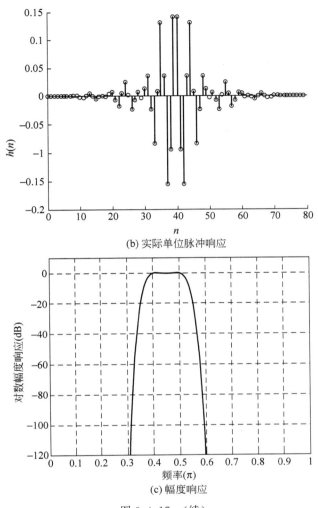

图 3.4.17 （续）

3.4.4 FIR 滤波器的最优等波纹设计法

对于 FIR 设计中的窗函数法和频率采样法，它们在设计中不能将边缘频率 ω_s 和 ω_p 精确给定，而且它们的逼近误差在频带区间上不是均匀分布的。在靠近频带边缘处逼近误差大，在远离频带边缘处误差小，按照 IIR 滤波器设计时的切比雪夫逼近原理可知，如果我们能将这种逼近误差均匀铺开，显然能得到阶数较窗函数法和频率采样法要小的 FIR 线性相位滤波器。

最优等波纹逼近方法实际上是一种加权最大误差最小化的设计方法。设所设计的线性相位滤波器为

$$H(e^{j\omega}) = H(\omega)e^{j\frac{(N-1)\omega}{2}} \tag{3.4.28}$$

具有所希望特性的滤波器 $H_d(e^{j\omega})$ 为

$$H_d(e^{j\omega}) = H_d(\omega)e^{j\frac{(N-1)\omega}{2}} \tag{3.4.29}$$

则衡量 $H_d(\omega)$ 与 $H(\omega)$ 的逼近误差的评价函数为

$$J = \max_{\omega} | W(\omega)[H_d(\omega) - H(\omega)] |, \quad 0 \leqslant \omega \leqslant \pi \quad (3.4.30)$$

式中，$W(\omega)$ 为误差加权函数。$W(\omega)$ 的引入能同时优化边带波纹 δ_1 和阻带 δ_2，这一点与窗函数法和频率采样法是显然不同的。

过渡带的范围由设计者自行选择，若过渡带过宽，能得到的滤波器的截止特性就比较缓慢，反之，若过渡带过窄，滤波器的波纹就会比较大。

目前应用普遍的方法是由 Parks 和 McClellan 提出来的 Remez（瑞米兹）交换算法。在此对其不作过多的解释，仅借助 MATLAB 来演示这种滤波器的设计过程及主要特性。

[例 3.4.11] 利用 Remez 算法来设计一个等波纹 FIR 低通滤波器，技术特性如下

$$\omega_p = 0.2\pi, \quad \alpha_p = 0.25\text{dB}, \quad \omega_s = 0.3\pi, \quad \alpha_s = 50\text{dB}$$

MATLAB 程序如下：

```
% Remez 算法 FIR LPF 设计演示
Wp = 0.2 * pi; Ws = 0.3 * pi; Rp = 0.25; As = 50;
a_w = 2 * pi/1000;
Wsi = Ws/a_w + 1;
a1 = (10^(Rp/20) - 1)/(10^(Rp/20) + 1);              % 参数转换
a2 = (1 + a1) * (10^( - As/20));                      % 参数转换
aH = max(a1,a2); aL = min(a1,a2);
weights = [a2/a1,1];
af = (Ws - Wp)/(2 * pi);
N = ceil(( - 20 * log10(sqrt(a1 * a2)) - 13)/(14.6 * af) + 1);  % 根据经验公式估计 N
% 可以计算出 N = 43
f = [0 Wp/pi Ws/pi 1];                                % 频率向量
m = [1 1 0 0];                                        % 对应频点期望幅度响应向量
h1 = remez(N - 1,f,m,weights); %
[H1,w] = freqz(h1,1);
db = 20 * log10(abs(H1));
Asd = - max(db(Wsi:1:501));
% 可以计算出 Asd = 34.017,显然不合要求,按 N = N + 1 进行循环调用,可知当 N = 47 时满足要求
N = 47; n = 0:1:N - 1;
h2 = remez(N - 1,f,m,weights);
[H2,w] = freqz(h2,1);
figure(1);
subplot(211);
stem(n,h2); title('单位脉冲响应'); xlabel('n'); ylabel('h(n)');
subplot(212);
B = max(abs(H2));
plot(w/pi,20 * log10(abs(H2)/B)); title('幅度响应'); grid;
xlabel('频率(单位\pi)'); ylabel('对数幅度响应 (单位 dB)');
figure(2);
L = (N - 1)/2;
b = [h2(L + 1) 2 * h2(L: - 1:1)];
n1 = [0:1:L];
w1 = [0:1:500]' * pi/500;
Hr = cos(w1 * n1) * b';
```

```
subplot(211);
plot(w1/pi,Hr);grid;                              % 画出振幅响应曲线
xlabel('频率(单位\pi)');ylabel('幅度');
title('振幅响应');
subplot(212);                                     % 画出逼近误差等波纹曲线
H3 = (Hr(1:101))' - ones(1,101);
H31 = [H3 zeros(1,400)];
H4 = (Hr(151:501))';H41 = [zeros(1,150) H4];
plot(w1/pi,H31 + H41);grid;
xlabel('频率(单位\pi)');ylabel('幅度');
title('逼近误差等波纹曲线');axis([0 1 -0.015 0.015]);
```

运行结果如图 3.4.18 所示。

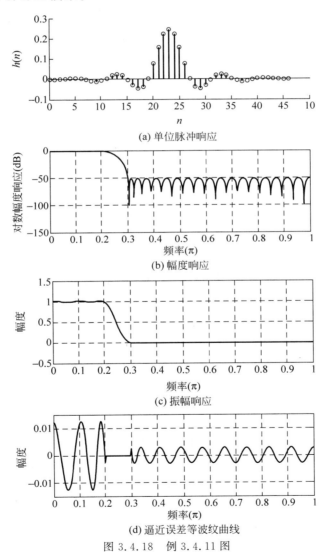

图 3.4.18　例 3.4.11 图

请读者观察一下图 3.4.18 中的逼近误差等波纹交错点的个数,看看它和 N 之间的关系。

3.5 有限字长效应

前面所讨论的离散时间信号和系统都未涉及系数的精度问题,即无论是序列还是滤波器的系数,都是以无限精度的数据来表示的。但是一个实际的数字信号处理系统不论是用计算机的软件来实现还是专用的数字硬件来实现,它们的输入、输出、中间结果以及滤波系数等都必须存储在有限字长的存储器中,另外对于输入信号也要进行量化,无限精度的模拟信号经过模数变换后只能取有限多个可能值。这样在信号处理时所得到的结果和理论值之间存在误差,这就是有限字长效应。

和有限字长效应有关的误差如下:

(1) 模/数(A/D)转换器将输入信号变成一组离散值时产生的量化误差。

(2) 用有限位二进制数来表示数字系统各参数时产生的量化误差。

(3) 按所需的算法进行运算时,为限制位数扩展而进行尾数处理以及防止溢出而压缩信号大小所产生的误差。

(4) 溢出振荡器产生的误差。

(5) 固定信号输入时产生的极限环振荡带来的误差。

上述各种量化误差与数字系统的结构形式、数的表示方法、数位长短以及采用的运算方法有关。当然可以采用位数多的通用计算机或字长较长的数字硬件系统,以减小有限字长效应,但付出的代价是成本昂贵、设备复杂、运行时间长等。通常在一般的通用计算机上做信号处理,由于字长较长,所以有限字长效应影响不大,可以不予考虑。而用专用的硬件做信号处理时,考虑到成本、复杂性以及运算速度等因素,字长受到较大的限制,因此在精度和造价之间作合理的折中。

专用机大多数采用定点制表数和运算,具有快速、经济等优点,本节主要讨论定点制情况下有限字长效应,由于运算中多用补码,所以讨论中侧重补码运算。

数字系统的有限长效应是系统实现时必须考虑的实际问题,但由于其复杂性及随机性因而有些误差在理论上尚无固定的解释。本节对一些常用的数字系统中的有限字长所引起的误差或现象作原理上的分析,了解它们的本质,供读者实际应用时参考。

3.5.1 数的表示方法对量化的影响

1. 数制和数的表示方法

1) 定点制

通常定点制表示的数限制为 ± 1。对于一个数 x 用定点数示为 $x = \beta_0 \beta_1 \beta_2 \cdots \beta_b$,其中 β_0 是符号位,当 $x \geqslant 0$ 时 $\beta_0 = 0$,当 $x < 0$ 时 $\beta_0 = 1$。以 b 表示数据位的位数,则表示寄存器的位长为 $b+1$ 位。定点制的运算结果的绝对值不能大于 1,否则出现"溢出"错误。为使整个运算的绝对值不超过 1,需要引入比例因子,以减少或限制输入信号序列的动态范围。定点制加法运算可能溢出,乘法运算不会溢出,但字长会增加一倍,每次要对结果截尾,引入截尾误差。解决的办法是对信号序列及运算结果做归一化处理。但是滤波器系数不能随便归一化,应预留小数位。

定点制的缺点是动态范围小,可能产生溢出。

2）浮点制

浮点制是将一个数表示为尾数和指数两部分,即 $x=\pm M \cdot 2^c$ 其中 c 称为阶码,决定数的范围大小；M 称为尾数,决定数的精度。浮点数无论进行加法还是乘法都会使尾数部分加长,需要进行尾数处理。浮点知道的特点是在运算过程中小数点的位置时浮动的。

3）数的三种表示方法

二进制数有三种表示方法：原码、反码和补码。正数的三种表示方法是相同的,且符号位 0；而负数的三种表示方法,它们的符号位都是 1,但是尾数的二进制码各不相同。

对于原码有

$$x = \begin{cases} |x|, & x \geqslant 0 \\ 1+|x|, & x < 0 \end{cases}$$

对于反码有

$$x = \begin{cases} |x|, & x \geqslant 0 \\ 2-|x|-a^b, & x < 0 \end{cases}$$

对于补码有

$$x = \begin{cases} |x|, & x \geqslant 0 \\ 2-|x|, & x < 0 \end{cases}$$

原码的优点是乘法运算方便,缺点是加减运算复杂。采用补码,加法运算方便,但是乘法运算复杂。反码和补码相似,加法运算方便,但是运算规则稍有不同。现在已有将补码乘法做成专用集成芯片,使补码获得广泛的应用。

2. 尾部量化方式及量化误差

量化方式有截尾和舍入两种方式。截尾处理是保留 b 位码,抛掉余下的尾数；而舍入处理是按最接近的值取 b 位码。这两种处理所产生的误差是不一样的。通常用量化阶距 q 表示量化精度,它是最小码位所代表的数值,即 $q=2^{-b}$。

1）定点制的量化误差

对于定点制的截尾误差有 $E_r=Q[x]-x$,分布范围如下：

- 原码、反码：$-q<E_r<q$。
- 补码：$-q<E_r<0$。

定点制舍入误差不论是正数还是负数,也不论是原码、反码还是补码,其误差总是在 $\pm q/2$ 之间,即正数负数截尾相对误差范围是

$$-q/2 < E_r \leqslant q/2$$

2）浮点制的量化误差

在浮点制中,截尾或舍入的处理只影响尾数的字长。对于尾数进行截尾或者舍入处理所产生的误差和定点量化完全相同。如以 E_M 表示尾数的量化误差,即 $E_M=[M]_Q-M$。由于 $x=M \cdot 2^c$,因此 x 的量化误差 $E_x=[x]_Q-x=E_M \cdot 2^c$,与阶码值有关。所以浮点制的量化误差是和数字本身的大小有关。通常用相对误差 $\varepsilon=\dfrac{E_x}{x}$ 来描述。

浮点制舍入相对误差范围为 $-q<\varepsilon_r \leqslant q$。

浮点制截尾相对误差范围如下：

- 原码、反码：$-2q < \varepsilon_r \leqslant 0$。
- 补码：$-2q < \varepsilon_r \leqslant 2q$。

需要指出的是，由于截尾误差量化噪声具有直流分量，将影响信号的频谱结构，所以一般采用舍入处理。

[例 3.5.1] 将下列十进制数分别用 $b=4$ 的原码、反码和补码表示

$$x_1 = 0.4375, \quad x_2 = 0.625, \quad x_3 = -0.4375, \quad x_4 = -0.625$$

解 因为 $[0.4375]_{10} = [0.0111]_2$，而且对于正数，原码＝反码＝补码，所以

$$[x_1]_原 = [x_1]_反 = [x_1]_补 = 0.1111$$

因为 $[0.625]_{10} = [0.1010]_2$，而且对于正数，原码＝反码＝补码，所以

$$[x_2]_原 = [x_2]_反 = [x_2]_补 = 0.1010$$

因为 $[0.4375]_{10} = [0.0111]_2$ 而且对于负数，原码＝$1+|x|$，所以

$$[x_3]_原 = 1 + 0.0111 = 1.0111$$

对于负数的反码＝$2 - 2^{-b} - |x|$，所以

$$[x_3]_反 = 10 - 0.0001 - 0.0111 = 1.0000$$

对于负数的补码＝$2 - |x|$，所以

$[x_3]_补 = 10 - 0.0111 = 1.1001, [x_4]_原 = 1.1010, [x_4]_反 = 1.0101, [x_4]_补 = 1.0110$

[例 3.5.2] 若以下二进制数码分别是原码、反码、补码时，请算出其对应的十进制。

$$x_1 = 0.1001, \quad x_2 = 0.1101, \quad x_3 = 1.1011, \quad x_4 = 1.0000$$

解 $x_1 = 0.1001, x_2 = 0.1101$，它们的符号位为 0，所以不管它是原码、反码还是补码，它均表示相同的数。$x_1 = 0.1001$ 表示的十进制数是 $-(2^{-1}+2^{-4}) = -0.5625$。$x_2 = 0.1101$ 所表示的十进制数是 $-(2^{-1}+2^{-2}+2^{-4}) = -0.8125$。$x_3 = 1.1011, x_4 = 1.0000$，它们的符号位为 1，它们若是原码，则 $x_3 = 1.1011$ 所表示的十进制数是 $-(2^{-1}+2^{-3}+2^{-4}) = -0.6875$；$x_4 = 1.0000$ 所表示的十进制数是 -0。它们若是反码，则 $x_3 = 1.1011$ 所对应的原码是 1.0100，它表示的十进制数是 $-(2^{-2}) = -0.25$；$x_4 = 1.0000$ 所对应的原码是 1.1111，它表示的十进制数是 $-(2^{-1}+2^{-2}+2^{-3}+2^{-4}) = -0.9375$。它们若是补码，则 $x_3 = 1.1011$ 所对应的原码是 1.0101，它表示的十进制数是 $-(2^{-2}+2^{-4}) = -0.3125$；$x_4 = 1.0000$ 表示的十进制数是 -1。

3.5.2 A/D 转换的量化效应

A/D 转换实际上可分为如图 3.5.1 所示的两部分：采样和量化。采样实现时域上的离散化，而量化则把一个无限精度的模拟信号转换成数字信号。量化时要进行截尾或舍入处理，会产生误差。A/D 转换通常采用定点制的线性量化。

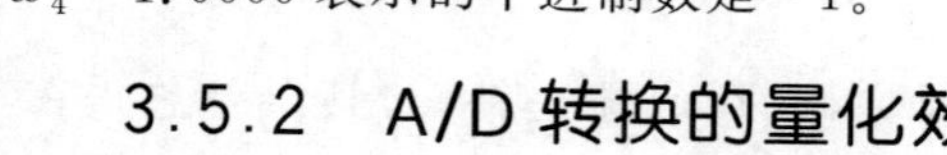

图 3.5.1 A/D 转换器功能原理图

1. 量化效应的统计分析

A/D 转换通常采用定点制的线性量化。若 A/D 转换采用定点补码截尾处理方式，量化就是把信号的理想值 $x(n)$ 用其量化值表示 $\hat{x}(n) = Q\{x(n)\}$，必然会引入量化误差 $e(n)$，即 $\hat{x}(n) = x(n) + e(n)$。一般量化噪声的统计分析是基于如下一些假设：

(1) $e(n)$ 是一个平稳的随机序列。
(2) $e(n)$ 与信号 $x(n)$ 是不相关的。
(3) $e(n)$ 序列本身的任意两个值之间也是不相关的,即 $e(n)$ 是白噪声序列。
(4) $e(n)$ 在其误差范围内具有均匀等概率的分布特性。

通常情况下,信号越不规则,这种假设就越接近于实际,因此作为一种平均的大概的特性分析来说,这种假设是合适的。

在以上假设下,截尾量化噪声 $e(n)$ 的均值和方差分别为 $-q/2$ 和 $q^2/12$。舍入量化噪声(误差)$e(n)$ 的均值和方差分别为 0 和 $q^2/12$。

由于量化噪声方差和 A/D 转换器的字长有直接的关系,字长越长,q 越小,量化误差 σ_e 便越小。量化后的信噪比定义为信号的功率与量化噪声功率之比

$$\text{SNR} = 10\lg\left[\frac{\sigma_x^2}{\sigma_e^2}\right] = 6.02b + 10.79 + 10\lg\sigma_x^2$$

从上式可以看出,字长每增加一位,信噪比提高 6dB。另外,输出信噪比还和输入信号的功率有关,为提高输出信噪比,可提高输入信号功率,但信号 $x_a(t)$ 的幅度不能超过 A/D 转换器的动态范围。

2. 量化噪声通过线性系统

量化噪声通过线性系统

$$\hat{y}(n) = \hat{x}(n) * h(n) = x(n) * h(n) + e(n) * h(n)$$

记 $f(n) = e(n) * h(n)$,利用随机信号处理的基本理论,有 $\mu_f = \mu_e H(e^{j0})$

$$\sigma_f^2 = \sigma_e^2 \sum_{n=-\infty}^{\infty} h^2(n) = \frac{1}{2\pi}\sigma_e^2 \int_{-\pi}^{\pi} |H(e^{j\omega})|^2 d\omega = \frac{\sigma_e^2}{2\pi j}\oint_c H(z)H(z^{-1})z^{-1}dz$$

[例 3.5.3] 有一个 $b=7$ 的 A/D 转换器,它的输出 $\hat{x}(n)$ 通过线性系统

$$H(z) = \frac{1}{1-0.99z^{-1}}$$

求系统输出端的量化噪声功率。

解 由题意已知 $b=7$,故 $q=2^{-7}$,量化噪声的功率为

$$\sigma_e^2 = \frac{1}{12}q^2 = \frac{1}{12} \cdot 2^{-14}$$

设量化噪声通过线性系统后的输出噪声功率为 σ_f^2,则有

$$\sigma_f^2 = \sigma_e^2 \sum_{n=-\infty}^{\infty} h^2(n) = \frac{1}{2\pi}\sigma_e^2 \int_{-\pi}^{\pi} |H(e^{j\omega})|^2 d\omega = \frac{\sigma_e^2}{2\pi j}\oint_c H(z)H(z^{-1})z^{-1}dz$$

$$= \frac{\sigma_e^2}{2\pi j}\oint_c \frac{1}{1-0.99z^{-1}} \cdot \frac{1}{1-0.99z}dz$$

$$= \frac{2^{-14}}{12}\left[\frac{1}{1-0.99^2}\right] = 2.556 \times 10^{-4}$$

3.5.3 数字滤波器的有限字长效应

数字滤波器中量化效应表现在两个方面:运算量化效应和数字滤波器的系数量化效应。数字滤波器的实现可采用定点运算实现,也可以采用浮点运算来实现,两种方法实现的

运算误差是不同的。分别讨论如下：

1. 数字滤波器定点制运算误差分析

定点制加法运算可能会产生溢出，乘法运算会引起尾数增长，需要进行截尾或者舍入处理，这都将影响滤波器的正常工作。下面分别讨论。

1) 加法运算的溢出问题及其解决办法

定点制中，两个 b 位的小数相加，仍然是 b 位小数。因此，加法运算不会产生量化误差，但总和的绝对值可能超过 1，将出现溢出问题，由于溢出，符号位变号，总和为正数时，由于溢出将变为负数，而负数则变成正数。因此带来很大的误差。对于 IIR 滤波器它还使滤波器在最大幅度界限之间振荡。因此要避免溢出。

首先要理解 IIR 滤波器中的零输入极限环振荡的现象：IIR 滤波器是一个反馈系统，当它的所有极点均位于单位圆内时，系统肯定是稳定的。即当输入为零输入时，系统的输出逐渐衰减趋向于零。但在有限字长情况下，数字滤波器零输入时，由于补码的加法溢出非线性特性，这时输出不为零（可能会衰减到某一非零的幅度范围，而后呈现振荡特性），这种现象称为零输入极限环振荡。一阶系统的极限环振荡幅度与量化阶距成正比，因此增加字长将使极限环振荡减弱。

通常消除溢出有以下几种常用的方法。

（1）用补码饱和输出特性。具体实现时，先判断补码加法结果是否产生溢出，若产生了，再作相应的处理。

（2）限制输入信号的动态范围。

（3）为防止溢出产生，采用更好的滤波器结构，用标准的滤波器结构实现。标准滤波器的设计涉及矩阵论的知识，这里只要了解就行。

2) 乘法运算的量化效应

一般用其统计模型分析方法进行分析，了解这种方法的基本假设和基本分析方法：认为每一个乘法运算都有一个独立的白噪声误差源，再根据线性系统理论，可以分别计算出各噪声源单独作用是在输出端形成的输出噪声，总的输出噪声则是所有输出噪声的线性叠加。

不同的滤波器结构和不同的编排顺序，量化效应是不同的，一般直接型误差大于级联型误差，级联型误差又大于并联型误差。这是因为在直接型的结构中所有舍入误差都要经过全部网络的反馈环节，因此使这些误差在反馈过程中积累起来，致使误差增大。在级联型结构中，每个输入误差只通过其后面的反馈环节，而不通过它前面的反馈环节，因而误差比直接型小。在并联型结构中，误差仅仅通过本通路的反馈环节，与其他并联网络无关，因此累积作用小。同时在级联时，按系数大小顺序或极点距原点距离的大小编排，可望得到最小的误差。

2. 数字滤波器浮点制运算误差分析

浮点制的优点是动态范围大，一般不考虑溢出问题，同时也不考虑零输入极限环振荡。但浮点制运算中，每次加法之后和乘法一样需作尾数处理，因此都会引入量化误差。浮点量化误差是一个乘性误差，与量化信号幅度无关。常以相对误差来表示。它的量化处理可表示为

$$Q[x(n)] = x(n)[1+\varepsilon(n)] = x(n) + x(n)\varepsilon(n) = x(n) + e(n)$$

式中，$Q[x(n)]$ 是量化后的 $x(n)$；$\varepsilon(n)$ 是相对量化误差；$e(n)$ 是量化误差。

只要求了解浮点量化相对误差的统计分析方法，对分析结果应该理解：浮点制中不论信号大小，也不论信号的结构、分布如何，滤波器的输出都具有相同的信噪比，或者说都具有

同样的相对精度。这也与定点制不同,在定点制中输出噪声的方差是和信号无关的。因此,信号越大,输出的信噪比也就越大;信号小,信噪比也就小。但是,定点制中,由于受到溢出的限制,信噪比的提高会受到引入比例因子的限制。

在相同的尾数字长下,浮点制的误差比定点制小。

3. 数字滤波器的系数量化效应

由于滤波器的所有系数都必须以有限位的二进制码的形式存放在寄存器中,所以就必须对理论的系数值进行量化。这样就使实际系数存在误差,使滤波器的零极点位置发生偏离,从而影响到滤波器的性能,严重时会使单位圆内的极点偏离到单位圆外,使系统失去稳定性。

系数量化影响大小不仅和字长有关,同时也和滤波器的结构有密切的关系。对于高阶滤波器来讲,应该尽量避免使用直接型结构,而是应该尽量分解为低阶的级联或者并联系统,这样,在给定的字长情况下,可以使系数量化的影响最小。

下面直接利用 MATLAB 对 T 阶椭圆低通滤波器分析其量化前后的频率特性及零极点位置偏移情况。该滤波器的技术指标为 $\omega_c = 0.5\pi$,通带波纹为 1dB,阻带衰减为 60dB,量化时对滤波器进行截尾处理。

```
% IIR 量化效应演示 f327.m
[b,a] = ellip(7,0.5,60,0.5);
[H,w] = freqz(b,a,512);                %求量化时的特性分析
H1 = 20 * log10(abs(H));
%下面的程序将 a,b 中的参数进行 6 位截尾量化处理
m = 1,b1 = abs(b);
while fix(b1)> 0
        b1 = abs(b)/(2^m);
        m = m + 1
end
c1 = fix(b1 * 2^6);
c = sign(b). * c1. * 2^(m-6-1);         %b 量化后变成 c
n = 1,b2 = abs(a);
while fix(b2)> 0
        b2 = abs(a)/(2^n);
        n = n + 1
end
d1 = fix(b2 * 2^6);
d = sign(a). * d1. * 2^(m-6-1);         %a 量化后变成 d
[Hq,w] = freqz(c,d,512);
H2 = 20 * log10(abs(Hq));
subplot(121);
plot(w/pi,H1, 'b',w/pi,H2, 'r:');
grid;
axis([0 1 -100 10]);
xlabel('归一化频率');ylabel('幅频响应特性');
legend('量化前','量化后');title('相位量化前后幅频特性分析');
subplot(122);
[z1,p1,k1] = tf2zp(b,a);
[z2,p2,k2] = tf2zp(c,d);
zplaneplot([z1,z2],[p1,p2],{'s','+','d','*'});
```

legend('量化前的零点','量化前的极点','量化后的零点','量化后的极点');
title('相位量化前后零极点分析');

结果如图 3.5.2 所示。

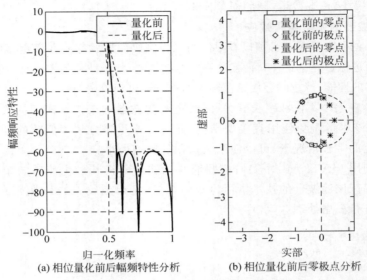

(a) 相位量化前后幅频特性分析   (b) 相位量化前后零极点分析

图 3.5.2 量化前后的频率特性及零极点位置偏移情况

[**例 3.5.4**] 为在数字计算机上处理序列,必须将序列的幅度量化成一组离散电平。这种量化过程可用输入序列 $x(n)$ 通过一个量化器 $Q[x]$ 表示,$Q[x]$ 的输入输出关系如图 3.5.3 所示。

如果量化间距和输入序列电平的变化相比很小,则可以假设量化器输出 $y(n)$ 的形式为 $y(n)=x(n)+e(n)$,$e(n)$ 是一个平稳随机过程,它是在 $[-\Delta/2, \Delta/2]$ 之间均匀分布的,它在各取样间互不相关,它也与 $x(n)$ 也独立无关。因此对于所有的 m 和 n 有:$E[e(n)x(n)]=0$。令 $x(n)$ 是均值为 0,方差为 σ_x^2 的平稳白噪声随机过程。

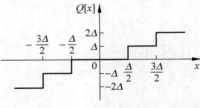

图 3.5.3 例 3.5.4 图

(1) 求 $e(n)$ 的平均值、方差和自相关序列。

(2) 求信号—量化噪声比 σ_x^2/σ_e^2。

(3) 把量化的信号用一个单位取样响应为 $h(n)=\dfrac{1}{2}[a^n+(-a)^n]u(n)$ 的数字滤波器滤波,这里假定 a 为实数,且 $|a|<1$,试确定输出端的信噪比。

解 (1) 由题知 $e(n)$ 在 $[-\Delta/2, \Delta/2]$ 之间均匀分布,所以有

均值

$$m_e = \mathrm{E}[e(n)] = \int_{-\frac{\Delta}{2}}^{\frac{\Delta}{2}} e p_{en}(e,n) \mathrm{d}e = \int_{-\frac{\Delta}{2}}^{\frac{\Delta}{2}} e \frac{1}{\Delta} \mathrm{d}e = 0$$

方差

$$\sigma_e^2 = \mathrm{E}[(e(n)-m_e)^2] = \int_{-\frac{\Delta}{2}}^{\frac{\Delta}{2}} e^2(n) p_{en}(e,n) \mathrm{d}e = \frac{\Delta^2}{12}$$

因为 $n \neq 0$ 时,自相关序列为
$$\varphi_{ee}(m) = E\{x(n)x(n+m)\} = 0$$
所以
$$\varphi_{ee}(m) = \sigma_e^2 \delta(m)$$

(2) 量化后的信噪比为
$$\frac{\sigma_x^2}{\sigma_e^2} = \sigma_x^2 \cdot \frac{12}{\Delta^2}$$

(3) 设输出噪声为 $f(n)$,则
$$f(n) = e(n) * h(n)$$
由于 $m_e = 0$,因此 $m_f = 0$。因为 $e(n)$ 是白色的,所以
$$\sigma_g^2 = \sigma_e^2 \sum_{n=-\infty}^{\infty} |h(n)|^2 = \sigma_e^2 \frac{1}{4} \sum_{n=-\infty}^{\infty} [a^n + (-a)^n]^2$$
$$= \sigma_e^2 \frac{1}{4} \sum_{n=-\infty}^{\infty} [2a^{2n}]^2 = \sigma_e^2 \frac{1}{1-a^4}$$

设输出信号为 $s(n)$,则
$$s(n) = x(n) * h(n)$$
由于 $m_f = 0$,因此
$$m_s = m_x \sum_{n=-\infty}^{\infty} h(n) = 0$$
因为 $x(n)$ 是白色的,所以
$$\sigma_s^2 = \sigma_x^2 \sum_{n=-\infty}^{\infty} |h(n)|^2 = \sigma_x^2 \cdot \frac{1}{1-a^4}$$
故通过线性系统后的输出信噪比为
$$\frac{\sigma_s^2}{\sigma_g^2} = \frac{\sigma_x^2}{\sigma_e^2} = \frac{12 \cdot \sigma_x^2}{\Delta^2}$$
输出信噪比和输入信噪比是一样的。

[例 3.5.5] 一个一阶 IIR 网络,理想运算的差分方程是 $y(n) = ay(n-1) + x(n)$,用定点制原码运算,尾数作截尾处理。求证:只要 $|a| < 1$,就不会发生极限振荡环。

证明:用 $Q[\ ]$ 代表原码截尾,当输入为 0 时,差分方程为
$$w(n) = Q[a \cdot w(n-1)]$$
在形成极限环时,$|w(n)| = |w(n-1)|$,即 $w(n) = \pm |w(n-1)|$,现在分别对下面几种情况进行讨论:

情况 1:$Q[a \cdot w(n-1)] = w(n-1)$。此时 $a > 0$
$$E_r = Q[a \cdot w(n-1)] - a \cdot w(n-1) = (1-a)w(n-1)$$

① 若 $w(n-1)$ 保持大于 0,由于正数的截尾误差为 $-2^{-b} < E_r \leq 0$,即 $(1-a)w(n-1) \leq 0$,所以得到 $(1-a) \leq 0, a \geq 1$。

② 若 $w(n-1)$ 保持小于 0,由于负数的截尾误差为 $0 \leq E_r \leq 2^{-b}$,即 $(1-a) \geq 0$,故 $(1-a) \leq 0, a \geq 1$。

情况 2：$Q[a \cdot w(n-1)] = -w(n-1)$。此时 $a<0$
$$E_r = Q[a \cdot w(n-1)] - a \cdot w(n-1) = -(1+a)w(n-1)$$

若某一个 $w(n-1)>0$，由于 $a \cdot w(n-1)<0$。又由于负数的截尾误差为 $0 \leqslant E_r \leqslant -2^{-b}$，即 $0 \leqslant -(1+a)w(n-1)$，所以得到 $(1+a) \geqslant 0, a \geqslant -1$。

若某一个 $w(n-1)<0$，由于 $a \cdot w(n-1)<0$。又由于正数的截尾误差为 $-2^{-b}<E_r \leqslant 0$，即 $-(1+a)w(n-1) \leqslant 0$，所以得到 $(1+a) \leqslant 0, a \leqslant -1$。

总结如上情况，如果存在极限环，一定是 $|a| \geqslant 1$。对于 $|a|<1$，系统不存在极振荡环。

[**例 3.5.6**] 差分方程 $y(n) - ay(n-1) = x(n) - \dfrac{1}{a}x(n-1)$ 描述了一个全通系统。系统的实现如图 3.5.4 所示。

这个系统的幅频响应是一个与频率无关的常数。下面比较一下定点运算和浮点算法实现全通网络时，两种算法的舍入效应。将所有定点数看作小数，因此定点数在 ± 1 之间。令寄存器字长为 b 位，不包含符号位。对于浮点数，令 t 表示尾数的位数，不包含位数的符号位。假设滤波器输入 $x(n)$ 是一个白色随机过程，它的幅度在 $\pm x_0$ 间均匀分布，设 a 为实数，且 $1/2<a<1$。

(1) 试确定定点实现的输出噪声-信号比（信噪比），即求舍入噪声产生的方差与 $x(n)$ 产生的输出方差之比。

(2) 试确定浮点算法实现的输出信噪比。

解 (1) 定点实现的系统如图 3.5.5 所示。

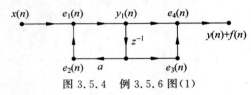

图 3.5.4 例 3.5.6 图(1)

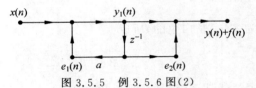

图 3.5.5 例 3.5.6 图(2)

一般假设噪声源 $e_1(n)$ 和 $e_2(n)$ 无关，因此
$$\sigma_1^2 = \sigma_{e_1}^2 \sum_{n=-\infty}^{\infty} h^2(n) + \sigma_{e_2}^2 = \sigma_{e_1}^2(1-a^{-2}) = (1-a^{-2})\frac{2^{-2b}}{12}$$

为了不发生溢出，需要 $y(n) \leqslant 1$，要研究 $h(n)$，整个滤波器的系统函数为
$$H(z) = \frac{1 - \dfrac{1}{a}z^{-1}}{1 - az^{-1}} = \left(1 - \dfrac{1}{a}z^{-1}\right)(1 + az^{-1} + a^2z^{-2} + \cdots)$$

因此
$$h(n) = \begin{cases} 1, & n=0 \\ a^n - a^{n-2}, & n \geqslant 1 \\ 0, & n<0 \end{cases}$$

已知 $1/2<a<1$，有
$$\sum_{n=-\infty}^{\infty} |h(n)| = 1 + \sum_{n=-\infty}^{\infty} |a^n + a^{n-2}| + 1 + \sum_{n=-\infty}^{\infty} \left(\dfrac{1}{a^2} - 1\right)a^n$$
$$= 1 + \left(\dfrac{1}{a^2} - 1\right)\dfrac{a}{1-a} = 2 + \dfrac{1}{a}$$

所以为了 $y(n) \leqslant 1$，必须有

$$x_{\max} \leqslant \frac{1}{\sum_{n=-\infty}^{\infty} |h(n)|} = \frac{a}{2a+1}$$

现在研究 $y_1(n) \leqslant 1$ 的条件，先看系统函数

$$H(z) = \frac{1}{1-az^{-1}} \sum_{n=0}^{\infty} a^n z^{-n}$$

$$\sum_{n=-\infty}^{\infty} |h(n)| = \sum_{n=0}^{\infty} |a^n| = \frac{1}{1-|a|}$$

因此要求 $x_{\max} \leqslant 1 - |a|$。

由于 $\frac{1}{2} < a < 1$，所以

$$\frac{1}{4} < \frac{a}{2a+1} < \frac{1}{3}$$

而 $a = \frac{1}{2}$ 时，$1 - a = \frac{1}{2}$

$$a = \frac{1}{\sqrt{2}} \text{ 时}, 1 - a = \frac{a}{2a+1}$$

因此，取

$$x_0 = \begin{cases} \dfrac{a}{2a+1}, & \dfrac{1}{2} < a < \dfrac{1}{\sqrt{2}} \\ 1-a, & \dfrac{1}{\sqrt{2}} < a < 1 \end{cases}$$

由于题目中假设 $x(n)$ 在 $\pm x_0$ 之间均匀分布，因此

$$p_x = \frac{1}{2x_0}, \quad m_x = 0, \quad \sigma_x^2 = \int_{-x_0}^{x_0} x^2 \frac{1}{2x_0} dx = \frac{x_0^2}{3}$$

$$\sigma_y^2 = \frac{1}{a^2} \cdot \sigma_x^2 = \frac{1}{3a^2} \cdot x_0^2 = \begin{cases} 3 \dfrac{1}{(1+2a)^2}, & \dfrac{1}{2} < a < \dfrac{1}{\sqrt{2}} \\ \dfrac{1}{3a^2}(1-a)^2, & \dfrac{1}{\sqrt{2}} < a < 1 \end{cases}$$

可以得到输出中的信号噪声

$$\frac{\sigma_f^2}{\sigma_y^2} = \begin{cases} 2^{-2b-2}(1+a^{-2})(1+2a^{-2}), & \dfrac{1}{2} < a < \dfrac{1}{\sqrt{2}} \\ 2^{-2b-2} \dfrac{1+a^2}{(1-a)^2}, & \dfrac{1}{\sqrt{2}} < a < 1 \end{cases}$$

（2）在浮点情况下加法和乘法都引进误差，设误差源为 $e_1(n), e_2(n), \cdots, e_4(n)$，如图 3.5.6 所示，可以写出

$$e_1(n) \approx \varepsilon_1(n) y_1(n)$$

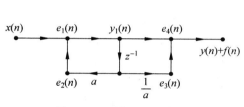

图 3.5.6 例 3.5.6 图（3）

$$e_2(n) \approx a\varepsilon_2(n)y_1(n-1)$$

$$e_3(n) \approx \frac{1}{a}\varepsilon_3(n)y_1(n-1)$$

$$e_4(n) \approx \varepsilon_4(n)y_1(n)$$

由于 $\varepsilon_{1,2,3,4}(n)$ 的均值都为 0，而且和信号无关。因此

$$\sigma_{e1}^2(n) = E[y_1^2(n)]\sigma_{\varepsilon 1}^2 = \sigma_{y1}^2\sigma_{\varepsilon 1}^2$$

$$\sigma_{e2}^2(n) = a^2 E[y_1^2(n-1)]\sigma_{\varepsilon 2}^2 = a^2\sigma_{y2}^2\sigma_{\varepsilon 2}^2$$

$$\sigma_{e3}^2(n) = \frac{1}{a^2}E[y_1^2(n-1)]\sigma_{\varepsilon 3}^2 = \frac{1}{a^2}\sigma_{y3}^2\sigma_{\varepsilon 3}^2$$

$$\sigma_{e4}^2(n) = E[y_1^2(n)]\sigma_{\varepsilon 4}^2 = \sigma_y^2\sigma_{\varepsilon 4}^2$$

由(1)中已知

$$\sum_{n=-\infty}^{\infty} h_1^2(n) = \frac{1}{(1-a)^2}, \quad \sum_{n=-\infty}^{\infty} h^2(n) = \frac{1}{a^2}$$

可得到

$$\sigma_1^2 = \sigma_x^2 \sum_{n=-\infty}^{\infty} h_1^2(n) = \frac{\sigma_x^2}{(1-a)^2}$$

$$\sigma_y^2 = \sigma_x^2 \sum_{n=-\infty}^{\infty} h_1^2(n) = \frac{\sigma_x^2}{a^2}$$

按题意，尾数长为 t 位，因此

$$\sigma_{\varepsilon 1}^2 = \sigma_{\varepsilon 2}^2 = \sigma_{\varepsilon 3}^2 = \sigma_{\varepsilon 4}^2 = \frac{1}{3} \times 2^{-2t}$$

输出噪声的方差为

$$\sigma_f^2 = (\sigma_{\varepsilon 1}^2 + \sigma_{\varepsilon 2}^2)\sum_{n=-\infty}^{\infty} h^2(n) + (\sigma_{\varepsilon 3}^2 + \sigma_{\varepsilon 4}^2) = \frac{2^{-2t}\sigma_x^2}{(1-a^2)a^2}$$

由此可以得到浮点实现的输出信噪比为

$$\frac{\sigma_f^2}{\sigma_y^2} = \frac{2^{-2t}}{(1-a)^2}$$

3.5.4　FFT 运算中的有限字长效应

就运算角度而言，FFT 同样可以看作是一个系统。因此，有限字长效应的分析和数字滤波器的分析方法基本是相同的。FFT 运算主要有三个方面的误差源，它们是输入量化误差，系数量化误差和运算量化误差，除了 FFT 中的运算是一个复数运算外，和数字滤波器的分析方法是相同的，引入噪声源，采用统计的分析方法。三种噪声源以运算量化误差最重要，另外，考虑到硬件专用 FFT 器件主要采用定点制，因此只讨论定点制 FFT 运算量化效应和防溢出措施。FFT 运算结构不同时，有限字长效应的分析也会略有不同，但是结果是相似的。这里以时间抽取 FFT 为例说明运算中的注意事项。

FFT 的核心运算是蝶形运算，通过对蝶形运算进行分析，可知

$$\max[|x(k)|] \leqslant 2^M \max[|x(n)|] = N\max[|x(n)|]$$

所以为了避免溢出,应限制 $x(n)$ 使 $\max[|x(n)|] \leqslant \dfrac{1}{N}$。

但是输入幅度的限制会使输出信噪比降低,输出信噪比与 N^2 成反比,N 增加一倍,信噪比(SNR)下降为 $\dfrac{1}{4}$ 倍,或要保持运算精度不变,每增加一级运算,字长也须增加一倍。

输出信噪比的降低是由于输入幅度被限制地过小,这种状况可通过逐级引入比例因子来改善。这种方法使信噪比得以提高,为保证精度不变,N 增加 4 倍,字长才需要增加一倍。

3.6 本章小结

本章详细介绍了数字滤波系统以及 IIR 和 FIR 数字滤波器的各种设计方法,讨论了频域特性和量化效应分析的基本现象、基本理论和优缺点,IIR 借助于已经非常成熟的各种模拟滤波器的设计图表,再通过频率变换和离散化来得到,在设计方法上来说相对成熟一些。而 FIR 数字滤波器除了本章介绍的窗函数法、频率采样法、优等波纹逼近法之外,还有许多非常灵活的设计方法。需要指出的是,从实际应用的角度来说,没有哪一种滤波器能够给出最好的性能指标,需要在算法开销和硬件复杂性之间选择一个良好的折中。

实际上,目前市面上流行版本的 MATLAB 软件包提供了两个功能非常强的互交式集成信号处理开发图形界面工具。FDATool 工具(见图 3.6.1)以及 SPTool(见图 3.6.2),它们分别由命令 fdatool 和 sptool 进行激活。

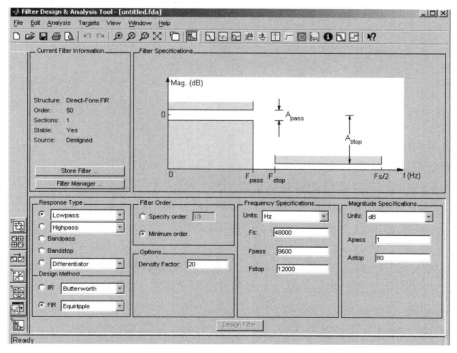

图 3.6.1　FDATool 的界面

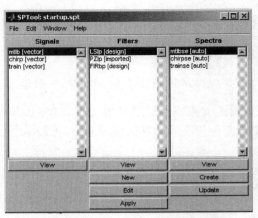

图 3.6.2 SPTool 的界面

这两个工具给用户的设计使用带来了非常大的方便。在掌握了本章所讲述的基本理论之后再来融会贯通这两个设计工具将是一件非常有意义的事情。

习题

3-1 画出 $H(z)=\dfrac{(2-0.379z^{-1})(4-1.24z^{-1}+5.264z^{-2})}{(1-0.25z^{-1})(1-z^{-1}+0.5z^{-2})}$ 级联型网络结构。

3-2 画出 $H(z)=\dfrac{(2-3z^{-1})(4-6z^{-1}+5z^{-2})}{(1-7z^{-1})(1-z^{-1}+8z^{-2})}$ 级联型网络结构。

3-3 已知某三阶数字滤波器的系统函数为

$$H(z)=\dfrac{3+\dfrac{5}{3}z^{-1}+\dfrac{2}{3}z^{-2}}{\left(1-\dfrac{1}{3}z^{-1}\right)\left(1+\dfrac{1}{2}z^{-1}+\dfrac{1}{2}z^{-2}\right)}$$

试画出其并联型网络结构。

3-4 已知一 FIR 滤波器的系统函数为 $H(z)=(1-0.7z^{-1}+0.5z^{-2})(1+2z^{-1})$,画出该 FIR 滤波器的网络结构。

3-5 已知一个 FIR 系统的转移函数为

$$H(z)=1+1.25z^{-1}-2.75z^{-2}-2.75z^{-3}+1.25z^{-4}+z^{-5}$$

求用级联形式实现的线性相位结构流图,并用 MATLAB 画出其零点分布及其频率响应曲线。

3-6 给定 $|H(\mathrm{j}\Omega)|^2=1/(1+64\Omega^6)$,确定模拟滤波器的系统函数 $H(s)$。

3-7 模拟低通滤波器的参数为:$\alpha_p=3\mathrm{dB},\alpha_s=25\mathrm{dB},f_p=25\mathrm{Hz},f_s=50\mathrm{Hz}$,试用巴特沃斯近似求 $H(s)$。

3-8 已知 $H_a(s)=\dfrac{1}{1+s/\Omega_c}$,使用脉冲响应不变法和双线性方法分别设计数字低通滤波器,使得 3dB 截止频率为 $\omega_c=0.25\pi\mathrm{rad}$。

3-9 用脉冲响应不变法将 $H(s)$ 转换为 $H(z)$,采样周期为 T

$$H(s) = \frac{A}{(s-s_0)^m}, \quad \text{其中 } m \text{ 为任意整数}$$

3-10 要求设计一个数字低通滤波器,在频率低于 $\omega=0.2613\pi\text{rad}$ 的范围内,低通幅度特性为常数,并且不低于 0.75dB,在频率 $\omega=0.4018\pi$ 和 πrad 之间,阻带衰减至少为 20dB。试求出满足这些指标的最低阶巴特沃斯滤波器的传递函数 $H(z)$,采用双线性变换。

3-11 试设计一巴特沃斯数字低通滤波器,设计指标为:在 0.3π 通带频率范围内,通带幅度波动小于 1dB,在 $0.5\pi \sim \pi\text{rad}$ 阻带频率范围内,阻带衰减大于 12dB。

3-12 用双线性变换法设计数字低通滤波器,等效模拟滤波器指标参数如下:输入模拟信号 $x_\text{a}(t)$ 的最高频率 $f_\text{d}=100\text{Hz}$;选用巴特沃斯滤波器,3dB 截止频率 $f_\text{c}=100\text{Hz}$,阻带截止频率 $f_\text{s}=150\text{Hz}$,阻带最小衰减 $\alpha_\text{s}=20\text{dB}$。采样频率 $f=400\text{Hz}$。

3-13 试设计一个数字高通滤波器,要求通带下限频率 $\omega_\text{p}=0.8\pi\text{rad}$。阻带上限频率为 $\omega_\text{s}=0.44\pi\text{rad}$,通带衰减不大于 3dB,阻带衰减不小于 20dB。

3-14 一个数字系统的采样频率 $F_\text{s}=2000\text{Hz}$,试设计一个为此系统使用的带通数字滤波器 $H(z)$,希望采用巴特沃斯滤波器,通带范围为 $300\sim400\text{Hz}$,在带边频率处的衰减不大于 3dB;在 200Hz 以下和 500Hz 以上衰减不小于 18dB。

3-15 一个数字系统的采样频率为 1000Hz,已知该系统受到频率为 100Hz 的噪声干扰,现设计一带阻滤波器 $H(z)$ 去掉该噪声。要求 3dB 的带边频率为 95Hz 和 105Hz,阻带衰减不小于 14dB,阻带的下边和上边频率分别为 99Hz 和 101Hz。

3-16 试用矩形窗口设计法设计一个 FIR 线性相位低通数字滤波器,已知 $\omega_\text{c}=0.5\pi\text{rad}$,$N=21$。画出 $h(n)$ 和 $20\lg\left|\dfrac{H(\omega)}{H(0)}\right|$ 曲线,再计算正、负肩峰值的位置和过渡带宽度。

3-17 试用窗函数法设计一个第一类线性相位 FIR 数字高通滤波器,已知 $H_\text{d}(\text{e}^{\text{j}\omega})=\text{e}^{-\text{j}\omega\alpha}, \dfrac{3\pi}{4}\leqslant|\omega|\leqslant\pi, H_\text{d}(\text{e}^{\text{j}\omega})=0, 0\leqslant|\omega|<\dfrac{3\pi}{4}$。对于矩形窗,过渡带宽度为 $\Delta\omega=\dfrac{\pi}{16}$。求:

(1) $h(n)$ 的长度。
(2) $h(n)$ 的表达式。
(3) α。

3-18 用矩形窗设计线性相位数字低通滤波器,理想滤波器传输函数 $H_\text{d}(\text{e}^{\text{j}\omega})$ 为

$$H_\text{d}(\text{e}^{\text{j}\omega}) = \begin{cases} \text{e}^{-\text{j}\omega\alpha}, & 0\leqslant|\omega|\leqslant\omega_\text{c} \\ 0, & \omega_\text{c}\leqslant|\omega|\leqslant\pi \end{cases}$$

(1) 求出相应的理想低通滤波器的单位脉冲响应 $h_\text{d}(n)$。
(2) 求出用矩形窗函数法设计的 FIR 滤波器的 $h(n)$ 表达式。

3-19 用矩形窗设计线性相位高通滤波器,逼近滤波器传输函数 $H_\text{d}(\text{e}^{\text{j}\omega})$ 为

$$H_\text{d}(\text{e}^{\text{j}\omega}) = \begin{cases} \text{e}^{-\text{j}\omega\alpha}, & \omega_\text{c}\leqslant|\omega|<\pi \\ 0, & \text{其他} \end{cases}$$

(1) 求出相应于理想高通的单位脉冲响应 $h_\text{d}(n)$。
(2) 求出矩形窗设计法的 $h(n)$ 表达式,确定 α 与 N 之间的关系。
(3) N 的取值有什么限制?为什么?

3-20 使用频率取样设计法（第一种形式取样）设计一个 FIR 线性相位低通数字滤波器。已知 $\omega_c = 0.5\pi\text{rad}, N=51$。

3-21 用频率采样法设计第一类线性相位 FIR 低通滤波器，要求通带截止频率 $\omega_p = \dfrac{\pi}{3}$，阻带最大衰减 25dB，过渡带宽度 $\Delta\omega = \dfrac{\pi}{16}$，问滤波器长度至少为多少才可能满足要求？

3-22 利用频率采样法设计线性相位 FIR 低通滤波器，设 $N=16$，给定希望逼近滤波器的幅度采样为

$$H_g(k) = \begin{cases} 1, & k=0,1,2,3 \\ 0.389, & k=4 \\ 0, & k=5,6,7 \end{cases}$$

3-23 一个 IIR 网络的差分方程为 $y(n) = \dfrac{1}{4}y(n-1) + x(n)$，当输入序列 $x(n) = \dfrac{1}{2}u(n)$ 时：

(1) 试求在无限精度运算下网络输出 $y(n)$，以及 $n \to \infty$ 时的输出稳态值。

(2) 当网络采用 $b=4$ 位字长的定点运算时，尾数采取截尾处理，试计算 $0 \leq n \leq 20$ 以内 21 点输出值 $\hat{y}(n)$，并求其稳态响应 $\hat{y}(\infty)$。

3-24 在用模型表示数字滤波器中舍入和截尾效应时，把量化变量表示为 $y(n) = Q[x(n)] = x(n) + e(n)$，式中 $Q[\ ]$ 表示舍入或截尾操作，$e(n)$ 表示量化误差。在适当的假定条件下，可以假设 $e(n)$ 是白噪声序列，即 $E[e(n)e(n+m)] = \sigma_x^2 \delta(m)$。舍入误差的一阶概率分别是如题 3-24(a)图所示的均匀分布，截尾误差是如题 3-24(b)图所示的均匀分布。

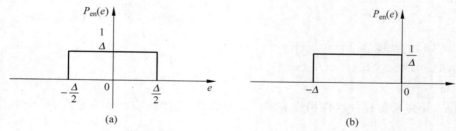

题 3-24 图

(1) 求输入噪声的均值和方差。
(2) 求截尾噪声的均值和方差。

3-25 某因果 LTI 系统的系统函数为

$$H(z) = \dfrac{1}{1 - 1.04z^{-1} + 0.98z^{-2}}$$

该系统稳定吗？若系统按"四舍五入"舍入，所得到的系统是稳定的吗？

3-26 理想离散时间 Hilbert 变换器是一个 $0 < \omega < \pi$ 引入 $-90°$ 相移，而对 $-\pi < \omega < 0$ 引入 $+90°$ 相移的系统，对于 $0 < \omega < \pi$ 和 $-\pi < \omega < 0$，频响幅度为常量（单位 1），这类系统也称为 90°移相器。

(1) 给出一个理想离散时间 Hilbert 变换器的理想频率响应 $H_d(e^{j\omega})$ 的方程，该变换器

还包括稳定（非零）群延迟，画出该系统对于 $-\pi<\omega<\pi$ 的相位响应曲线。

（2）可用哪类（Ⅰ、Ⅱ、Ⅲ、Ⅳ）FIR 线性相位系统来逼近(1)中的理想 Hilbert 变换器？

（3）假设我们要用窗函数法设计一个逼近理想 Hilbert 变换器的线性相位系统。若 FIR 是当 $n<0$ 和 $n>M$ 时，$h_d(n)=0$，请用(1)中给出的 $H_d(e^{j\omega})$ 求理想脉冲响应 $h_d(n)$。

（4）当 $M=21$ 时该系统的延迟是多少？若采用矩形窗，请画出在这种情况下的 FIR 逼近的频率响应之幅度曲线。

第 4 章　信号的小波变换与分析

CHAPTER 4

主要内容
- 小波变换的基本概念；
- 小波变换与傅里叶变换的区别；
- 连续小波变换；
- 离散小波变换；
- 多分辨率分析；
- 小波变换的应用。

4.1　小波变换

自从 1807 年傅里叶提出傅里叶分析至今，傅里叶分析已成为信号处理的主要工具，但是令人遗憾的是，在分析突变信号和非平稳信号时，傅里叶分析显得无能为力，寻找新的正交展开系，使之能适应突变信号和非平稳信号因此成为一个新的研究热点，小波变换正是在这一背景下产生的。

小波分析与傅里叶分析有着惊人的相似之处，其基本的数学思想来源于经典的调和分析，特别是 20 世纪 30 年代的 Little-Palay 的理论，其雏形形成于 20 世纪 50 年代初的纯数学领域，但此后近 30 年里一直没有受到人们的注意。1984 年法国地质学家 J. Morlet 在分析地质数据时首先引进并使用了小波（Wavelet）这一术语。后来，数学家 Y. Meyer 将 Morlet 与数学家们早期的工作联系起来，才形成了小波分析的理论体系，成为目前人们研究的热点。

4.1.1　小波的基本概念

"小波"顾名思义就是小的波形，所谓"小"是指它具有较快的衰减性，而称之为"波"则是指它的波动性，即其振幅的振荡形式。图 4.1.1 说明了波与小波之间的差异。上面的两条曲线是频率不同的余弦波，持续宽度相同。下面的两条是沿着轴向频率和位置都不相同的小波。

小波的定义如下。

设 $\psi(t) \in L^2(R)$，$L^2(R)$ 为能量有限函数空间。$\psi(\omega) = \int_{-\infty}^{+\infty} \psi(t) e^{-j\omega t} dt$ 且满足如下条件

$$\int_{-\infty}^{\infty} \frac{|\psi(\omega)|^2}{\omega} d\omega < \infty \tag{4.1.1}$$

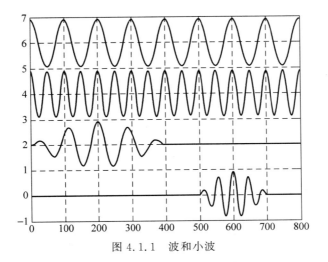

图 4.1.1 波和小波

则

$$\psi_{a,\tau} = \frac{1}{\sqrt{a}}\psi\left(\frac{t-\tau}{a}\right), \quad a > 0, \text{且} a \in R, \tau \in R \tag{4.1.2}$$

称为小波函数,其中 $\psi(t)$ 称为基本小波;a 为尺度因子,反映一个特定基小波函数的尺度;τ 为位移因子,指明它沿 x 轴的平移位置。也就是说,小波就是一满足条件的函数经过伸缩和平移而得到的一簇函数。式(4.1.1)称为允许条件。以下是几种常用的基本小波。

1. Morlet 小波

Morlet 小波函数是高斯包络下的单频率复正弦函数

$$\psi(t) = e^{-\frac{t^2}{2}} e^{j\omega_0 t} \tag{4.1.3}$$

$$\psi(\omega) = \sqrt{2\pi} e^{-\frac{(\omega-\omega_0)^2}{2}} \tag{4.1.4}$$

图 4.1.2 是其图示($\omega_0 = 6$)。这是一个相当常用的小波,因为它的时、频两域的局部性能都比较好。另外,这个小波也不满足允许条件,因为 $\psi(\omega=0) \neq 0$。不过实际工作时只要取 $\omega_0 \geqslant 5$,便近似满足条件。另外,由于 $\psi(\omega)$ 在 $\omega=0$ 处斜率很小,所以 $\psi(\omega)$ 在 $\omega=0$ 处的一、二阶导数也近似为 0。

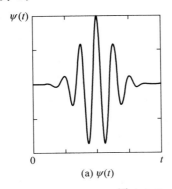
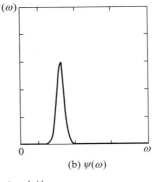

(a) $\psi(t)$ (b) $\psi(\omega)$

图 4.1.2 Morlet 小波

2. Marr 小波（也称墨西哥草帽小波）

Marr 小波函数是高斯函数的二阶导数，波形见图 4.1.3。

$$\psi(t) = (1-t^2) e^{-\frac{t^2}{2}} \tag{4.1.5}$$

$$\psi(\omega) = \sqrt{2\pi} \omega^2 e^{-\frac{\omega^2}{2}} \tag{4.1.6}$$

在 $\omega=0$ 处 $\psi(\omega)$ 有二阶零点，所以满足允许条件，而且其小波系数随 ω 衰减得较快。Marr 小波比较接近人眼视觉的空间响应特性。

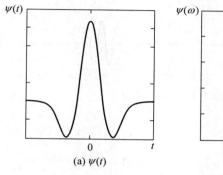

图 4.1.3　Marr 小波

3. Harr 小波

Harr 小波函数是一组互相正交归一的函数集。Haar 小波正是由它衍生而得的。它是支撑域在 $t \in [0,1]$ 范围内的单个矩形波。即

$$\psi(t) = \begin{cases} 1, & 0 \leqslant t < \dfrac{1}{2} \\ -1, & \dfrac{1}{2} \leqslant t < 1 \end{cases} \tag{4.1.7}$$

$$\psi(\omega) = j \frac{4}{\omega} \sin^2 \left(\frac{\omega}{4} \right) e^{-j\frac{\omega}{2}} \tag{4.1.8}$$

其波形如图 4.1.4 所示。Haar 小波在时域上是不连续的，因此作为基本小波性能并不很好。

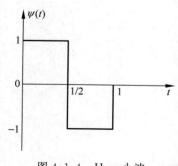

图 4.1.4　Harr 小波

基于小波的变换则被称为小波变换（Wavelet Transforms, WT）。与傅里叶变换一样，在小波变换中也同样存在这三种可能性：连续小波变换（CWT）、小波级数展开和离散小波变换（DWT）。不过情况稍微复杂些，因为小波基函数可以是正交归一也可以不是正交归一的。

一组小波基函数能够支持一个变换，即使这些函数不正交。这就意味着，一个小波级数展开可以由无限多个系数来表示一个有限带宽函数。如果这个系数序列被截断为有限长度，那么就只能重构出原始函数的一个近似。同样，一个离散小波变换可能需要比原始函数更多的系数以精确地重构它或者甚至只能达到一个

可能接受的近似。

4.1.2 小波分析

小波分析就是通过小波函数的伸缩和平移来分解信号,达到分析信号的目的。小波分析是一种时-频分析,能同时展现信号的时域和频域特性。小波分析克服了傅里叶分析的缺点,作为处理和分析信号的工具具有强大的生命力,并正在信号处理的各个领域取得越来越深入和广泛的应用。毫不讳言,除了周期性极好的信号和平稳信号之外,在信号处理方面几乎没有别的处理工具可以与小波分析媲美。

小波簇是尺度 a(表示频率)和时间平移量 τ 的函数。小波分析的这一特性使它特别适合于研究时变信号,这是傅里叶分析无法做到的,其时频域分析如图 4.1.5 所示。

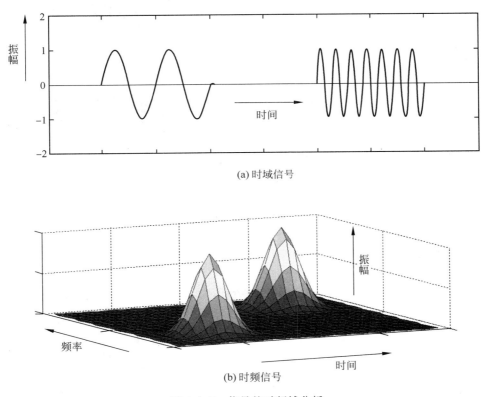

图 4.1.5 信号的时频域分析

在图像分析中,其时频空间是三维的,可以看作是一个图像叠层。图 4.1.6 显示的是一个含有两个局部化分量的图像正由两个带通滤波器进行处理,在这一例子中,两个滤波器几乎完全分离了这两个分量。

4.1.3 小波分析与傅里叶分析的区别

1. 傅里叶变换

傅里叶变换公式如下

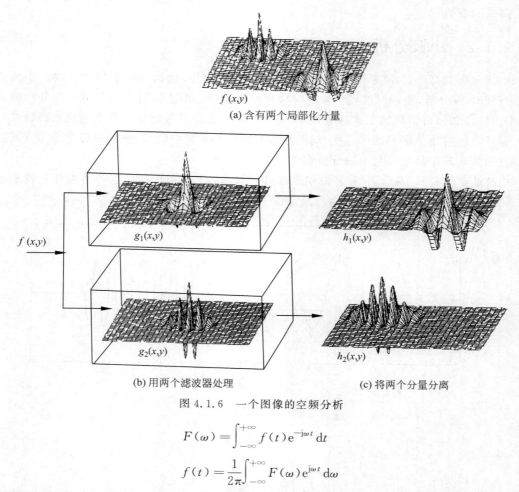

(a) 含有两个局部化分量

(b) 用两个滤波器处理　　　　(c) 将两个分量分离

图 4.1.6　一个图像的空频分析

$$F(\omega) = \int_{-\infty}^{+\infty} f(t) e^{-j\omega t} dt$$

$$f(t) = \frac{1}{2\pi} \int_{-\infty}^{+\infty} F(\omega) e^{j\omega t} d\omega$$

其物理意义是一个周期振动可以看成是具有简单频率的简谐振动的叠加,傅里叶级数展开则是这一物理过程的数学描述。傅里叶变换将时间域与频率域联系起来,在时间域内难以观察的现象和规律,在频率域往往能十分清楚地显示出来。

但是,傅里叶变换也有其自身的缺陷。傅里叶变换在整个持续时间的积分作用平滑了非平稳过程在某些时刻的突变成分,作为积分核的 $e^{\pm j\omega t}$ 的幅值在任何情况下均为 1,即 $|e^{\pm j\omega t}| = 1$,因此,频谱 $F(\omega)$ 的任一频率点值是时间过程 $f(t)$ 在整个时间域 $(-\infty, +\infty)$ 上的贡献决定的;反之,过程 $f(t)$ 在某一时刻的状态也是由频谱 $F(\omega)$ 在整个频率域 $(-\infty, +\infty)$ 上的贡献决定的。

图 4.1.7 是上述结果的一个很好的说明。图 4.1.7(a)的信号 $f_1(t)$ 由两种不同频率分量 $\sin 10t$ 和 $\sin 20t$ 叠加而成;图 4.1.7(b)的信号 $f_2(t)$ 仍由这两种频率分量组成,但它们分别各占信号持续过程的前一半与后一半;图 4.1.7(c)和图 4.1.7(d)分别给出这两种信号的频谱 $|f_1(t)|^2$ 和 $|f_2(t)|^2$,显然不同的时间过程却对应着相同的频谱,说明傅里叶分析不能将这两个信号的频谱区别开来。

通过傅里叶变换无法获取时变频率信号在突变时刻所对应的频率成分。故傅里叶变换不能用于局部分析。

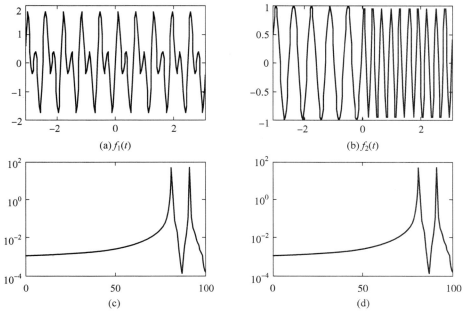

图 4.1.7　信号 $f_1(t)$ 和 $f_2(t)$ 及其傅里叶谱

2. 窗口傅里叶变换

为了克服傅里叶变换不能同时进行时间-频率局域性分析,曾经出现过许多改进的办法,其中比较有成效的办法有 Wigner-Ville 分布和窗口傅里叶变换两种,前者是一种非线性二次型变换,与小波变换的概念相去甚远. 后者是一种有效的信号分析方法,与当今的小波变换有很多相似之处,它是 D. Gabor 于 1946 年提出的,在非平稳信号的分析中起到很好的作用。

窗口傅里叶变换的变换公式如下

$$Gf(\omega,\tau) = \int_{-\infty}^{+\infty} f(t)g(t-\tau)\mathrm{e}^{-\mathrm{j}\omega t}\mathrm{d}t$$
$$= \int_{-\infty}^{+\infty} f(t)\bar{g}_{\omega,\tau}(t)\mathrm{d}t \qquad (4.1.9)$$

式中 $g_{\omega,t}(t)=g(t-\tau)\mathrm{e}^{-\mathrm{j}\omega t}$ 是积分核, $\bar{g}_{\omega,\tau}(t)$ 表示 $g_{\omega,t}(t)$ 的复共轭。

反变换为

$$f(t) = \frac{1}{2\pi}\int_{-\infty}^{+\infty}\int_{-\infty}^{+\infty} Gf(\omega,\tau)g(t-\tau)\mathrm{e}^{\mathrm{j}\omega t}\mathrm{d}\omega\mathrm{d}\tau \qquad (4.1.10)$$

D. Gabor 采用高斯函数作为窗口函数,相应的傅里叶变换仍旧是高斯函数,从而保证窗口傅里叶变换在时域与频域均具有局域化功能。

窗口傅里叶变换的窗口位置随 τ 而变(平移),符合研究信号不同位置局部性质的要求,这是它比傅里叶变换优越之处。但是,窗口傅里叶变换的形状和大小保持不变,与频率无关,这是这个变换的一个严重缺点。

小波变换的基本思想与傅里叶变换类似,就是用信号在由一簇基函数张成的空间的投影来表征该信号。但是,这一簇函数具有一个显著的特点,那就是函数系是通过一基本母小波函数的不同尺度的伸缩和平移构成的,其时宽带宽积很小,且在时间和空间上很集中。总之,傅里叶分析将平稳信号分解成谐波的组合,而小波分析则将非平稳信号分解成各种小波的组合。与信号处理中常用的短时傅里叶分析相比,小波变换的分辨力单元随尺度因子而变化,当 a 增大时,频率分辨率提高,但时间分辨率降低;当 a 变小时,时间分辨率提高,但频率分辨率降低。所以当分析信号的突变时刻时,可以选择小的 a,使时域分辨率提高。总的来说,小波变换可以看作是"可变焦距的镜头",它具有"显微"能力。

表 4.1.1 对小波分析、傅里叶分析和窗口傅里叶分析进行比较,从中可以看出小波分析的优越性。

表 4.1.1 小波分析与傅里叶分析和窗口傅里叶分析的比较

变换形式	小 波 分 析	窗口傅里叶分析	傅里叶分析
问题特征	(1)处理突变信号 (2)自适应信号处理	(1)处理渐变信号 (2)实时信号处理	(1)处理渐变信号 (2)实时信号处理
局部化特征	时间-频率同时局部化,具有自适应性	时-频局部化,格式固定不变	不具有局部化性质
算法	FWT(Mallat 算法)	DFT、FFT 算法	DFT、FFT 算法
计算量	$O(N)$	$N\log N$	$N\log N$
结论	(1)特别适合处理突变信号 (2)实际应用时,可将傅里叶变换与小波变换结合起来用	(1)有一定的应用场合 (2)适当选择窗口函数,可以取得较好的效果	特别适合处理长时间内较稳定的信号

4.2 连续小波变换

4.2.1 连续小波变换的定义

将任意 $L^2(R)$ 空间中的函数 $f(t)$ 在小波基下进行展开,称这种展开为函数 $f(t)$ 的连续小波变换(Continue Wavelet Transform,CWT),其表达式为

$$w_f(a,\tau) = <f,\psi_{a,\tau}> = \int_{-\infty}^{+\infty} \overline{\psi_{a,\tau}(t)} f(t) dt \tag{4.2.1}$$

$$= \frac{1}{\sqrt{a}} \int_R f(t) \overline{\psi\left(\frac{t-\tau}{a}\right)} dt \tag{4.2.2}$$

由 CWT 的定义可知,小波变换同傅里叶变换一样,都是一种积分变换。同傅里叶变换相似,称 $w_f(a,\tau)$ 为小波变换系数。由于小波基不同于傅里叶基,因此小波变换与傅里叶变换有许多不同之处。其中最重要的是,小波基具有尺度 a、平移 τ 两个参数,因此,将函数在小波基下展开,就意味着将一个时间函数投影到二维的时间-尺度平面上。小波的位移与伸缩如图 4.2.1 所示,不同 a 值下小波分析区间的变化如图 4.2.2 所示。并且,由于小波基本身所具有的特点,将函数投影到小波变换域后,有利于提取函数的某些本质特征。

由定义可以看到,小波变换是一种可变分辨率的时频联合分析方法。当分析低频(对应大尺度)信号时,其时间窗很大;而当分析高频(对应小尺度)信号时,其时间窗减小,这恰恰符合实际问题中高频信号的持续时间短、低频信号持续时间较长的自然规律。因此,同固定时窗的窗口傅里叶变换相比,小波变换在时频分析领域具有无可比拟的优点。因此,目前正被广泛地应用于时频联合分析及目标辨识领域。对于一固定的 a,$w_f(a,\tau)$ 可以看成是 $f(t)$ 与尺度 a 的翻转共轭小波的卷积。图 4.2.3 将连续小波变换表示成对 $f(t)$ 用一组线性

(卷积)滤波器进行滤波。a 的每个值定义了一个不同的带通滤波器,而所有滤波器的输出加在一起组成了小波变换。

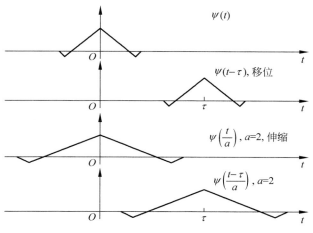

图 4.2.1 小波的位移与伸缩

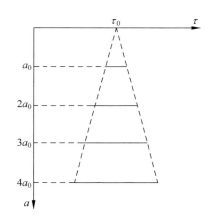

图 4.2.2 不同 a 值下小波分析区间的变化(实线代表分析小波的持续时间,即分析区间)

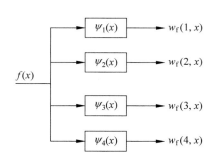

图 4.2.3 一个信号连续小波变换的滤波族分析

任何变换都必须存在逆变换(亦称反变换)才有实际意义。对连续小波变换而言,可证明,若采用的小波满足可容许性条件,即式(4.1.1),则其反变换存在,也即根据信号的小波变换系数就可精确地恢复原信号,并满足下述连续小波变换的反变换公式

$$f(t) = \frac{1}{C_\psi} \int_{-\infty}^{+\infty} \int_{-\infty}^{+\infty} w_f(a,\tau) \psi_{a,\tau}(t) \mathrm{d}\tau \frac{\mathrm{d}a}{a^2} \qquad (4.2.3)$$

其中,$C_\psi = \int_{-\infty}^{\infty} \frac{|\psi(\omega)|^2}{|\omega|} \mathrm{d}\omega$。

以上都是针对一维信号而言的,而图像是二维信号。二维连续小波变换为

$$W_f(a,\tau_1,\tau_2) = <f,\psi_{a,\tau_1,\tau_2}> = \int_{-\infty}^{+\infty} \int_{-\infty}^{+\infty} f(t_1,t_2) \psi_{a,\tau_1,\tau_2}(t_1,t_2) \mathrm{d}t_1 \mathrm{d}t_2 \qquad (4.2.4)$$

其逆变换为

$$f(t_1,t_2)=\frac{1}{C_\psi}\int_{-\infty}^{+\infty}\int_{-\infty}^{+\infty}\int_0^{+\infty}a^{-3}W_f(a,\tau_1,\tau_2)\psi_{a,\tau_1,\tau_2}(t_1,t_2)\mathrm{d}a\mathrm{d}\tau_1\mathrm{d}\tau_2 \quad (4.2.5)$$

由一维离散小波出发,可定义二维离散正交小波为

$$\psi_{j_1,k_1,j_2,k_2}(t_1,t_2)=\psi_{j_1,k_1}(t_1)\psi_{j_2,k_2}(t_2) \quad (4.2.6)$$

4.2.2 连续小波变换的性质

1. 线性性

一个函数的连续小波变换等于各分量的小波变换之和。设 $W_{f_1}(a,\tau)$ 为 $f_1(t)$ 的小波变换,$W_{f_2}(a,\tau)$ 为 $f_2(t)$ 的小波变换,则有

$$f(t)=\alpha f_1(t)+\beta f_2(t) \quad (4.2.7)$$

$$W_f(a,\tau)=\alpha W_{f_1}(a,\tau)+\beta W_{f_2}(a,\tau) \quad (4.2.8)$$

2. 平移和伸缩的共变性

若 $f(t)$ 的小波变换为 $W_f(a,\tau)$,则 $f(t-\tau_0)$ 的小波变换为 $W_f(a,\tau-\tau_0)$,$f(a_0t)$ 的小波变换为 $a_0^{-1/2}W_f(a_0a,a_0\tau)$。

3. 自相似性

对应不同尺度和平移参数的小波变换之间是自相似的。

4. 冗余性

连续小波变换中存在信息表述的冗余度。

4.2.3 几种常用信号的连续小波变换

首先,给出如下几种常用信号的小波变换:δ 函数、正弦函数、白噪声。它们的连续小波变换分别如图 4.2.4~图 4.2.6 所示。

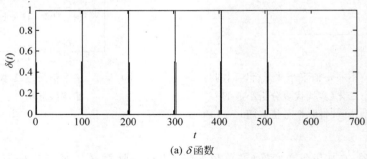

(a) δ 函数

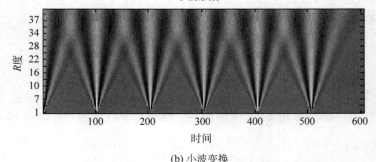

(b) 小波变换

图 4.2.4 δ 函数及其连续小波变换

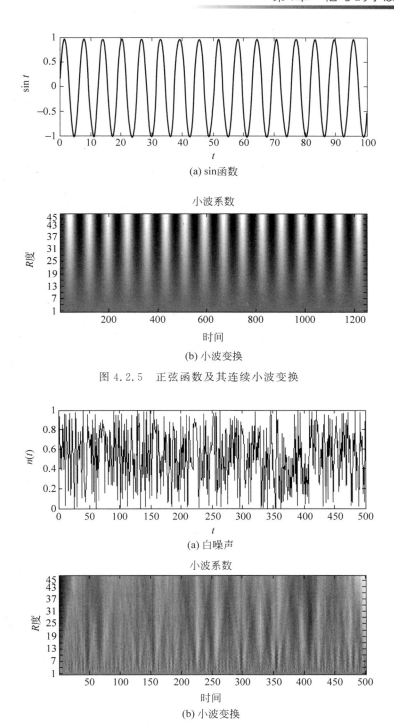

图 4.2.5　正弦函数及其连续小波变换

图 4.2.6　白噪声及其连续小波变换

4.2.4　连续小波变换的应用举例

由于连续小波变换具有变时窗的时频分布持性,使它广泛地应用于时频联合分析、去噪、特征提取、地质勘探、涡流及力学等领域。下面举例说明。

[**例 4.2.1**] 连续小波变换用于语音信号的语音谱分析。

选用 Morlet 小波作分析小波,取 $\omega=6$,将语音的采样信号逐点进行小波变换,做成灰度图,图 4.2.7 为音"8"的前 300 点的小波变换谱。在 CWT 图上,清音和浊音的时频特性表现得非常清晰。

图 4.2.7　音"8"的前 300 点的连续小波变换谱

[**例 4.2.2**] 晚电位的小波分析。

晚电位分析目前在仪器中采用的手段多是累加平均。人们希望能进行逐拍的动态检测,但是由于噪声(主要是肌电)干扰,小幅度的肌电与之很难区分。为了研究小波分析对心室晚电位动态分析的有效性,人为地在某一心拍的 QRS 波后期加以持续时间约 0.1s $\left(\text{约相当 R 波与 R 波间的}\dfrac{1}{10}\right)$ 的仿真晚电位(高斯包络调制的 25Hz 正弦波,峰值<R 波峰值的 5%)。图 4.2.8 给出了分析结果。图中左边的第二个 R 波后期有人为施加的晚电位,右边是处理结果,可以看出在 $a=16$ 的尺度下晚电位被明显突出。分析时采用的是 Morlet 小波,$\omega_0=5.33$,此时 $\psi(\omega=0)=5.5\times 10^{-7}\approx 0$。

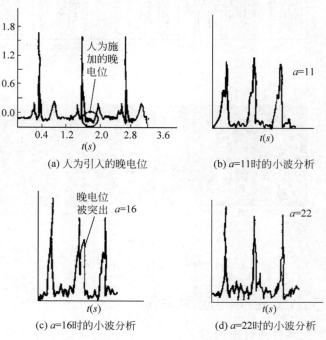

图 4.2.8　晚电位的小波分析

4.3 离散小波变换与多分辨率分析

4.3.1 离散小波变换与多分辨率分析的基本概念

4.2 节中提到,任意函数 $f(t) \in L^2(R)$ 的连续小波变换为

$$w_f(a,\tau) = <f, \psi_{a,\tau}> = \int_{-\infty}^{+\infty} \overline{\psi_{a,\tau}(t)} f(t) dt$$

$$= \frac{1}{\sqrt{a}} \int_R f(t) \overline{\psi\frac{t-\tau}{a}} dt$$

其中 $\overline{\psi}$ 为 ψ 的复共轭。其反变换(重构公式)为

$$f(t) = \frac{1}{C_\varphi} \int_{-\infty}^{+\infty} \int_{-\infty}^{+\infty} w_f(a,\tau) \psi_{(a,\tau)}(t) d\tau \frac{da}{a^2}$$

将连续小波变换中的尺度参数 a 和平移参数 τ 离散化为 $a = a_0^m, \tau = na_0^m \tau_0$,其中 $a_0 > 1, m, n \in \mathbf{Z}$ 得到离散小波函数 $\psi_{m,n}(t)$ 为

$$\psi_{m,n}(t) = a_0^{-m/2} \psi(a_0^{-m} - n\tau_0) \tag{4.3.1}$$

相应的离散小波变换为

$$W_f(m,n) = <f, \psi_{m,n}> = a_0^{-m/2} \int_{-\infty}^{+\infty} \int_{-\infty}^{+\infty} f(t) \psi(a_0^{-m} t - n\tau_0) dt \tag{4.3.2}$$

并由此可将 $f(t)$ 用内积形式表示为

$$f(t) = \sum_{m=-\infty}^{\infty} \sum_{n=-\infty}^{\infty} <f, \psi_{m,n}> \psi_{m,n}(t) \tag{4.3.3}$$

在实际应用中常选择 $a_0 = 2, \tau_0 = 1$,则得到二进小波(Dyadic Wavelet)

$$\psi_{m,n}(t) = 2^{-m/2} \psi(2^{-m} t - n) \tag{4.3.4}$$

以上都是针对一维信号而言的,而图像是二维信号。二维连续小波变换为

$$W_f(a, \tau_1, \tau_2) = <f, \psi_{a,\tau_1,\tau_2}> = \int_{-\infty}^{+\infty} \int_{-\infty}^{+\infty} f(t_1, t_2) \psi_{a,\tau_1,\tau_2}(t_1, t_2) dt_1 dt_2$$

其逆变换为

$$f(t_1, t_2) = \frac{1}{C_\psi} \int_{-\infty}^{+\infty} \int_{-\infty}^{+\infty} \int_0^{+\infty} a^{-3} W_f(a, \tau_1, \tau_2) \psi_{(a,\tau_1,\tau_2)}(t_1, t_2) da d\tau_1 d\tau_2$$

由一维离散小波出发,可定义二维离散正交小波为

$$\psi_{m_1,n_1,m_2,n_2}(t_1, t_2) = \psi_{m_1,n_1}(t_1) \psi_{m_2,n_2}(t_2)$$

式(4.3.3)中的双重求和 (m,n) 取值均在 $\pm\infty$,意味着在所有尺度上做细化处理,补充细部特征。其实这根本没有必要,用尺度的观点(也就是层次的观点)分析各种信号时,超过某一特定尺度(例如 m_0)后,细部特征就不再起作用,这时可将式(4.3.3)以尺度 m_0 为界限而分成两部分,m_0 以下各尺度作为细化特征的近似;m_0 以上各尺度用于基本特征的提取。换言之,用滤波的观点就是 m_0 以下各尺度对应于中心频率不同的带通滤波器组,m_0 以上各尺度对应于带宽不同的低通滤波器组。假定用 $\varphi_{m,n}(t)$ 表示具有低通滤波特性的基函数,要求它的级数展开式系数。这样一来,式(4.3.3)就可改写为

$$f(t) = \sum_{m=m_0+1}^{\infty} \sum_{n=-\infty}^{\infty} <f, \psi_{m,n}> \psi_{m,n}(t) + \sum_{m=-\infty}^{m_0} \sum_{n=-\infty}^{\infty} <f, \psi_{m,n}> \psi_{m,n}(t)$$
(4.3.5)

而式中右端第一部分用 $\varphi_{m,n}(t)$ 的线性组合来代替，即

$$\sum_{m=m_0+1}^{\infty} \sum_{n=-\infty}^{\infty} <f, \psi_{m,n}> \psi_{m,n}(t) \rightarrow \sum_{n=-\infty}^{\infty} <f, \varphi_{m_0,n}> \varphi_{m_0,n}(t) \quad (4.3.6)$$

基函数 $\varphi_{m,n}(t)$ 定义为

$$\varphi_{m,n}(t) = 2^{-m/2} \varphi(2^{-m}t - n) \quad (4.3.7)$$

显然在伸缩 m 之下平移是正交的。现在从式(4.3.3)得到一个新的小波级数展开式

$$f(t) = \sum_{n=-\infty}^{\infty} <f, \varphi_{m_0,n}> \varphi_{m_0,n}(t) + \sum_{m=-\infty}^{m_0} \sum_{n=-\infty}^{\infty} <f, \psi_{m,n}> \psi_{m,n}(t)$$
(4.3.8)

等式右边第一部分自然就是被分析的函数 $f(t)$ 的尺度为 2^{-m_0} 的"模糊的像"(Blurred Version)；第二部分是对 $f(t)$ 所作细节补充，尺度从 $-\infty \sim m_0$，每次的平移时间步长为 2^{-m}。因此，多分辨率信号分解包括由粗分辨率(给定尺度 m_0)的信号逼近和分辨率从 $2^1 \sim 2^{m_0}$ 到的全部细节信号。即

原信号＝粗分辨率逼近＋细节信号

当 a 值小时，时域轴上观察范围小，而在频域上相当于用较高频率作分辨率较高的分析，即用高频小波作细致观察。当 a 值较大时，时域轴上考查范围大，而在频域上相当于用低频小波作概貌观察。分析频率有高有低，但在各分析频段内分析的品质因数 Q 却保持一致。这是一项很符合实际工作需要的特点，因为如果希望在时域上观察得愈细致，就愈要压缩观察范围，并提高分析频率。

可以用照相机镜头向被观察景物前后推移来粗糙地解释多分辨率概念：当尺度较大时视野宽而分析频率低，可以作概貌的观察；当尺度较小时视野窄而分析频率高，可以作细节的观察。这种由粗及精对事物的逐级分析称为多分辨率分析，它是小波变换联系工程应用的重要方面。

4.3.2 快速离散小波变换的塔形算法

下面引入离散尺度序列与离散小波序列的概念。

首先，Mallat 引入一对滤波器（常见的是有限长脉冲响应 FIR 型），即离散小波序列 $g(n)$ 是高通滤波器；离散尺度序列 $h(n)$ 是低通滤波器。它们的具体形式由小波函数决定。一般定义为

$$h(n) = <\varphi(u), \varphi_{-1,n}(u)>, \quad n \text{ 为任意整数}$$
$$g(n) = <\psi(u), \psi_{-1,n}(u)>, \quad n \text{ 为任意整数}$$

暂不必考虑由小波函数求解 $g(n)$、$h(n)$ 的复杂推导过程，而根据需要，可以从众多滤波器组中选择。Daubechies 等为工程人员设计了一系列这样的滤波器组。

［例 4.3.1］ 取 $N=4$，Daubechies 滤波器组为 $h(n) = \{0.4830, 0.8365, 0.2241,$

$-0.1294\}$,$g(n)=\{-0.1294,-0.2241,0.8365,-0.4830\}$。求它的幅频特性。

解 它的幅频特性如图 4.3.1(a)所示,图 4.3.1(b)是 $N=32$ 的 Daubechies 滤波器组的幅频特性。

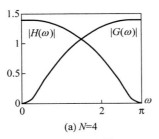
(a) $N=4$

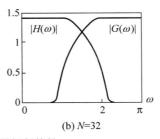
(b) $N=32$

图 4.3.1 滤波器幅频特性

S. Mallat 于 1988 年提出了多分辨率分析的概念,在泛函分析的框架下,将此之前的所有正交小波基的构造方法统一起来,给出了构造小波正交基的一般方法,并提出了正交小波变换的快速算法,即 Mallat 算法。它在小波分析中的地位就相当于快速傅里叶变换在经典傅里叶分析中的地位。

Mallat 算法将函数 f 分解成不同的频率通道成分,并将每一频率通道成分又按相位进行了分解:频率越高,相位划分越细,反之则越疏。Mallat 算法不需要知道尺度函数和小波函数的具体结构,只有系数就可以实现函数 f 的分解和重构。其分解过程如图 4.3.2(a)所示,重构过程如图 4.3.2(b)所示。

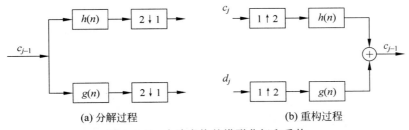

(a) 分解过程   (b) 重构过程

图 4.3.2 小波变换的塔形分解和重构

其分解过程可表达为

$$c_j = Hc_{j-1} \tag{4.3.9}$$

$$d_j = Gc_{j-1} \tag{4.3.10}$$

重构过程可表达为

$$c_{j-1} = H^* c_j + G^* d_j \tag{4.3.11}$$

其中

$$(H_a)_k = \sum_n h(n-2k)a_n \tag{4.3.12}$$

$$(G_a)_k = \sum_n g(n-2k)a_n \tag{4.3.13}$$

H^* 和 G^* 分别为 H 和 G 的对偶算子。H^* 和 G^*、H 和 G 分别构成了正交镜像滤波器对。H 和 H^* 为低通滤波器,G 和 G^* 为高通滤波器。

二维多分辨率分解可描述为分别按 x,y 方向对信号进行一维小波变换的结果。图 4.3.3 表示二维多分辨率分解，图 4.3.4 表示二维多分辨率重构。

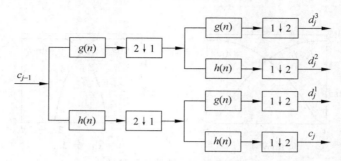

图 4.3.3　二维多分辨率分解

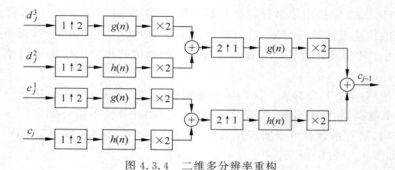

图 4.3.4　二维多分辨率重构

图 4.3.5 为 Lena 原始图像及其小波塔式分解的结果，其中小波采用 bior 3.4 小波，尺度为 1。

(a) Lena 原始图像　　　　(b) Lena 图像的小波塔式分解(尺度为1)

图 4.3.5　Lena 原始图像及其小波塔式分解

归一化峭度的定义如下

$$\mathrm{kurt}(x) = \frac{\mathrm{E}\{(x-\bar{x})^4\}}{[\mathrm{E}\{(x-\bar{x})^2\}]^2} - 3 \tag{4.3.14}$$

其中 $\bar{x}$ 为 x 的期望，即 $\bar{x} = \mathrm{E}\{x\}$。

Lena 原始图像及其小波域低频子图像的峭度分别为 2.15 和 2.18，而三个小波域高频子图像的峭度分别为 20.4、19.9 和 19.6，增加了将近 10 倍，通过实验发现，其他自然图像也有类似的性质。

图 4.3.6 给出了 Lena 图像的三个小波域高频子图像的对数概率分布(实线)及其估计的对数拉普拉斯分布(虚线),可以看出估计的分布与真实的分布非常接近。因此,采用拉普拉斯分布来估计高频子图像的概率分布是可行的。

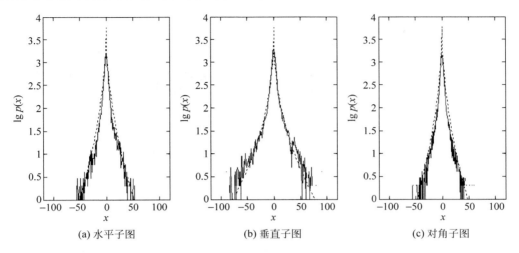

(a) 水平子图　　　　　(b) 垂直子图　　　　　(c) 对角子图

图 4.3.6　Lena 图像高频子图像的对数分布及其估计

通过以上分析可知,自然图像在小波域中的高频子图像的峭度比原始图像的峭度大很多,源信号的峭度越大,独立分量分析(ICA)等方法的分离精度越高的结论,所以对小波域高频子图像进行 ICA 分离可以获得更高的精度。

4.4　离散小波变换的应用

4.4.1　数据压缩

数字图像处理经常涉及包含图像数据的大型文件。它们经常需要在不同的用户及系统之间互相交换,这就要有一种有效的方法来存储及传递这些大型文件。因为数字图像的数据量很大,因此人们对它进行压缩的期望总是超出现实。图像压缩是通过删除冗余的或者是不需要的信息来达到这个目的的技术。

总的来说,图像数据压缩主要是利用了下述性质:

(1) 图像像素点间的相关性(空间及时间)。

(2) 人眼的视觉特性(允许图像有一点误差)。

(3) 变换域的能量集中特性(去相关特性)。

(4) 编码数据间存在冗余度。

离散小波变换把一幅图像分解为一组越来越小的正交归一图像。除此之外,虽然原始图像的灰度值直方图可以是任何形状,但它们的小波变换图像却通常都是单峰并且对称于零。这就简化了图像统计特性的分析。

直方图表示数字图像中每一灰度级与其出现的频数(该灰度像素的数目)间的统计关系。用横坐标表示灰度级,纵坐标表示频数(也有用相对频数即概率表示的)。直方图是数据压缩编码（例如 Huffman 编码）的重要依据。图 4.4.1 显示出了原图像 Lena 及其在 $j=1$ 时经小波变换后得到的 W_j^1、W_j^2、W_j^3 的灰度直方图（按 256 级灰度级计算）。实验表明，图像小波变换前后的灰度直方图有以下特点。

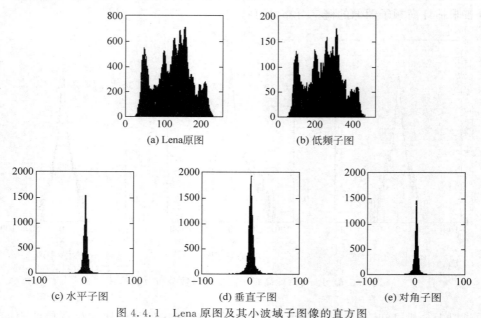

图 4.4.1　Lena 原图及其小波域子图像的直方图

（1）S_j 的灰度直方图与原图像的相似。

（2）大多数情况下，无论原图像的灰度直方图是什么形状，经小波变换后的各 W_j^i（$i=1,2,3;j=1,2,3,\cdots$）的灰皮直方图都可近似为拉普拉斯分布的形状，这就为图像数据压缩提供了可能。

设 $W_j^i(x,y)$ 代表图 4.4.1 中 W_j^i 在 (x,y) 处的灰度值，从图 4.4.1 中可以看出大部分像素的灰度集中在128 附近，若取门限 g_T，当 $|W_j^i(x,y)-128|<g_T$ 时令 $W_j^i(x,y)=128$，则采用行程编码（Run-Length）可使编码数据得到一定的压缩，而变换前的原图像则没有这一性质。

经常遇到的情况是，可以用少量等级量化的方法，甚至可以用完全去除那些系数值较小的方法。Mallat 和其他一些学者已经研究过只从一幅图像小波变换的零交叉的位置来重建图像的可能性。虽然完美的重建一般来说是不可能的，但许多图像经过很高的压缩仍然能够有足够的近似程度。

利用小波变换对图像数据进行压缩的具体过程主要分为以下几个步骤。

（1）利用二维离散小波变换将图像分解为低频分量 S_j 及高频细节分量 W_j^1、W_j^2、W_j^3。

（2）对所得到的低频分量 S_j 及高频细节分量 W_j^1、W_j^2、W_j^3，根据人类的视觉生理特性分别作不同策略的量化与编码处理。例如，对于低频分量采用快速余弦变换（DCT）结合"之"字形扫描、熵编码方法（如 Huffman 编码、算术编码、矢量量化等）进行压缩。对于高频细节分量可以采用量化，去掉人眼不敏感的高频成分并结合熵编码方法的压缩方法。其过程关键是量化和编码。利用小波变换实现图像数据压缩常用的方法有：阈值量化、分块矢量量化、网格矢量量化、零交树方法、小波包方法、时-频局部化方法等。小波变换的一般方法如图 4.4.2 所示。

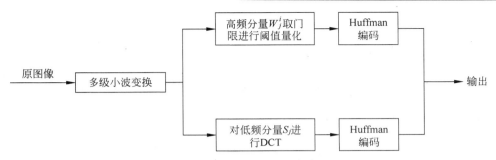

图 4.4.2 小波变换的一般方法

用 MATLAB 提供的小波包进行的信号压缩处理程序如下：

```
% 装载并显示原始图像
load gatlin;
subplot(121);
image(X);colormap(map);
title('原始图像');
axis square;
% ==============================
% 首先利用小波 db3 对图像 X 进行 2 层分解
[c,l] = wavedec2(X,2,'db3');
% ==============================
% 全局阈值
[thr,sorh,keepapp] = ddencmp('cmp','wv',X);
% ==============================
% 进行压缩处理：对所有高频系数进行同样的阈值量化处理
[Xcmp,cxc,lxc,perf0,perfl2] = wdencmp('gbl',c,l,'db3',2,thr,sorh,keepapp);
% ==============================
% 图示压缩结果
subplot(122);
image(Xcmp);colormap(map);
title('压缩后的图像');
axis square;
disp('小波分解系数中置 0 的系数个数百分比：');
perf0
disp('压缩后保留能量百分比：');
perfl2
```

运行结果如图 4.4.3 所示。

(a) 原始图像　　(b) 压缩后的图像

图 4.4.3 用小波进行图像压缩示例

其中压缩后保留能量百分比可达 99.9962%。

小波变换用于图像数据压缩时需要考虑以下几个问题。

1. 小波基的选取

任何实正交的小波对应的滤波器组($H(\omega),G(\omega)$)均能实现图像的分解与合成,然而并不是任何分解均能满足我们的要求。同一幅图像,用不同的小波基进行分解所得到的数据压缩效果是不同的。我们希望经小波分解后得到的三个方向的细节分量具有高度的局部相关性,而整体相关性放大部分甚至完全解除。由于小波变换是将原始图像与小波基函数以及尺度函数进行内积运算,1989 年 Daubechies 基于离散滤波器迭代的方法构造了紧支集的规范正交小波基,因而内积运算转换为信号和离散滤波器的卷积运算,小波变换中的小波基的选择转换为正交镜像滤波器 QMF 的选择,对小波基的选择或等价地对 QMF 的选择应考虑以下因素:

① 小波基的正则性阶数与图像数据压缩效果的关系。

② 待处理图像与小波基的相似性。

③ 由于在图像处理中数据量特别大,因而不能片面追求高压缩比,而应综合考虑压缩效率和计算复杂程度。由于图像数据压缩中的小波变换通常是由图像信号与滤波器的离散卷积实现,因而滤波器长度不能太长,否则计算量太大而没有实用价值。一个典型的例子是分形图像数据压缩。其压缩比可高达 1000∶1~10 000∶1,但因其计算时间太长(数十到数百小时)而没有实用价值。

④ 小波变换的分解层数(变换级数)与图像数据压缩的关系。

⑤ 小波函数的能量集中特性应好。

⑥ 小波变换的边界问题。

2. 小波变换的层数(级数)

由一维小波采用张量积构成的可分离小波变换是将原始图像分解成一个低频信号和三个方向的高频分量信号(水平方向、垂直方向及 45°方向),即每一层分解为四个子带信号,低频信号又可进一步分解成四个子带,故总的子带数为 $3K+1$,其中 K 为分解层数。大部分文献报道原始图像分成十个子带,即三层分解,也有报道分解五层或六层,究竟分解多少层可以满足要求,虽然要看图像的复杂程度和滤波器长度。但从子带信息量来看,当一个子带分成四个子带,要求分成的四个子带的熵值的和应该是很小,否则就不值得再分解。

3. 边界问题

边界失真主要是正交镜像滤波器的非线性相位特性、信号自身在边界附近的相关性以及对变换结果亚采样所造成的。

为了用小波变换实现数据压缩,必须使各级小波变换后的数据总量之和不超过原始输入信号的数据个数。常用的方法是对信号进行边界延拓和对变换结果进行 2∶1 亚采样。众所周知,长度为 L 的输入信号 d_n 与长度为 L_h 的滤波器 h_n 卷积后总长度应为 $L+L_h-1$,也就是说,总长度只可能增加而不会减少。但如果 d_n 是长度为 L 的周期信号或周期为 $2L$ 且满足

$$d_n = \begin{cases} d_{-n}, & n < 0 \\ d_{2L-n-1}, & L \leqslant n < 2L \end{cases} \tag{4.4.1}$$

则卷积后的输出信号周期仍不改变。为减小边界误差,有多种对边界进行延拓的方法。但常用的只有两种:一种是对 d_n 在边界进行周期延拓;另一种是按式(4.4.1)对其边界进行对称周期延拓。大多数情况下对称周期延拓的性能更优于周期延拓,但需要注意的是在用小波分解实现数据压缩时往往要进行多级分解,当 QMF 的相位特性是非线性时,经过一级分解后的结果在边界处不再具有对称性,这必然导致重建信号在边界处产生误差,且随着变换级数的增加,误差也不断地累积起来,边界附近的误差范围越来越宽,这种误差在用多级小波变换实现数据压缩时格引起重建信号大范围的严重失真。

实验表明,当滤波器不具有线性相位特性时,信号在边界附近的相关性越弱则重建信号在边界附近的失真越大。例如,当原始信号是白噪声时,重建信号在边界附近的失真最大;当原始信号在边界附近等于常数时,即使滤波器不具有线性相位特性,重建信号在边界附近也没有失真。

可以证明,当用来进行小波分解的滤波器具有线性相位特性时,对变换结果进行适当处理可以消除重建信号在边界附近的失真。不幸的是,由于实际数据压缩中比较有实用价值的小波基是紧支集正交小波函数,而紧支集正交小波函数除了正则性很差的 Haar 小波外,其他都不是对称的(紧支集正交小波函数的对称性等价于其滤波器具有线性相位特性)。用于小波分解的滤波器必须满足精确重建条件 $|H(\omega)|^2+|G(\omega)|^2=1$,任取 $\omega\in R$。为了减小边界失真,通常有两种方法:一种是采用双正交小波基函数;另一种就是构造具有线性相位和一定正则性的 QMF 滤波器。虽然并不严格满足精确重建条件,但其误差对于工程信号处理来说,已小到可以忽略的程度。

4.4.2 信号消噪

信号在采集、转换和传输过程中,常常受到设备与外部环境的噪声干扰等影响,产生降质。

传统的信号消噪方法总是等价于信号通过一个低通或带通滤波器。但对于短时低能量的瞬变信号,例如阶跃信号和脉冲信号,在低信噪比情况下,经过滤波器的平滑,不仅信噪比得不到较大改善,而且信号的位置信息也被模糊掉了。对于在信号检测中为获得最大信噪比而普遍采用的匹配滤波器,如果待测信号形式发生变化,那么匹配滤波器将不是最佳的,它对于时变信号的检测缺乏有效性。

基于小波变换的去噪方法利用小波变换中的变尺度特性对确定信号具有一种"能力"。小波变换用于信号消噪大致分三步:对含噪信号做 DWT,小波域消噪,再用小波逆变换(IDWT)重构原信号。

下面以两个例子来分别演示小波去噪功能。

1. 非平稳方波含噪信号的去噪

MATLAB 演示程序如下:

```
% 非平稳方波含噪信号的去噪演示程序
snr = 4;                              % 设置信噪比
init = 7625762576;                    % 设置随机数
[xref,x] = wnoise(1,11,snr,init);     % 产生原始信号 xref 和含白噪声信号 x
xref = xref(1:2000);
x = x(1:2000);
% 以下的程序用 sym8 小波进行五层分解并用 heursure 软阈值进行小波系数阈值量化
```

```
xd = wden(x,'heursure','s','one',5,'sym8');
subplot(311);plot(xref);
xlabel('n');ylabel('x(n)');
title('原始信号');                    % 画出原始信号
subplot(312);plot(x);
xlabel('n');ylabel('x(n) + w(n)');
title('含噪声信号');                  % 画出被污染信号
subplot(313);plot(xd);
xlabel('n');ylabel('y(n)');
title('去噪信号');                    % 画出去噪信号
```

运行结果如图 4.4.4 所示。

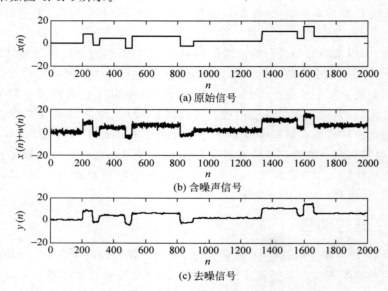

图 4.4.4 非平稳方波含噪信号的去噪示意图

2. 带噪图像去噪

一般来说，现实中的图像都是带噪图像，所以为了后续更高层次的处理，有必要对图像进行去噪。图 4.4.5 给出了一个有关用小波进行图像消噪处理的示例，运行程序如下：

```
% 装载并图示原始图像
X = imread('baboon256','BMP');
subplot(221);
imshow(X,[]);
% colormap(map);
title('原始图像');
axis square;
% ==============================
% 生成含噪图像并图示
init = 2055615866;
randn('seed',init);
% XX = X + 8 * randn(size(X));
XX = imnoise(X,'salt & pepper',0.01);
subplot(222);
```

```
image(XX);
% colormap(map);
title('含噪图像');
axis square;
% ============================
% 对图像进行消噪处理
% 用小波函数 coif2 对图像 XX 进行 2 层分解
[c,l] = wavedec2(XX,2,'coif2');
n = [1,2];                      % 设置尺度向量
p = [10.28,24.08];              % 设置阈值向量
% ============================
% 对三个高频系数进行阈值处理
nc = wthcoef2('h',c,l,n,p,'s');
nc = wthcoef2('v',c,l,n,p,'s');
nc = wthcoef2('d',c,l,n,p,'s');
X1 = waverec2(nc,l,'coif2');
subplot(223);
image(X1);
% colormap(map);
title('第一次消噪后的图像');
axis square;
% ============================
% 再次对三个高频系数进行阈值处理
mc = wthcoef2('h',nc,l,n,p,'s');
mc = wthcoef2('v',nc,l,n,p,'s');
mc = wthcoef2('d',nc,l,n,p,'s');
% ==================================
% 对更新后的小波分解结构进行重构并图示结果
X2 = waverec2(mc,l,'coif2');
subplot(224);
image(X2);
% colormap(map);
title('第二次消噪后的图像');
axis square;
```

运行结果如图 4.4.5 所示。可见，利用 MATLAB 在原始图像上叠加椒盐噪声后获得含噪图像，经过小波处理可获得较为满意的消噪后的图像。

在消噪领域中，小波变换有很显著的效果。具体来说，小波去噪方法的成功主要得益于小波变换具有如下特点：

(1) 低熵性，小波系数呈稀疏分布，使得图像变换后小波系数的熵降低。

(2) 多分辨率，由于采用了多分辨率的方法，所以可以非常好地刻画信号的非平稳特征，如边缘、尖峰、断点等。

(3) 去相关性，因为小波变换可以对信号去相关，且噪声在变换后有白化趋势，所以小波域比时域更有利于去噪。

(4) 选基灵活性，由于小波变换可以灵活选择变换基，从而对不同应用场合，对不同的研究对象，可以选用不同的小波母函数，以获得最佳的效果。

另外，作为一种数学工具，小波分析在图像恢复、增强、分割、检索、信号奇异性检测、遥感影像融合等都有广泛应用，是 20 世纪公认的最辉煌的科学成就之一。

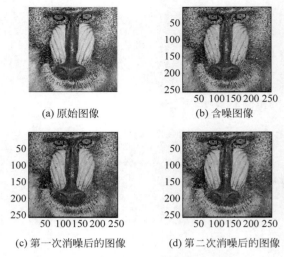

(a) 原始图像　　　　　(b) 含噪图像

(c) 第一次消噪后的图像　　(d) 第二次消噪后的图像

图 4.4.5　用小波进行图像消噪处理的示例

4.5　本章小结

本章主要介绍了连续与离散小波变换的定义、性质，MATLAB 塔式快速算法，以及小波变换的一些典型应用，旨在向读者揭示其良好的时频分析能力。限于篇幅，本章未能将小波与短时傅里叶变换（STFT），Gabor 变换等其他时频分析工具进行比较。同时，对小波滤波器组这一重要内容也没有进行介绍，对小波用于图像压缩与去噪又仅仅只是做了一个初步的演示，有兴趣的读者可以参阅其他文献，需要提到的是，MATLAB Wavelet Toolbox 已给使用者提供了一个友好的交互式集成开发界面（见图 4.5.1），该界面由命令 wavemenu 来激活。掌握 Wavelet Toolbox 开发工具对于读者来说其重要性是毋庸置疑的。

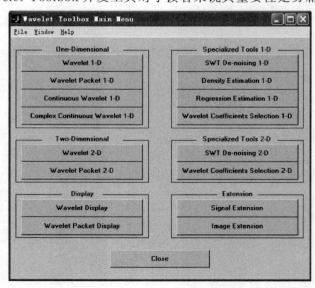

图 4.5.1　MATLAB Wavelet Toolbox 交互式集成开发界面

第 5 章 数字信号处理器

CHAPTER 5

本章主要内容包括
- 数字信号处理器的特点；
- DSP 选型与系统开发；
- 数字信号处理器简介。

5.1 引言

DSP(Digital Signal Processor,数字信号处理器芯片)是一种适合于进行实时数字信号处理运算的微处理器,其主要应用是实时快速地实现各种数字信号处理算法。自 20 世纪 70 年代末第一片 DSP 问世以来,DSP 芯片就以数字器件特有的稳定性、可重复性、可大规模集成,特别是可编程性高和易实现自适应处理等特点,给数字信号处理的发展带来了巨大的机遇,并使信号处理的手段更灵活,功能更复杂,应用领域也拓宽到国民经济生活的各个方面。

第一代 DSP 系统,以 AMD2900、NEC7720 和 TMS32010 为代表,其中 TI 公司的 TMS32010 第一次使用了哈佛总线结构和硬件乘法器。由于开发工具的问题,最初的 DSP 系统开发非常困难,要设计并实现一个基于 DSP 的系统是一个专业性很强的工作。TI 公司给 DSP 系统引入了许多通用计算机微处理器的特点,并为其产品开发了汇编语言和 C 语言代码产生工具以及各种软件调试工具,使得 DSP 系统的开发难度大大降低,并且在 20 世纪 80 年代末和 90 年代初进入了快速发展时期。现在,TI 公司的 DSP 系统包括了定点、浮点和多处理器 3 个类型的产品,每个类型又有不同性能和价格的具体系列可以供用户选择。

在过去的 20 多年时间里,DSP 芯片得到了极为迅速的发展。如今生产 DSP 芯片的厂家主要有:TI(Texas Instruments)公司、AD(Analog Device)公司、Motorola 公司等,其中以 TI 公司生产的系列 DSP 芯片应用最为广泛。它目前拥 TMS320C2000、TMS320C5000 和 TMS320C6000 三大 DSP 系列。TI 公司的一系列 DSP 产品已经成为当今世界上最有影响的 DSP 芯片。TI 公司也成为世界上最大的 DSP 芯片供应商,其 DSP 芯片份额大约占全世界份额的 50%。

随着半导体制造工艺的发展和计算机体系结构等方面的改进,DSP 芯片的功能越来越强大,速度越来越快,并且价位越来越低,其应用将更加广泛,将会普及电子学应用的每个领域.如通用数字信号处理、声音/语音处理、图形/图像处理、控制、仪器仪表、军事、通信、消费电子、工业、医学等领域都有广泛的应用。

5.2 数字信号处理器的特点

DSP芯片是专为数字信号处理算法而设计的,因此在其功能和结构上都有其独特的特点。下面分别从这两个方面来加以阐述。

5.2.1 功能特点

数字信号处理任务通常需要完成大量的实时计算,如在DSP中常用的FIR滤波和FFT算法。数字信号处理中的数据操作具有高度复杂的特点,特别是乘加操作 $Y=A·B+C$ 在滤波、卷积和FFT等常见DSP算法中用得最多。DSP系统在很大程度上就是针对上述运算特点设计的。与通用微处理器相比,DSP系统在寻址和计算能力等方面作了扩充和增强。在相同时钟频率和芯片集成度下,DSP系统完成FFT算法的速度比通用微处理器要快2到3个数量级(如对于1024点的FFT算法,时钟相同,集成度相仿的IBM PC/AT-386和TMS320C30,运算时间分别是0.3s和1.5ms,速度相差200倍)。

5.2.2 结构特点

DSP系统的结构特点在很大程度上体现了DSP算法的要求。下面介绍DSP系统在结构上的主要特点。

1. 算术单元

1) 硬件乘法器

由于DSP系统的功能特点,乘法操作是DSP系统的一个主要任务。而在通用微处理器内通过微程序实现的乘法操作往往需要100多个时钟周期,十分耗时,因此在DSP系统内部设有硬件乘法器来完成乘法操作,以提高乘法速度。硬件乘法器是DSP系统区别于通用微处理器的一个重要标志。

2) 多功能单元

为了进一步提高速度,可以在CPU内设置多个并行操作的功能单元(ALU、乘法器和地址产生器等)。如C6000的CPU内部就有8个功能单元,包括两个乘法器和6个ALU。这8个功能单元最多可以在一个周期内同时执行8条32位的指令。由于多个功能单元的并行操作的DSP系统在相同时间内能够完成更多的操作,因而提高了程序的执行速度。针对乘加运算,多数DSP系统的乘法器和ALU都支持一个周期内同时完成一次乘法和一次加法操作。另外很多定点DSP系统还支持在不增加操作时间的前提下对操作数或操作结果的任意位移位。而且,DSP的算法特点和数据流特点还可以使现代DSP系统采用指令比较整齐划一的精简指令集(RISC),有利于DSP系统结构的简化和成本的降低。

2. 总线结构

通用微处理器是为计算机设计的。基于成本上的考虑,传统的微处理器通常采用冯·诺依曼总线结构:统一的程序和数据空间,共享的程序和数据总线。由于总线的限制,微处理器执行指令时,取指和存取操作数共享内部数据总线,因而程序指令只能串行执行。

对于面向数据密集型算法的 DSP 系统而言,冯·诺依曼总线结构使系统性能受到很大的限制,因此,DSP 系统采用了程序总线和数据总线分离的哈佛结构,这样使 DSP 系统能够同时取指和取操作数了。而且很多 DSP 系统甚至有两套或两套以上的内部数据总线结构,这种总线结构称为修正的哈佛结构。对于乘法或加法等运算,一条指令要从存储器中取两个操作数,如果采用多套数据总线就可以同时取两个操作数,因此提高了程序的效率。

C6000 系列的 DSP 系统则采用了新的 VLIW(Very Long Instruction Word,甚长指令字)结构,片内提供 8 个独立的运算单元、256 位的程序总线、两套 32 位的数据总线和一套 32 位的 DMA 专用总线。灵活的总线结构大大缓解了数据瓶颈对系统性能的限制。VLIW 体系结构 DSP 系统中,是由一个超长的机器指令字来驱动内部的多个功能单元的(这也是 VLIW 名字的由来)。每个指令字包括多个字段(指令),字段之间相互独立,各自控制一个功能单元,因此可以单周期发射多条指令,实现很高的指令级并行效率。编译器在对汇编程序进行编译的过程中,决定代码中哪些指令合成一个甚长机器指令,在一个周期中并行执行。这种指令上的并行安排是静态的,一旦决定,无论 DSP 任何时候运行,它都保持不变。

3. 专用寻址单元

DSP 系统面向的是数据密集型应用,随着频繁的数据访问,数据地址的计算时间也线性地增长。如果不在地址计算上作特殊的考虑,有时计算地址的时间比实际的算术操作时间还长。例如,8086 做一次加法需要 3 个时钟周期,但是计算一次地址却需要 5~12 个时钟周期。因此,DSP 系统通常都支持地址计算单元-地址产生器。地址产生器与 ALU 并行工作,因此地址的计算不再额外占用 CPU 时间。由于有些算法通常需要一次从存储器中取两个操作数,所有 DSP 系统内的地址产生器一般也有两个。

4. 片内存储器

由于 DSP 系统面向的是数据密集型应用,因此存储器访问速度对处理器的性能影响很大。现代微处理器内部一般都集成有高速缓存器(cache),但是片内一般不设存储程序的 ROM 和存储数据的 RAM。这是因为通用微处理器的程序一般很大,片内存储器不会给处理器的性能带来明显改善。而 DSP 算法的特点是需要大量的简单计算,相应地其程序就比较短小,存放在 DSP 系统片内就可以减少指令的传输时间,并有效缓解芯片外部总线接口的压力。除了片内程序存储器外,DSP 系统内一般还集成有数据 RAM,用于存放参数和数据。片内数据存储器不存在外部存储器的总线竞争问题和访问速度不匹配问题,因此访问速度快,可以缓解 DSP 系统的数据瓶颈,充分利用 DSP 系统强大的处理能力。C6000 系列的 DSP 系统内部集成有 1~8MB 的程序 RAM 和数据 RAM,对有些片种,这些存储器还可以配置为程序 cache 或数据 cache 来使用。

5. 流水处理

除多功能单元外,流水技术是提高 DSP 系统程序执行效率的另一个主要手段。流水技术可以使两个或更多不同的操作重叠执行。处理器内,每条指令的执行分为取指、解码和执行等若干个阶段,每个阶段称为一级流水。流水处理使得若干条指令的不同执行阶段可以并行执行,因而能够提高程序的执行速度。理想情况下,一条 k 段流水能在 $k+(n-1)$ 个周

期内处理 n 条指令。其中前 k 个周期用于完成第一条指令的执行,其余 $n-1$ 条指令的执行需要 $n-1$ 个周期。而在非流水处理器上执行 n 条指令则需要 nk 个周期。当指令条数 n 较大时,流水线的填充和排空时间就可以忽略不计,可以认为每个周期内执行的最大指令个数为 k,即流水线在理想情况下的效率为 1。但是由于程序中存在数据相关、程序分支、中断以及一些其他因数,这种理想情况很难达到。

图 5.2.1 是 TMS320C5000 的 4 级流水示意图。C50 在执行一条指令时,要经过取指、解码、读操作数和执行 4 个阶段。

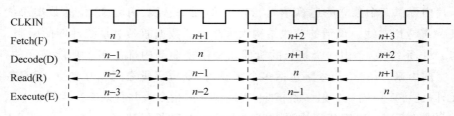

图 5.2.1 TMS32C5000 的指令流水线

对于流水操作还有有一个特殊的延迟间隙(delay slot)问题,即如果某条指令的执行时间不是单周期,则在指令结果可以使用前会有一个或几个周期的等待时间,称为延迟间隙。对于多数 DSP 系统,延迟时间会给编程带来一些困难。但是对于 C6000 系列 DSP 系统,这个问题在线性汇编语言编程中完全不用考虑。而且采用线性汇编语言编程,程序效率可以达到标准汇编效率的 95%~100%。

5.2.3 典型的数字信号处理器

在现有的 DSP 芯片中,以 TI 公司的 TMS320C54X DSP 最为经典、应用最为广泛。下面简单介绍一下 TMS320C54X DSP。

C54X 的时钟频率为 40/50/66/80MHz,相应的,时钟周期为 25/20/15/12.5ns,运算能力为 40/50/66/80MIPS;片上 RAM 在 5~256KB 之间,片上 ROM 在 2~48KB 之间,随系列内型号的不同而不同,RAM 又分为双访问 RAM(DARAM)和单访问 RAM(SARAM)。C54X 是 16 位定点 DSP,内部集成有如下部件。

(1)一个 40 位的 ALU。

(2)两个 40 位的累加器 A 和 B。

(3)一个 17×17 位的乘法器,它和一个 40 位的加法累计器一起在一个单指令周期内完成二进制补码的乘法运算。

(4)桶型移位器,其输入连接到 40 位的累加器或数据存储器(CB,DB),40 位的输出连接到 ALU 或数据存储器(EB),它可将输入数据作 0~31 位的左移,或者作 0~16 位的右移。

(5)由 COMP、TRN 和 TC 组成的比较、选择和存储单元。

(6)指数编码器(EXP),用于支持指数 EXP 的快速运算。

(7)8 个 16 位通用寄存器。

C54X 采用多总线结构。内部总共有八组总线,四组为地址总线。图 5.2.2 中 PB 为程序总线,传送从程序存储器来的指令代码和立即数;PAB 为程序地址总线;CB、DB、EB 为三组数据总线,连接到各种器件,如 CPU、数据存储器等。CAB、DAB、EAB 是这三组数据总线对应的地址总线。CB 和 DB 传送从数据存储器读出的数,EB 传送写入到数据存储器的数。Sign ctr 为符号控制器。C54X 利用两个辅助寄存器单元(ARAU0,ARAU1)在单个周期内产生两个数据存储器的地址。

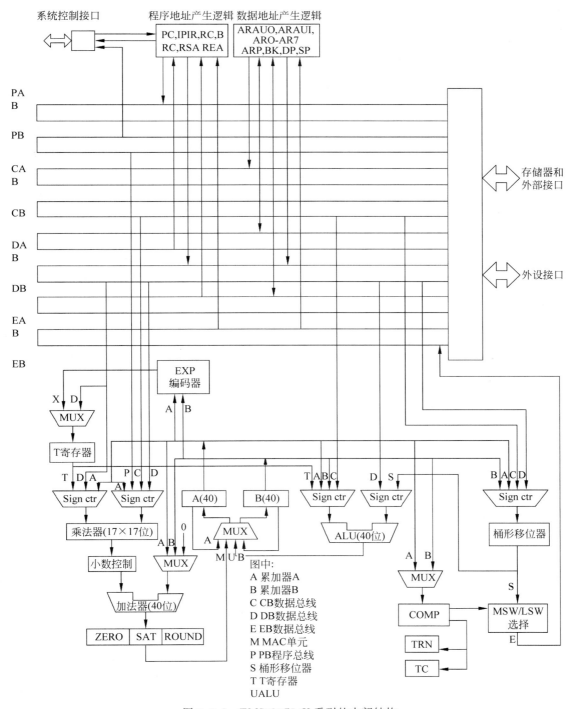

图 5.2.2 TMS320C54X 系列的内部结构

C54X 的大部分产品的 I/O 口供电为 3.3V,CPU 核的供电为 3.3V,C5402、C5409、C5401 的核采用 1.8V 供电,I/O 口一般用 3.3V 供电。低电压供电可大大降低功耗。有关 C54X 结构与性能的详细内容请参见相应的用户手册。

5.3 DSP 选型

在 DSP 系统设计中,DSP 芯片的选择显得十分重要,它的选取必须结合实际应用要求和价格等多方面来综合考虑。以下这些方面在芯片选取时需要考虑。

(1) 根据实际情况(数据格式和精度等)选择定点或浮点 DSP 芯片。定点 DSP 的特点是结构相对简单,乘法累加(MAC)的速度快。但是,由于字长有限,其运算精度低、动态范围小;浮点 DSP 的主要特点是运算精度高,动态范围大,可在高性能的实时信号处理中应用。

(2) 根据系统要求,选择特定速度的 DSP 芯片。指令周期可能是评价 DSP 速度最简单的办法。它是执行一条指令所需要的时间。它的倒数对于定点 DSP 是 MIPS,即每秒百万条指令;对于浮点 DSP 是 MFLOPS,即每秒百万次浮点运算。新的快速 DSP 技术引入了 BOPS(每秒十亿次运算)以及 GFLOPS(每秒十亿次浮点运算),这里的 G 代表 giga 或者是 10^9。这些度量的问题是,一条指令所完成的有用的工作量随处理器的不同而不同。单独一条指令也许对某个 DSP 是足够的,而别的 DSP 可能需要三条或者四条指令去做同样的工作。在 DSP 设计中特定硬件的选择决定了执行各种任务的难度和速度。

(3) 根据公司提供的开发器、开发软件、编译器等选择 DSP 芯片。开发工具是系统设计开发的必备条件和系统性能的先决条件,好的开发器、开发软件、编译器将使系统设计开发事半功倍。所以,在选择 DSP 芯片时,必须考虑与芯片配套的开发器、开发软件、编译器的性能。

(4) 根据片上提供的功能单元选择 DSP 芯片。特定的应用环境要求特定的功能,特定功能的实现依赖于芯片的片上功能,选择有利于特定功能实现的片上资源的 DSP 芯片,将使系统设计变得更加方便和简单。这些功能单元包括片上存储器、片上 CPU 功能单元、外设单元和接口单元等。

(5) 根据功耗选择 DSP 芯片。在嵌入式系统设计中,系统功耗是一个需要注意的重要方面。大部分 DSP 芯片都提供低电压工作选择,也提供睡眠模式,可在不需要计算时使功耗降低至接近零。根据系统的要求不同,选择不同功耗的 DSP 芯片。

(6) 根据成本选择 DSP 芯片。市场上,商品价位是一个很重要的指标。因此,在保证系统性能的前提下,选择最低价位的 DSP 芯片,降低系统的成本。

5.4 DSP 系统开发

自投入市场以来,DSP 芯片在国民经济和社会生活的各个方面得到了广泛的应用,特别是随着信息技术的发展和互联网的普及,机顶盒、网络电话以及个人数字设备等信息家电的涌现如雨后春笋,DSP 技术有了更广阔的消费品市场,其发展又有了一次空前的机遇。

5.4.1 DSP 应用系统组成

图 5.4.1 显示了一个典型的 DSP 应用系统。

图 5.4.1 典型的 DSP 系统

图中的输入信号可以是各种各样的形式,例如,它可以是麦克风输出的语音信号或是电话线来的已调数据信号,可以是编码后在数字链路上传输或存储在计算机里的图像信号。输入信号首先进行带限滤波和采样,然后进行模数(A/D)转换,将模拟信号转换成数字比特流。DSP 芯片的输入是 A/D 转换后的采样数字信号,DSP 芯片对输入的数字信号进行某种形式的处理,如进行一系列的乘累加操作,最后,经过处理后的数字信号再经过数模(D/A)转换,将数字比特流转换为模拟样值,之后再进行内插和平滑滤波就可以得到连续的模拟波形。

上面给出的 DSP 系统模型是一个典型的模型,但并不是所有的 DSP 系统必须具备模型中的所有部件。如语音识别系统在输出端并不是连续的波形,而是识别结果,如数字、文字等;有些输入信号本身就是数字信号,因此就不需要模数(A/D)转换了。

5.4.2 DSP 应用系统的开发流程

DSP 应用系统设计的一般流程如图 5.4.2 所示。

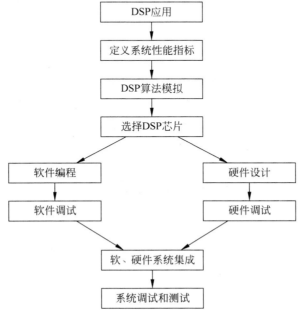

图 5.4.2 DSP 应用系统的设计流程图

首先，在设计 DSP 系统之前，必须根据应用系统的目标确定系统性能指标和信号处理的要求，通常可用数据流程图、数学运算序列、正式的符号或自然语言来描述。

其次，根据系统的要求进行高级语言的模拟。一般说来，为了实现系统的最终目标，需要对输入的信号进行适当的处理，而处理方法的不同会导致不同的系统性能，要得到最佳的系统性能，就必须在这一步确定最佳的处理方法，即数字信号处理的算法，因此这一步也称算法模拟阶段。例如语音压缩编码算法就是在确定的压缩比条件下，获得最佳的合成语音。算法模拟所用的输入数据是实际信号经采集而获得的，通常以计算机文件的形式存储为数据文件。有些算法模拟时所用的输入数据并不一定要实际采集的信号数据，只要能够验证算法的可行性，输入假设的数据也是可以的。

在完成上一步之后，接下来就可以设计实时 DSP 系统，实时 DSP 系统的设计包括硬件设计和软件设计两个方面。硬件设计首先要根据系统的运算量的大小、对运算精度的要求、系统成本限制以及体积、功耗等要求选择合适的 DSP 芯片。然后设计 DSP 芯片的外围电路及其他电路。软件设计和编程主要根据系统要求和所选的 DSP 芯片编写相应的 DSP 汇编程序，若系统运算量不大且有高级语言编译器支持，也可用高级语言（如 C 语言）编程。由于现有的高级语言编译器的效率还比不上手工编写汇编语言的效率，因此在实际应用系统中常常采用高级语言和汇编语言的混合编程方法，即在算法运算量大的地方，用手工编写的方法编写汇编语言，而运算量不大的地方采用高级语言。采用这种方法，既可缩短软件开发的周期，提高程序的可读性和可移植性，又能满足系统实时运算的要求。

DSP 硬件和软件设计完成后，就需要进行硬件和软件的调试。软件的调试一般借助于 DSP 开发工具，如软件模拟器、DSP 开发系统和仿真器等。调试 DSP 算法时一般采用比较实时结果与模拟结构的方法，如实时程序和模拟程序的输入相同，则两者的输出应该一致。应用系统的其他软件可以根据实际情况进行调试。硬件调试一般采用硬件仿真器进行调试，如果没有相应的硬件仿真器，且硬件系统不是很复杂，也可以借助于一般的工具进行调试。

系统调试完成以后，就可以将软件脱离开发系统而直接在应用系统上运行。当然，DSP 系统的开发，特别是软件开发是一个需要反复进行的过程，虽然通过算法模拟基本上可以知道实时系统的性能，但实际上模拟环境不可能做到与实时系统环境完全一致，而且将模拟算法移植到实时系统时必须考虑算法是否能够实时运行的问题。如果算法运算量太大不能在硬件上实时运行，则必须重新修改或简化算法。

5.5 部分数字信号处理器简介

TMS320 系列曾是 TI 公司的 DSP 的主流产品，包括 TMS320C2000、TMS320C5000、TMS320C6000 系列。C5000 系列中有三种，一种是 C5402，速度保持 100MIPS，片内存储空间稍小一些，RAM 为 16×1024 字、ROM 为 4×1024 字。主要应用对象是无线调制解调器、新一代 PDA、网络电话和其他电话系统以及消费类电子产品。第二种是 C5420，它拥有两个 DSP 核，速度达到 200MIPS，200×1024 字片内 RAM，功耗 0.32mA/MIPS，200MIPS 全速工作时不超过 120mW。C5420 是集成度较高的定点 DSP，适合于做多通道基站、服务器、调制解调器和电话系统等要求高性能、低功耗、小尺寸的场合。第三种是 C5416,它是 TI 公司 $0.15\mu m$ 器件中的第一款,速度为 160MIPS,有三个多通道缓冲串行口,能够直接与 T1 或 E1 线路连接,不需要外部逻辑电路,有 128×1024 字片内 RAM。应用对象是 VoIP、通信服务器、PBX(专用小交换机)和计算机电话系统等。TI 公司推出的应用于 3G 开发的 OMAP 平台集成了多个 C54xx 处理器,提高了数据处理能力。

TMS320C6000 是 TI 公司 1997 年推向市场的高性能 DSP,具有最佳的性价比和低功耗。C6000 系列中又分成定点和浮点两类。

(1) C62xx 16 位定点 DSP,速度为 1200~2000MIPS,用于无线基站、ADSL 调制解调器、网络系统、中心局交换机、数字音频广播设备等。

(2) C67xx 32 位浮点 DSP,速度为 1GFLOPS,用于基站数字波束形成、医学图像处理、语音识别、3D 图形等。

达芬奇(da Vinci)技术是基于信号处理的数字视频应用解决方案。TI 根据应用的不同推出了基于不同达芬奇处理器的解决方案。达芬奇处理器大致可以分为三类:基于 TMS320C64x+DSP 内核的处理器、基于 TMS320DM64x+DSP 和 ARM926 内核的处理器,以及基于 TMS320DM3x 的 ARM926 内核(带协处理器)的处理器。

第一类包括 TMS320DM643x 和 TMS320DM647/TMS320DM648。TMS320DM643x 数字媒体处理器基于 TMS320C64x+DSP 内核。它适用于空中娱乐系统、机器视觉系统、机器人、视频安全设备和视频电话、车用视觉系统。TMS320DM647/TMS320DM648 基于 TMS320C64x+DSP 内核,适用于多通道视频安全和基础设施应用。应用对象为数码摄影机(DVR)、IP 视频服务器、机器视觉系统和高性能成像应用。

第二类包括 TMS320DM644x 和 TMS320DM646x。TMS320DM646x 可实现实时、多格式 HD 视频代码转换,其性能是原处理器的 10 倍,但价格却只有原来的 1/10。它适用于媒体网关、多点控制单元、数字媒体适配器、用于安防市场的数字视频服务器和录像机以及 IP 机顶盒。TMS320DM644x 是高度集成的 SoC,基于 ARM926 处理器和 TMS320C64x+DSP 内核。应用于视频电话、汽车信息娱乐系统、数码相机、流媒体和 IP 机顶盒。

第三类为 TMS320DM3x。针对便携式和其他低功耗 HD 视频产品进行了优化,使 HD 产品的电池寿命延长了一倍。非常适合于数码相机/便携式摄像机、便携式媒体播放器、IP 网络摄像机、数码相框、视频门铃、婴儿视频监控和数字标牌等应用。

对于终端厂商来说,无线网络面临的设计挑战主要来自两个方面:一是用户体验,即对于多媒体、上网浏览、使用的方便性的需求;二是在保证用户体验的情况下实现最低功耗。对此,TI 的 OMAP 处理器平台提供了强大的硬件与软件支持,其平台的核心是一套完美结合了低功耗和高性能特性的功能强大的片上系统。OMAP 处理器在四大引擎的处理能力间实现了完美平衡,包括:基于 TMS320C64x+DSP 及低功耗、多格式硬件加速器的可编程多媒体引擎;支持对称多处理(SMP)、基于双核 ARM Cortex-A9 MPCore 的通用处理引擎,每颗内核的速度可超过 1GHz;高性能可编程图形引擎;视频与图像性能无与伦比的图像信号处理器(ISP)。此外,OMAP 平台还包含综合而全面的软件套件、电源管理技术以及其他支持性组件,从而可为创建以极低功耗实现优异移动计算性能的设备提供必要的基础。

OMAP 处理器分为两大类：OMAP35x 和 OMAP-L1x。OMAP35x 应用处理器基于 ARM Cortex-A8 内核，拥有超出当今 300MHz ARM9 器件 4 倍的处理性能，超标量 600MHz Cortex-A8 内核已集成于四款新型 OMAP35x 应用处理器中。OMAP-L1x 应用处理器包含 RM9 和 ARM9-plus-DSP 架构，提供用于联网的各种外设，并运行 Linux 或 DSP/BIOS 实时内核以实现操作系统灵活性。该产品系列还与 TMS320C674x 和 C640x 产品系列中的各种器件引脚兼容。功耗范围从 8mW（待机模式）至 400mW（总功耗）。

5.6 本章小结

硬件实现是"DSP 处理算法"向"DSP 系统"映射的最关键的一环。本章初步介绍了数字信号处理器的结构特点，开发流程和当今市面上最为流行的 TMS320 处理器家族各个系列的使用特征。这仅仅是想给读者提供一些基本的概念。实际上，FPGA、ASIC 以及带有 IP 核的 SOPC 系统也同样为这种算法——硬件的映射提供了非常强大而又灵活的折中处理手段。我们鼓励读者多去了解一些这些工具的同时，更希望读者能够踏踏实实地进行一些这方面的实践。

参 考 文 献

[1] 丁玉美,高西全.数字信号处理[M].2版.西安:西安电子科技大学出版社,2001.
[2] 胡广书.数字信号处理——理论、算法与实现[M].2版.北京:清华大学出版社,2003.
[3] 金连文,韦岗.现代数字信号处理简明教程[M].北京:清华大学出版社,2004.
[4] 应启珩,冯一云,窦维蓓.离散时间信号分析和处理[M].北京:清华大学出版社,2001.
[5] 倪养华,王重玮.数字信号处理——原理与实现[M].上海:上海交通大学出版社,1998.
[6] 程佩青.数字信号处理教程[M].2版.北京:清华大学出版社,1995.
[7] VEGTE J V.数字信号处理基础[M].侯国正,等译.北京:电子工业出版社,2003.
[8] 万里,黄海.医用监护仪常见故障的分析与排除[J].中国医疗设备,2015(2):144-146.
[9] 张俊峰,陈珉,杨婷,等.低频振荡参数Prony辨识中的数字滤波器设计[J].电力系统及其自动化学报,2018,30(12):103-108.
[10] 谢红梅,赵健.数字信号处理——常见题型解析及模拟题[M].西安:西北工业大学出版社,2001.
[11] 戴悟僧.数字信号处理导论[M].上海:上海科学技术出版社,2000.
[12] 张延华,姚林泉,郭玮.数字信号处理基础与应用[M].北京:机械工业出版社,2005.
[13] 钱同惠.数字信号处理[M].北京:机械工业出版社,2005.
[14] 张贤达.现代信号处理[M].北京:清华大学出版社,1995.
[15] 姚天任,孙洪.现代数字信号处理[M].武汉:华中科技大学出版社,1999.
[16] 邹鲲,袁俊泉,龚享铱.MATLAB 6.X信号处理[M].北京:清华大学出版社,2002.
[17] 赵松年,熊小云.子波变换与子波分析[M].北京:电子工业出版社,1996.
[18] 徐佩霞,孙功宪.小波分析与应用实例[M].2版.合肥:中国科学技术大学出版社,2001.
[19] 斯特拉姆,柯克.现代线性系统——使用MATLAB[M].刘树棠,译.西安:西安交通大学出版社,2002.
[20] 高西全,丁玉美,阔永红.数字信号处理——原理、实现即应用[M].北京:电子工业出版社,2008.
[21] 谭鸽伟,冯桂,黄公彝,等.信号与系统——基于MATLAB的方法[M].北京:清华大学出版社,2019.
[22] 赵士娜,冯成德.基于MATLAB自动检测整精米率方法的研究[J].安徽农业科学,2008(25):11135-11136.
[23] 丁夏完,刘金朝,王成国.基于DTFT的共振解调技术及其在滚动轴承故障诊断中的应用[J].中央民族大学学报(自然科学版),2005(04):328-331.
[24] 刘亚娟,乔亚敏.基于软件共振解调分析的滚动轴承故障诊断系统开发[J].自动化技术与应用,2004(23):64-66.
[25] 尚宇,武小燕.傅里叶级数在心电信号模拟中的应用[J].西安工业大学学报,2016,36(01):21-25.
[26] 万里,黄海.医用监护仪常见故障的分析与排除[J].中国医疗设备,2015(2):144-146.
[27] 张俊峰,陈珉,杨婷,等.低频振荡参数Prony辨识中的数字滤波器设计[J].电力系统及其自动化学报,2018,30(12):103-108.

图书资源支持

感谢您一直以来对清华大学出版社图书的支持和爱护。为了配合本书的使用，本书提供配套的资源，有需求的读者请扫描下方的"书圈"微信公众号二维码，在图书专区下载，也可以拨打电话或发送电子邮件咨询。

如果您在使用本书的过程中遇到了什么问题，或者有相关图书出版计划，也请您发邮件告诉我们，以便我们更好地为您服务。

我们的联系方式：

地　　址：北京市海淀区双清路学研大厦 A 座 701

邮　　编：100084

电　　话：010-83470236　010-83470237

资源下载：http://www.tup.com.cn

客服邮箱：tupjsj@vip.163.com

QQ：2301891038（请写明您的单位和姓名）

用微信扫一扫右边的二维码，即可关注清华大学出版社公众号。

教学资源・教学样书・新书信息

人工智能科学与技术
人工智能|电子通信|自动控制

资料下载・样书申请

书圈